3D打印及CAD建模

实用教程

邱志惠　王宏明　王永信　编著

U0282712

 西安交通大学出版社
XI'AN JIAOTONG UNIVERSITY PRESS

内容简介

　　本书主要为一些非专业人员、中小学生进行 3D 打印和学习 AutoCAD 三维建模功能及造型而编写。首先介绍了基本命令，并在实例中综合应用这些基本命令。实例简单易学，不仅涉及常用的命令，而且融通一些绘图技巧，通过对绘图过程的详细讲解，读者只要按部就班，即可轻而易举地学会和熟练掌握 AutoCAD 三维建模功能。本书实例技巧部分以生活中常见的用品为主，列举了各种物体造型的方法，举一反三，使学者思路开阔，增加创新能力。

　　无论是 AutoCAD2004 还是 AutoCAD2014 或者版本再更新，本书以实例为主的方法，都能使读者快速掌握命令和绘图技巧。本书文字简洁明快，图幅在清晰的基础上尽可能小，减少篇幅，经济实惠。与本书配套的 PPT 已经完成，可为读者免费提供。

图书在版编目(CIP)数据

　　3D 打印及 CAD 建模实用教程/邱志惠，王宏明，王永信编著. —西安：西安交通大学出版社，2015.4(2022.1 重印)
　　ISBN 978 - 7 - 5605 - 7200 - 0

　　Ⅰ.①3… Ⅱ.①邱… ②王… ③王… Ⅲ.①机器设计-模型-计算机辅助设计-立体印刷-教材 Ⅳ.①TH122

　　中国版本图书馆 CIP 数据核字(2015)第 065061 号

书　　名	**3D 打印及 CAD 建模实用教程**
编　　著	邱志惠　王宏明　王永信
责任编辑	任振国
出版发行	西安交通大学出版社
	(西安市兴庆南路 1 号　邮政编码 710048)
网　　址	http://www.xjtupress.com
电　　话	(029)82668357　82667874(发行部)
	(029)82668315(总编办)
传　　真	(029)82668280
印　　刷	西安日报社印务中心
开　　本	727mm×960mm　1/16　印张 26.125　插页 1　字数 484 千字
版次印次	2015 年 5 月第 1 版　　2022 年 1 月第 7 次印刷
书　　号	ISBN 978 - 7 - 5605 - 7200 - 0
定　　价	42.80 元

前　言

3D 打印也被称为增材制造技术或快速成型，其原理是将计算机设计出的三维模型分解成若干薄层平面切片，然后把打印材料按切片图形逐层叠加，最终堆积成完整的物体。就像一本书，是由一页页纸叠加而成；就像用一块块砖，叠砌成万里长城。

3D 打印主要有光固法(SL)、激光选择性烧结(SLS)、激光熔覆成型(LCF) 、叠层法(LOM)、熔融沉积法(FDM)、掩模固化法(SGC)、三维印刷法(3DP)、喷粒法(BPM)等不同工艺。过去 3D 打印主要应用于产品设计、快速模具制造、铸造、医学等领域，其中电子、医疗、汽车、航空等行业比较广泛。3D 打印行业的发展犹如其定义本身，凸显着"创新突破"这一关键特质。现在 3D 打印的价值开始显现在想象力驰骋的各个领域，人们利用 3D 打印为自己所在的领域贴上了个性化的标签，纷纷展示了如何 3D 打印马铃薯、巧克力、小镇模型，甚至扩展到打印真正的房子。

3D 打印技术兴起于上个世纪八九十年代。2012 年 3 月，奥巴马政府首次由美国国防部、能源部和商务部等 5 家政府部门共同出巨资建立第一家制造业创新研究所，支持 3D 打印技术研发，使得 3D 打印成为科技界的热点。英国著名杂志《经济学人》报道称"3D 打印将推动第三次工业革命"。而著名科技杂志《连线》十月刊则将"3D 打印机改变世界"作为封面报道。来自印度的市场咨询权威机构 Composite Insight 发布的"全球航空航天复合材料工业 2014—2019 年趋势和预测分析"报告显示，在过去三年里复合材料在全球航空航天工业的使用量明显增加，全球航空航天用复合材料的整体需求预计在 2019 年将稳步增长至 47 亿美元。

习近平主席对企业运行和创新发展情况十分关心，他在详细观看了光纤通信、3D 打印、生物质能源等创新成果展示后指示："我们是一个大国，在科技创新上要有自己的东西。一定要坚定不移走中国特色自主创新道路，培养和吸引人才，推动科技和经济紧密结合，真正把创新驱动发展战略落到实处。"2013 年，中国政府已将 3D 打印产业纳入国家战略发展项目。预计 2015 年中国 3D 打印市场规模将达到 100 亿元人民币。在中国政府重点扶持下，中国 3D 打印产业将迎来新一轮发展机遇，并有望成为世界最大的 3D 打印应用市场。

2013 年 3 月 28 日，陕西省在西安交通大学曲江校区国际会展中心召开"增材制造(3D 打印)创新技术及产品演示推介会"，主要议题是促进院校、企业进行产品项目对接,推动基础研究及相关领域的应用,推进增材制造技术(3D 打印)设备、材料研发及产业化。李金柱副省长出席会议并讲话,他说:"3D 打印技术是制造业的革命,不仅能用于重大装备制造,还可以深入千家万户,是一项有广阔前景的制造技术;要把 3D 打印技术推广到中小学生中,让普通人可以容易地把自己的创新、创意打印成为现实。"

与传统制造技术相比,3D 打印能节省大量时间和人力。人们所想象出的任何形状,都能通过它变成现实,从而实现"个性化制造"。对于 3D 打印在大众消费领域的应用,我国最早从事 3D 打印技术研究、在 2002 年获得国家科技成果二等奖的卢秉恒院士也表示十分看好,"目前在很多大众消费产品的开发中,3D 打印已经取得了很大的进步。用这一技术制造一些工艺品和简单的生活用品,能很快形成一定规模的市场。"卢秉恒院士还认为,"3D 打印适用于创意设计,未来会走入学校和家庭,帮助孩子培养三维思维能力和创造性,将电脑中的 3D 设计变成实物。"

卢秉恒院士领导的研发及产业化团队不但在研发工业级高精度的 3D 打印机,目前也已经开发出这种机器的家用版。预计两三年后,成本较低的个人彩色 3D 打印机就将进入家庭。利用这种设备,用户在电脑上用软件设计出一个模型,就能立刻打印出彩色实物。本书为了让普通爱好者、中小学生学会并实现创意目标,引用目前国内外已经广泛使用的 AutoCAD 软件经典版本 2004,编写了最简单明了的逐步实用教程。

本书第 1 章为绪论,由快速制造国家工程研究中心杨滨编写;第 2~8 章为 AutoCAD 软件的基本教程,由西安交通大学副教授邱志惠编写;第 9~13 章为模型建模实例教程,由西安交通大学副教授王宏明编写;附录建模图片及网络模型由快速制造国家工程研究中心李萌等编写。全书由快速制造国家工程研究中心副主任王永信修改审稿。

感谢在编写过程中给予帮助的西安交通大学先进制造技术研究所和快速制造国家工程研究中心所有同事和朋友。

由于时间仓促,编者水平有限,对于书中的失误请给予指出,以便修改,联系邮箱 qzh@mail.xjtu.edu.cn。

本书的 PPT 已经完成,为使用者免费提供,如需要请与作者联系。

编　者
2014.10.25

目　录

第一部分　3D打印基本准备

第二部分　绘图及3D建模

第三部分　3D 建模实例

第四部分 附录

第一部分 3D 打印基本准备

第1章 绪 论

1.1 3D 打印综述

3D 打印(快速成型)技术是上世纪 80 年代末期开始兴起的高新制造技术,是以计算机、数控技术、激光技术、材料科学、微电子技术等作为其基础。它是利用材料堆积法快速制造产品的一项先进技术,在成型过程中将计算机储存的任意三维形体信息传给 3D 打印机,通过材料叠加法直接制造出来。它从成型原理上提出一个全新的思维模式,为制造技术的发展创造了一个新的机遇。

到目前为止,已有十几种不同的快速成型(RP)系统问世,其中比较典型的商品化快速成型系统有光固化成型(SL)、选择性激光烧结成型(SLS)、叠层法成型(LOM)、熔积成型(FDM)。完整的 3D 打印工艺由 CAD 系统与快速成型系统组成,两系统间的数据传输过程如图 1-1 所示。要构造的原型最初由 3D-CAD 模型表示,模型可以用软件(如 AutoCAD,CATIA, UG, ProE 等)虚拟生成,也可以通过 3D 传感器(如声、光数字仪)、医学图像数据或其他 3D 数据源生成。CAD 模型不能够直接被快速成型系统所利用,必须先转换为 STL 格式的文件,生成的 STL 文件利用预处理程序调整模型的尺寸、位置和方向,然后将其分切成许多厚度为 0.05~0.7 mm 的截面,RP 系统按所切截面逐层制造后即可得到所需原型。

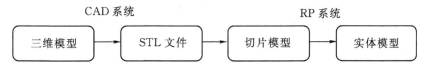

图 1-1 CAD 系统与 RP 系统间的数据传输

1.2　3D 打印技术典型工艺方法及其原理

1.2.1　光固化成型技术

　　光固化成型技术又称为立体光刻技术,是基于液态光敏树脂的聚合原理工作的,采用紫外光或激光作为光源,并将激光束汇聚成直径 0.1 mm 左右的光斑。依靠反光振镜的运动,引导激光束在 XY 平面扫描。液态树脂在光照射下迅速发生光聚合反应并从液态转变成固态。光固化工作原理如图 1-2 所示。首先将 CAD 模型转化为 STL 文件格式,用分层软件将模型沿 Z 向(高度方向)离散成一系列二维层片,得到各层截面的二维轮廓信息。成型开始时,工作平台处于液面以上,聚焦光斑在液面上按指令逐点扫描。当前层扫描完成后,未被照射的区域仍是液态树脂。扫描的轨迹及光线的有无均由计算机控制,光点照射的区域瞬间固化。完成一层扫描后,工作平台沉入液面下并再回位,已成型的表面上又覆盖新的一层液态树脂,刮板将粘度较大的树脂液面刮平,然后再进行扫描,新固化层牢固地粘在前层上,如此重复直到整个零件制造完毕。

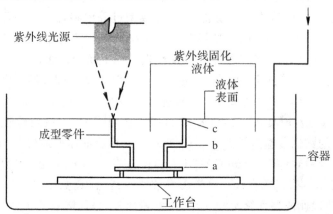

图 1-2　光固化工作示意图

　　光固化 3D 打印(快速成型)技术具有以下优点:

　　(1)快速性。从 CAD 设计到完成原型制作通常只需几个小时到几十个小时,加工周期短,相对于传统的制模到加工可约 70% 以上时间。

　　(2)高度柔性。适应于加工各种形状的零件,制造工艺与零件的复杂程度无关,无需专用夹具或工装即可完成制造过程。

　　(3)精度高。能制作非常精密的特征,包括多种薄壁结构,表面质量良好。每层固化时侧面及曲面可能出现台阶,但整体仍能呈现玻璃状的效果。

(4)材料利用率高,耗能少。光敏树脂以液态形式存在于树脂槽中,多余的光敏树脂可以继续使用,且光聚合反应是基于光的作用而不是基于热的作用,故在工作时只需功率较低的激光源。

光固化 3D 打印技术的缺点是:

(1)需要设计支撑结构,才能确保成型过程中制件的每一个结构部位都可靠定位。

(2)成本较高,可使用的材料较少。目前可用的材料主要为光敏液态树脂,强度较低不能进行力学测试。

(3)液态树脂具有刺激气味和轻微毒性,应避光保护并防止发生聚光反应。

(4)液态树脂固化后的性能不如常用的工程塑料,一般较脆、易断裂,不适宜机械加工。

1.2.2 选择性激光烧结成型技术(SLS)

SLS 工艺的 RP 系统工作原理如图 1-3 所示。整个工艺装置由粉末缸和模型缸组成,工作时粉末缸活塞(送粉活塞)上升,由铺粉辊将粉末在模型缸活塞(工作活塞)上均匀铺上一层,计算机根据原型的切片模型控制激光束的二维扫描轨迹,有选择地烧结固体粉末材料以形成零件的一个层面。在烧结之前,整个工作台被加热至稍低于粉末熔化温度,以减少热变形,并利于与前一层面的结合。粉末完成一层后,工作活塞下降一个层厚,铺粉系统铺设新粉,控制激光束扫描烧结新层。如此循环往复,层层叠加,就得到三维零件。

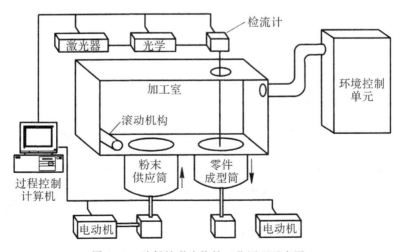

图 1-3 选择性激光烧结工艺原理示意图

由于 SLS 采用上述工艺,使得 SLS 成为一种可加工材料非常广泛的 RP 技术。从理论上来说,任何受热后能够粘结的粉末都可以用作 SLS 的原材料,如塑料、石蜡、金属、陶瓷等。此外,由于烧结或未烧结的下层粉末自然成为上层的支撑,因此 SLS 具有自支撑性能,可制造任意复杂的形体,这也是许多 RP 技术所不具备的。但是此工艺方法也有其缺点,由于原材料是粉末状,原型表面严格讲是粉末状的,因而表面质量不高,其次,为避免激光烧结时材料因高温起火燃烧,需要在工作空间加入氮气等阻燃气体,辅助工艺较复杂,且烧结过程中有异味产生等等。

1.2.3　叠层法成型技术(LOM)

LOM 工艺将单面涂有热溶胶的纸片通过加热辊加热粘接在一起,位于上方的激光器按照 CAD 分层模型所获数据,用激光束将纸切割成所制零件的内外轮廓。然后新的一层纸再叠加在上面,通过热压装置和下面已切割层粘合在一起,激光束再次切割,这样反复逐层切割—粘合—切割……直至整个零件模型制作完成。它采用的材料是具有一定厚度的片材,多使用纸材,成本低廉。这种加

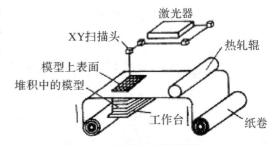

图 1-4　叠层法工作原理图

工方法只需加工轮廓,所以生产效率高,且不需要专门设计支撑。但是材料利用率低,多余切碎的纸材不能循环利用,加工过程中易变形,难以满足中空零件和有微小复杂结构模型的制作。

1.2.4　熔融沉积成型技术(FDM)

熔融沉积技术是将丝状材料由送丝机构送进喷头,在喷头中达到熔融状态。将 CAD 模型分成一层层薄片,形成喷头的二维运动轨迹,在计算机的控制下,喷头将沿此轨迹挤出半流动的熔融材料,形成沉积固化的零件薄层。熔融材料层层粘结沉积,生成实体零件。

熔融沉积成型技术的特点是:

(1)可使用无毒成型材料作为原料,易

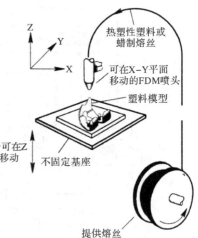

图 1-5　熔融沉积成型原理图

于环保。

(2)成型速度快,常用于制造复杂的内腔。

(3)材料在成型时,化学变化并不明显,零件翘曲变形不明显,支撑材料去除也很方便。

但其缺点也十分明显,成型件表面有明显的条纹,成型速度较慢,复杂零件需要设计支撑结构。

1.3 3D 打印的应用及其优点

3D 打印技术已得到了工业界的普遍关注,尤其在家用电器、汽车、玩具、轻工业产品、建筑模型、医疗器械及人造器官模型、航天器、军事装备、考古、工业制造、雕刻、电影制作以及从事 CAD 的部门都得到了良好的应用,其用途主要体现在以下五个方面。

1.3.1 新产品研制开发阶段的试验验证

在新产品的研制阶段,计算机辅助设计虽然使产品设计更加快捷方便,但设计人员只能借助设计图纸和计算机模拟对产品进行评判,不能直观评判所设计的效果和结构的合理性以及生产工艺的可行性,对形状复杂的产品尤其如此。3D 打印技术可以快速制造出生产样品的实物模型,供设计者和用户直接进行测量、装配、功能实验和性能测试,从而快速、经济地验证设计人员的思想和产品结构的合理性、可制造性、可装配性及美观性,找出设计缺陷,并进行反复修改、制造,完善产品设计。这样就可以大大缩短新产品的设计周期,使设计符合预期的形状、尺寸和工艺要求,这一验证过程使设计更趋完善,避免了盲目投产造成的浪费。

1.3.2 快速制模

快速制模(RT)技术是 3D 打印技术的重要应用方向之一,目前的 RT 技术主要集中在两个大的研究方向,一是直接快速制模(DRT),如通过 RP 技术生产具有一定机械性能的软模(如硅橡胶模),比较容易制作这种可用于小批量塑料制品生产的模具;另一个是间接快速制模(IRT),如通过 RP 方法成型模型,再通过模型用铸造、电极成型、金属喷涂等方法生产成型模具等。

1.3.3 小批量特殊复杂零件的直接生产

对于复杂的小批量生产的塑料、陶瓷、金属及其复合材料的零部件,可以直接3D 打印。目前,人们正在研究梯度材料的 3D 打印。零件的直接 3D 打印对航空、航天及国防工业有非常重要的应用价值。RP 技术采用材料添加法的方式自动完成 CAD 模型到物理模型的转换,无需任何专业工具即可完成成型过程,快速制造出产品零件或原型。3D 打印技术具有任何传统制造技术所不具有的独特优势,它具有高速度、高柔性,制造具有自由性,而且具有技术高度集成和设计制造一体化的优势。

1.3.4 生物医学工程应用领域

生物医学工程对 RP 技术来讲也是一个全新的应用领域。目前,RP 技术已广泛应用于生物医学工程领域。颅骨修复是其典型应用之一,颅骨损伤通常出现在外伤、颅脑疾病或开颅手术后。目前流行的修复方法是采用钛网板,通常是利用病人的 CT 照片,用手工制成,这种方法不仅精度低,而且修补件经过剪与缝,需许多的螺钉固定。难以成型为复杂形状,且手术时间长,病人恢复慢,费用昂贵。采用 RP 技术能迅速准确地将病人颅骨的 CT 数据转换为三维实体模型。由于采用 RP 技术制作的修复件成型精度高,能吻合病人颅骨的几何形状,减少固定螺钉约 1/2,缩短手术时间,有利于病人恢复,且若材料国产化,可大大减轻病人负担。

1.3.5 新材料的研究

21 世纪,随着各行各业高技术的迅猛发展,对各种新材料性能的要求更加苛刻。塑料、金属、陶瓷等单一材料一般满足不了其特殊的性能要求,由此诞生了复合材料、功能梯度材料、智能材料等新型材料。这些新型材料一般由两种或两种以上材料组成,其性能优于单一材料的特性。人们如何能够快速、经济地研究这些新型材料所表现的特性,从而找出最优的配方,已成为新材料开发中的研究热点。由于 SLS 技术可以分层制造出具有任意复杂结构的高分子、陶瓷、金属及其复合件,可以用它来研究新材料及其制件的各种特性,因此 3D 打印技术也是研究新型材料的非常有潜力的手段。材料范围宽是 3D 打印技术的一大特点。理论上讲,任何在热作用下可产生烧结、粘结或固化反应的粉体都可作为成型材料,如高分子材料、陶瓷、金属及其复合物等。高分子材料有 PS、PC、PA、PE、ABS、石蜡等粉末物质。

1.3.6 3D 打印增材制造的技术优势和特点

3D 打印增材制造具有以下五个方面的优势和特点。

1. 设计创新,使抽象复杂创意快速实现

能打印出较复杂的产品、工艺品,表现出 3D 打印可快速实现创新梦想和无需模具快速制造的功能优势。

2. 随型制造,节约材料,降低能耗

用图文或动漫的形式表现 3D 打印与传统机械加工去除法作对比,表现 3D 打印节约材料,降低能耗的优势。

3. 个性化的产品和创意

用图文或动漫的形式,表现个性化产品的快速制造流程,并展现未来人们对多元化、个性化产品追求的趋势。

4. 集成优化设计,简化制造工艺

用图文案例的形式,表现其具有集成设计、随型优化设计制造的功能和作用。

1.4 3D 打印技术发展中存在的问题

由 3D 打印技术的原理可知其是将复杂的三维加工变成较简单的二维加工,从而大大简化了数据处理的难度。一般来说,速度与精度问题是困惑 3D 打印学术界的重要问题,要想提高模型制造速度,必然会损失一定的精度。无论是任何方法制造出的模具或模型直接 3D 打印,尺寸精度和表面光洁度都是个关键参数。RP 制造模型的过程为:实体 CAD 造型→计算机对 CAD 模型做分层处理→最后由成型机制造出实体。期间所有过程都将影响模型精度,其主要影响因素有:

(1)用直线代替曲线或用平面代替曲面的误差。误差越小,所需的存储数据就越大。数据越大,数据转换误差就越多。数据转换过程:CAD 实数→STL 文件输出→分层处理→传输到 3D 打印(快速成型)机。每一步都会产生转换误差。

(2)每层厚度取决于铺粉和刮平装置。铺粉与刮平装置的配合良好与否也易造成误差。

(3)数控系统扫描机构的惯性结构、驱动电机驱动能力的动态特性对其运动速度、加速度、减速度有一定的限制,在满足这些限制的前提下,提高加工效率及加工质量成为急待解决的问题。另外,扫描系统的运动重复性对光束位置的重复精度影响很大。

(4)在扫描加工过程中扫描速度的变化。为保证能量供给,激光功率必须做相应的变化。寻求一种激光功率与扫描速度的适时匹配也是一个有待进一步解决的问题。

(5)扫描线长、宽的变化造成的误差。激光器的质量和激光光源强度的稳定是影响该项误差的主要因素。

(6)粉料的物理特性和铺平装置将影响粉料的表面位置精度,X - Y 双轴运动的有效控制将提高激光光束的位置精度。

（7）成型部件的卷曲、翘曲和膨胀等问题。材料的特征和成型件的几何形状及烧结成型工艺对比影响很大。材料的局部融化需较大的能量密度，大的能量密度会造成较大的内应力和应变。烧结可以用较小的能量密度，但由于是无压烧结，势必会造成内部空洞。

（8）化学反应粘结法仅限于某些有机物质，易熔金属粉末材料的开发国内尚不成熟。纯粹用辅助胶粘结的办法给成型件多加了一些与最终性能无关的物质，多少会有负面影响。

（9）由于多方面的因素，现在制造出的成型机所能造的零部件尺寸极其有限。

1.5　3D 打印技术简述及其未来发展趋势

目前备受社会广泛关注的 3D 打印技术其实是一种新兴的快速成型技术，其学名是"快速成型"。3D 打印机是 3D 打印的核心设备。它是集机械、控制及计算机技术等为一体的复杂机电一体化系统，主要由高精度机械系统、数控系统、喷射系统和成型环境等子系统组成。使用 3D 打印机就像打印一封信，一份数字文件便被传送到一台喷墨打印机上，它将一层墨水喷到纸的表面以形成一幅二维图像。而在 3D 打印时，软件通过电脑辅助设计技术（CAD）完成一系列数字切片，并将这些切片的信息传送到 3D 打印机上，轻点电脑屏幕上的"打印"按钮，后者会将连续的薄型层面堆叠起来，直到一个固态物体成型。3D 打印机与传统打印机最大的区别在于它使用的"墨水"是实实在在的原材料。

随着智能制造的进一步发展成熟，新的信息技术、控制技术、材料技术等不断被广泛应用到制造领域，3D 打印技术也将被推向更高的层面。未来，3D 打印技术的发展将体现出精确化、智能化、通用化以及便捷化等主要趋势。提升 3D 打印的速度、效率和精度，开拓并行打印、连续打印、大件打印、多材料打印的工艺方法，提高成品的表面质量、力学和物理性能，以实现直接面向产品的制造；开发更为多样的 3D 打印材料，如智能材料、功能梯度材料、纳米材料、非均质材料及复合材料等，特别是金属材料直接成型技术有可能成为今后研究与应用的又一个热点；3D 打印机的体积小型化、桌面化，成本更低廉，操作更简便，更加适应分布化生产、设计与制造一体化的需求以及家庭日常应用的需求；软件集成化，实现 CAD/CAPP/RP 的一体化，使设计软件和生产控制软件能够无缝对接，实现设计者直接联网控制的远程在线制造；拓展 3D 打印技术在生物医疗、航空航天、建筑、汽车、军工、文创、船舶、服装、首饰等更多行业领域的创造性应用。

1.6　总　结

3D 打印技术是一种正在进一步发展和完善且已经获得了广泛应用的技术。可以预见,随着 CAD 技术的广泛应用,市场竞争将日趋激烈,3D 打印技术 RP 和快速模具制造 RT 成套技术将日趋完善。3D 打印技术将发展为一种能被企业普遍采用的技术手段,并将给企业带来巨大的经济效益,这应引起各方面的高度重视.国家有关部门和企业应充分重视 RP 技术,加快开发我国商品化 RP 系统并大力推广应用。注重 RP 信息的收集、传播与交流,拓宽 RP 研究的深度和广度。该项技术完全可以立足于国内,国产 RP 系统有望占有国内市场并进入国际市场,这将使我国企业更有信心面临激烈的国际竞争,使中国经济飞速向前发展。

1.7　计算机建模概述

计算机绘图技术是当今时代每个工程设计人员不可缺少的应用技术手段。随着现代科学及生产技术的发展,对绘图的精度和速度都提出了较高的要求,加上所绘图样的更加复杂,使得手工制图在绘图精度、绘图速度以及与此相关的产品的更新换代的速度上,都显得相形见绌。而计算机、绘图机、3D 打印机的相继问世,以及相关软件技术的发展,恰好适应了这些要求。掌握 CAD 是 3D 打印必备的基础。计算机绘图的应用使得现代绘图技术水平达到了一个前所未有的高度。

AutoCAD 是美国 Autodesk 公司开发的专门用于计算机绘图设计工作的软件。由于该软件具有简单易学、精确无误等特点,一直深受广大工程设计人员的欢迎。而 AutoCAD 2004 是该公司目前发布的 AutoCAD 经典版本,目前依然应用在企业,为了普及 CAD 技术,本书选用不侵犯版权的旧版本,目的在学习方法。

与传统的手工绘图相比,计算机绘图主要有如下一些优点:

(1)高速的数据处理能力,极大地提高了绘图的精度及速度;

(2)强大的图形处理能力,能够很好地完成设计与制造过程中二维及三维图形的处理,并能随意控制图形显示,平移、旋转和复制图样;

(3)良好的文字处理能力,能填加各类文字,特别是能直接输入汉字;

(4)快捷的尺寸自动测量标注和自动导航、捕捉等功能;

(5)具有实体造型、曲面造型、几何造型等功能,可实现渲染、真实感、虚拟现实等效果。

(6)友好的用户界面、方便的人机交互,准确自动的全作图过程记录;

(7)有效的数据管理、查询及系统标准化,同时还具有很强的二次开发能力和接口；

（8）先进的网络技术，包括局域网、企业内联网和 Internet 互联网上传输共享等；

（9）与计算机辅助设计相结合，使设计周期更短，速度更快，方案更完美；

（10）在计算机上模拟装配，进行尺寸校验，避免经济损失，而且还可以预览效果。

（11）数据可以直接输送 3D 打印机，可以制作样品。

1.7.1　计算机绘图系统的构成

计算机绘图系统主要包括两部分，即硬件和软件。计算机硬件，即主机（CPU 和存储器）、外围设备、接口技术等；计算机软件，包括操作系统、编程语言等。

1. 硬件

计算机绘图系统的硬件由三大部分构成：输入部分→中心处理部分→输出部分。图 1-6 所示是计算机绘图系统主要部分的构成图。

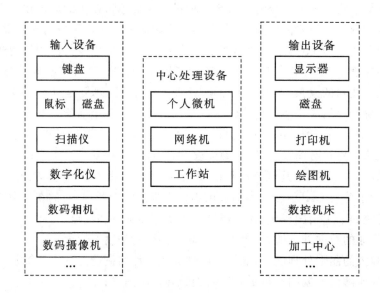

图 1-6　计算机绘图系统的构成

计算机绘图系统的主要硬件设备包括计算机（主机、显示器、键盘和鼠标）、绘图机或打印机。计算机是整个系统的核心，其余统称为外围设备。绘图机按纸张的放置形式可分为平板式、滚筒式两种，按"笔"的形式可分为笔式、喷墨式、静电光栅式等多种。应用广泛的激光打印机，其出图效果也很好，在所绘图样不是很大的情况下,可以作为首选的方案。

2. 软件

1)计算机绘图系统软件的基本构成

一层:操作系统——控制计算机工作的最基本的系统软件,如 DOS、Windows 等。

二层:高级语言——统称的算法语言,如 C、Basic、Fortran 等。

三层:通用软件——可以服务于大众或某个行业的应用软件,如 Microsoft Word 是通用的文字处理软件、AutoCAD 是通用的绘图软件。

四层:专用软件——用高级语言编写的或在通用软件基础上制作的专门用于某一行业或某一具体工作的应用软件。如专用的机械设计软件或装潢设计软件等。

计算机绘图的专用软件很多,常与计算机辅助设计结合在一起,例如建筑 CAD、机械 CAD、服装 CAD 等等。在机械 CAD 中,又有许多专业专用的 CAD,如机床设计 CAD、注塑模具 CAD、化工机械 CAD 等。这些专用的绘图软件是在通用绘图软件的基础上,经过再次开发而形成的适合各个专业使用的专用软件。它们使用方便,操作简单。例如在机械 CAD 中,已将螺栓、轴承等标准件及齿轮等常用零件制作成图库,甚至将《机械设计手册》编入,供机械设计人员随时调用,从而节省了大量时间,深受机械设计人员的欢迎。

2)软件的分类

目前,计算机绘图的方法及软件种类很多。按人机关系,主要分为以下两种:

(1)非交互式软件:如 C 语言等编程绘图软件(被动式),用户使用该软件时需要一定的基础知识,对于一般的绘图应用人员,较少采用。

(2)交互式软件:通用绘图软件多为交互式,如 AutoCAD,用户可按交互对话方式指挥计算机。这种软件简单易学,不需要太多的其他基础知识。目前,计算机绘图的通用软件很多,使用方式大同小异,这里仅以目前应用最为广泛的 AutoCAD 通用绘图软件为例,列举几个简单例子(如图 1 - 7 所

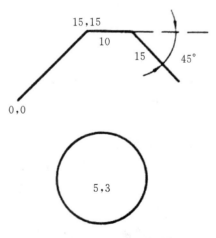

图 1 - 7　Auto CAD 绘图举例

示)。AutoCAD 的交互方式是在提示行处于命令(Command:)状态时,用户输入一个命令,计算机即提示输入坐标点等,例如:

画一段线：

计算机提示	用户输入
命令：	line（画线）
指定第一点：	0,0（绝对坐标点）
指定下一点或［放弃(U)］：	15,15（绝对坐标点）
指定下一点或［放弃(U)］：	@10,0（相对坐标）
指定下一点或［放弃(U)］：	@15<-45（极坐标）
指定下一点或［放弃(U)］：	↵（回车结束）

画一个圆：

命令：　　　　　　　　　　　circle（画圆）

指定圆的圆心或［三点(3P)/

两点(2P)/相切、相切、半径(T)］:5,3（圆心 5,3）

指定圆的半径或［直径(D)］:　 10 ↵（半径 10）

　　另外,如果按图形的效果分类,计算机绘图软件的种类还可以分为线框图(如 AutoCAD 中由点、线等图素构成的矢量图形)和浓淡图(如 PhotoShop 等软件中由点阵构成的图片)。

1.7.2　AutoCAD 绘图系统的主界面

　　AutoCAD 2004 的主界面如图 1-8 所示。包括标题条、主菜单、图形工具条、绘图区、命令提示区及状态行。

1. 标题条

　　一般基于 Windows 环境下的应用程序中都有标题条,如图 1-8 所示。标题条位于主界面的左上角,显示当前正在工作的软件名及文件名。

2. 主菜单

　　在 AutoCAD 2004 的主界面中,第二行是主菜单。主菜单包括文件(File)、编辑(Edit)、视图(View)、插入(Insert)、格式(Format)、工具(Tools)、绘制(Draw)、标注(Dimension)、修改(Modify)、窗口(Window)、帮助(Help)11 个菜单项,每个主菜单下都有下拉菜单,用鼠标点选主菜单项,即展出相应的下拉菜单。

3. 图形工具条

　　在主菜单视图(View)中,选择下拉菜单中的最后一个菜单项,即打开工具条(Toolbars)对话框,如图 1-9 所示。通过勾选,可随时打开或关闭各种相应的图形工具条。把鼠标放在任意一个已经打开的图形工具条上按回车键(或点击鼠标右键),也可打开工具条下拉菜单如图 1-10 所示,并进行选择。用鼠标点住图形

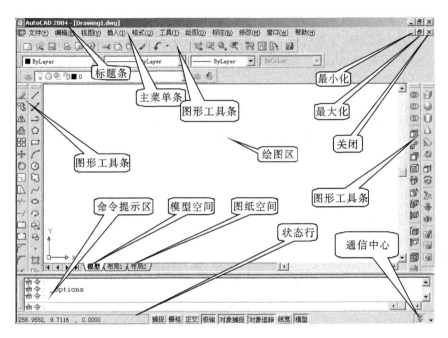

图 1-8 AutoCAD 2004 的主界面

工具条的边框,可以将其拖至屏幕上任意合适的位置。

图 1-9 工具栏对话框

图 1-10 工具条下拉菜单

4. 绘图区

屏幕的中间部分是绘图区。绘图区的尺寸可通过设置绘图界限命令 Limits 自由设置。在 AutoCAD 的系统配置中,用户可根据喜爱选择绘图区的背景色。

图 1-11   命令窗口

5. 命令提示区

命令窗口如图 1-11 所示,其作用主要有三个,一是为了便于习惯使用键入命令的用户;二是由于某些命令必须输入参数、准确定位坐标点或输入精确尺寸;三是一些命令没有对应的菜单及图形工具,此时只能键入命令。系统默认的命令提示区有三行文字,用鼠标点住其上边框,可任意拉大提示区。按 F2 功能键,可全屏显示命令文本窗口,展示作图过程;再按 F2 功能键,可恢复图形窗口。

6. 状态行

状态行在屏幕下部,如图 1-12 所示,包括坐标提示、捕捉、正交等功能的打开及关闭。用鼠标点击功能块,AutoCAD 2004 将使其变凹,即打开并显示该功能块。

```
309.4726, 289.6431, 0.0000          步长 网点 正交 极轴 点捕捉 对象追踪 线宽 模型
```

图 1-12   状态行

1.7.3   AutoCAD 绘图系统的命令输入方式

1. 下拉菜单

用鼠标点击主菜单项,每个主菜单项都对应一个下拉菜单。在下拉菜单中包含了一些常用命令,用鼠标选取命令即可。表 1-1 中列出了 AutoCAD 2004 下拉菜单的中英文命令。在下拉菜单中,凡命令后有"..."的,即有下一级对话框;凡命令后有箭头"▶"的,即沿箭头所指方向有下一级菜单。

注意:本书使用命令一般以下拉菜单及图形菜单为主,表示命令输入的方式如下(如用三点法画一个圆):

绘图(Draw)→ 圆(Circle)→三点圆(3 Point)

主菜单 → 下拉菜单 →下一级菜单

2. 图形菜单（工具条）

在 AutoCAD 系统默认状态下有四个打开的图形菜单：标准工具条、物体特性工具条、绘制工具条和修改工具条。此外，用户还可根据需要打开其他的工具条。每个工具条中有一组图形，只要用鼠标点取即可。图形工具条与对应的下拉菜单不完全相同，其具体内容将在后面各章分别介绍。

3. 键入命令

所有命令均可通过键盘键入，而无论是图形工具条还是下拉菜单，都不包含所有命令。特别是一些系统变量，必须键入。

4. 重复命令

使用完一个命令，如果要连续重复使用该命令，只要按回车键（或鼠标右键）即可。当然，在屏幕菜单中选取也可。可以在系统配置中关闭屏幕菜单，以加快绘图速度。

5. 快捷键

快捷键常用来代替一些常用命令的操作，只要键入命令的第一个字母或前两三个字母即可，如表 1－2 所示，字母大小写均可。

表 1－2　常用命令的快捷键

快捷键	命　　令	快捷键	命　　令
A	Arc（弧）	ML	Mline（多重线）
AR	Array（阵列）	N（PL）	Pline（多段线）
B	Block（块）	O	Offset（偏移）
BO	Boundary（边界）	P	Pan（平移）
BR	Break（断开）	PO	Point（点）
C	Circle（圆）	POL	Polygon（多边形）
Ch	Properties（修改属性）	R	Redraw（重画）
CP（CO）	Copy（复制）	RE	Regen（刷新）
D	Dimstyle（尺寸式样）	REC	Rectang（矩形）
E	Erase（删除）	REG	Region（面域）
EX	Extend（延长）	RO	Rotate（旋转）
F	Fillet（圆角）	S	Stretch（伸展）
G	Group（项目组）	SC	Scale（比例）
H	Hatch（剖面线）	SPL	Spline（多义线）
I	Insert（插入）	ST	Text Style（字型）

快捷键	命　　令	快捷键	命　　令
J	Pedit（多段线编辑）	T	MText（多行文字）
K	Dtext（单行文字）	TR	Trim（修剪）
L	Line（线）	U	Undo（取消）
Len	Lengthen（拉长）	V	View（视图）
LA	Layer（层）	W	Wblock（块存盘）
LT	Linetype（线型）	X	Explode（分解）
M	Move（移动）	Z	Zoom（缩放）
MI	Mirror（镜像）		

实际上，AutoCAD 提供的工具条、下拉菜单和命令窗口，在功能上都是一致的，在实际操作中，用户可根据自己的习惯选择。

1.7.4　AutoCAD 绘图系统中的坐标输入方式

AutoCAD 在绘图中使用笛卡儿世界通用坐标系统来确定点的位置，并允许运用两种坐标系统：世界通用坐标系统（WCS）和用户自定义的用户坐标系统（UCS）。用户坐标系统将在三维部分介绍。

工程制图要求精确作图，因此输入准确的坐标点是必须的。坐标点的输入方式有以下四种。

1. 绝对坐标

输入一个点的绝对坐标的格式为（X，Y，Z），即输入其 X、Y、Z 三个方向的值，每个值中间用逗号分开，注意最后一个值后面无符号。系统默认状态下，在绘图区的左下角有一个坐标系统图标，在二维图形中，可省略 Z 坐标。

2. 相对坐标

输入一个点的相对坐标的格式为（@ΔX，ΔY，ΔZ），即输入其 X、Y、Z 三个方向相对前一点坐标的增量，在前面加符号@，中间用逗号分开。相对的增量可正、可负或为零。在二维图形中，可省略 ΔZ。

3 极坐标

输入一个点的极坐标的格式为（@R< <），R 为线长，为相对 X 轴的角度，为相对 XY 平面的角度，在二维图形中，可省略 。

4. 长度与方向

打开正交或极轴，用鼠标确定方向，输入一个长度即可，格式为（R），R 为线长。

1.7.5　AutoCAD 绘图系统中选取图素的方式

在 AutoCAD 中，所有的编辑及修改命令均要选择已绘制好的图素，其常用的选择方式有以下几种。

1. 点选

当需要选取图素时（Select Objects），鼠标变成一个小方块，用鼠标直接点取目标图素，图素变虚则表示选中。

2. 窗选

在"Select Objects"后键入"W（Window）"，或用鼠标在目标图素外部对角上点击两下，开一个窗口，将所需选取的多个图素一次选中。键入"W"，只能选取窗口内的图素，不键入"W"，可能选到窗口外部的图素。

3. 最近

在"Select Objects"后键入"L（Last）"，表示所选取的是最近一次绘制的图素。

4. 多边形选

在"Select Objects"后键入"Cp"，用鼠标点多边形，选取多边形窗口内的图素。

5. 全选

在"Select Objects"后键入"All"，表示所需选取的是全部（冻结层除外）。

6. 移去

当要移去所选的图素时，可在"Select Objects"后键入"R（Remove）"，再用鼠标直接点取相应图素即可将其移去。

7. 取消

对于最后选取的图素，可在"Select Objects"后键入"U（Undo）"将其移去。可连续键入"U"，取消全部选取。

其余选择方式应用较少，此处不再赘述。

1.7.6　AutoCAD 绘图系统中功能键的作用

AutoCAD 的功能键如表 1-3 所示。熟练使用功能键可以加快绘图速度。

表 1-3　功能键的作用

功能	作　用	状态行
ESC	取消所有操作	
F1	打开帮助系统	
F2	图、文视窗切换开关	
F3	对象捕捉方式开关	OSNAP
F4	控制数字化仪开关	
F5	控制等轴测平面方位	
F6	控制动态坐标显示开关	
F7	控制栅格开关	GRID
F8	控制正交开关	ORTHO
F9	控制栅格捕捉开关	SNAP
F10	控制极轴开关	POLAR
F11	控制对象捕捉追踪开关	OTRACK
	控制线宽显示开关	LWT

1.7.7　AutoCAD 2004 绘图系统中的部分常用设置功能

AutoCAD 有许多配置功能，此处仅介绍部分常用功能。在主菜单工具（Tools）中，选择下拉菜单中的最后一个菜单项，即打开选项（Options）对话框，如图 1-8 所示。

警告：初学者不宜随意进行系统配置，配置不当，在使用中将会造成不必要的麻烦。

工具（Tools）→选项（Options）

1. 文件

用于指定文件夹，供 AutoCAD 搜索不在当前文件夹中的文字、菜单、模块、图形、线型和图案等，如图 1-13 所示。

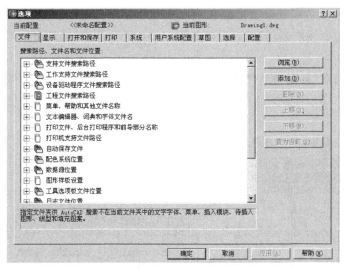

图 1-13 选项-文件

2. 显示

打开选项中的显示对话框,如图 1-14 所示。主要设置绘图区的底色、字体、圆及立体的平滑度等。

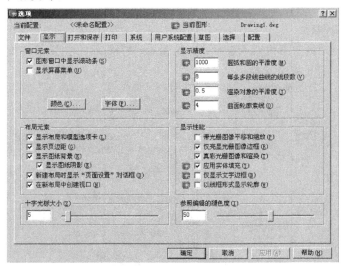

图 1-14 选项-显示

(1)点击颜色按钮,显示对话框如图 1-15 所示。在这里我们可以设置模型空间的背景和光标的颜色,设置图纸空间的背景和光标的颜色,设置命令显示区的背景和文字的颜色以及设置自动追踪矢量的颜色和打印预览背景的颜色。

（2）点击字体按钮，显示对话框如图1-16所示，可以设置命令行窗口的文字型式。

（3）取消在"新布局中创建视口"前的小钩，则在布局中不创建视口。

（4）取消在"应用实体填充前"的小钩，则用环、多段线命令绘制的图线不填充。

（5）拖动游标，可以调整十字光标的大小。

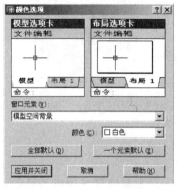

图1-15　选项-显示-颜色

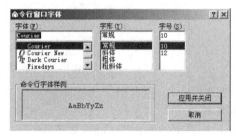

图1-16　选项-显示-字体

3. 打开和保存

打开选项中的打开和保存对话框，如图1-17所示。主要设置文件保存的格式及自动保存的间隔时间等。

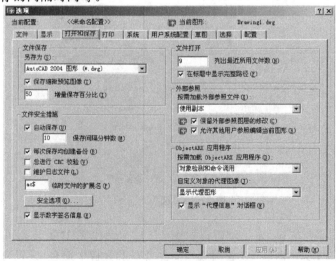

图1-17　选项-打开和保存

4. 打印

打开选项中的打印对话框,如图 1-18 所示。打印设置在打印一节中详述。

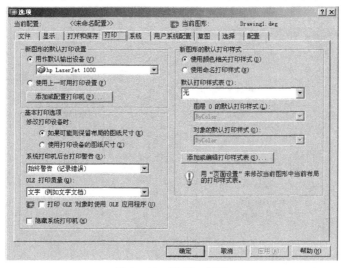

图 1-18　选项—打印

5. 系统

打开选项中的系统对话框,如图 1-19 所示。设置绘制新图时启动对话框的格式。

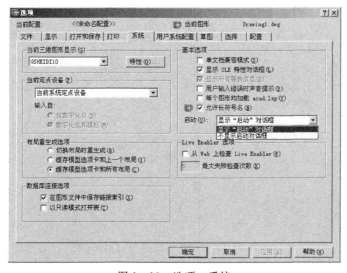

图 1-19　选项—系统

6. 用户系统配置

打开选项中的用户系统配置对话框,如图 1 - 20 所示。主要设置是否在绘图区中使用快捷菜单等。取消快捷菜单可使用鼠标右键作回车键,加快绘图速度。

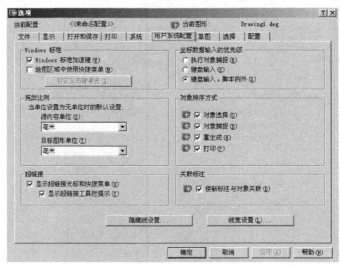

图 1 - 20　选项—用户系统配置

7. 草图

打开选项中的草图对话框,如图 1 - 21 所示。主要设置捕捉标记的颜色、大小及靶框的大小等。

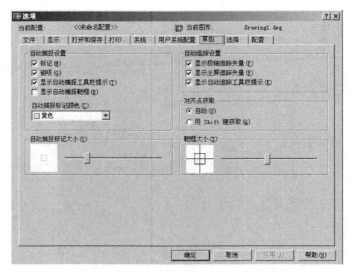

图 1 - 21　选项—草图

8. 选择

打开选项中的选择对话框,如图 1 - 22 所示。主要设置绘制新图夹点的颜色、大小等。

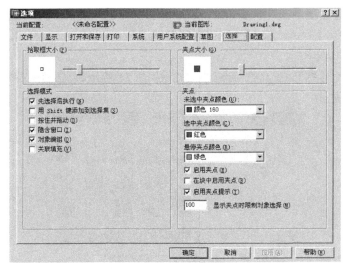

图 1 - 22 选项－选择

9. 用户配置

打开选项中的用户配置对话框,如图 1 - 23 所示。主要设置绘制新图时的配置。

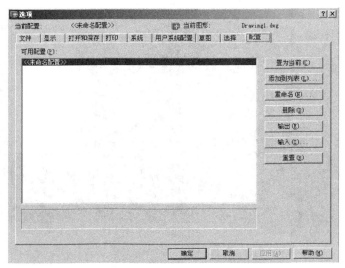

图 1 - 23 选项－用户配置

1.7.8　关于 AutoCAD 2004 的几点说明

了解 AutoCAD2004 功能，用户操作更加方便、容易。

1. 工具选项板

下拉菜单：主菜单（工具）子菜单（工具选项板窗口）

快捷键：Ctrl＋3

执行一种可打开"工具选项板"窗口如图 1－24 所示，包括：ISO 图、英制图、办公室三个选项。

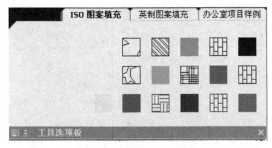

图 1－24　"工具选项板"窗口

如图 1－25 所示使用办公室图样，在"办公室项目样例"中单击模型，用户可方便地进行调用。

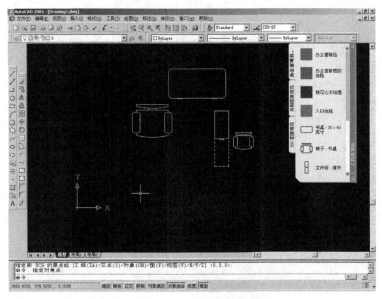

图 1－25　办公室图样

2. 设计中心功能

设计中心将单个块自动生成图标,方便操作者查找和插入块,以及允许用户从设计中心面板中将影线直接拖入到打开的图形上,为图形设置影线如图 1-26 所示。

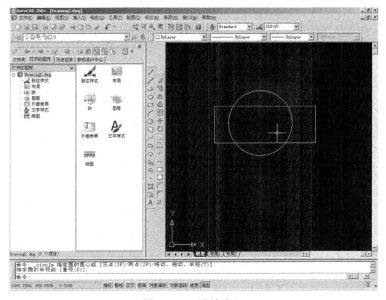

图 1-26 设计中心

3. 自动设置状态栏

AutoCAD 2004 中提供了可以自动设置显示在状态栏中的选项。其方法是操作者在状态栏上单击右键,弹出如图 1-27 所示的快捷菜单,通过勾选和取消勾选操作可隐藏和显示所需项。

图 1-27 状态行选项快捷菜单

(1)通信中心:使用用户与最新的软件更新、产品支持通告和其他服务的直接连接。

(2)多行文字:可以使用多行文字编辑器创建多行文字中的缩进和制表位。

（3）口令保护和数字签名：如果需要对能够打开和查看保密图形的用户加以控制，可以通过添加口令保护图形；当准备发布某个图形时，可以使用 AutoCAD 附加数字签名。

单击［工具］菜单 → ［选项］子菜单 → 选择［安全选项］按钮，如图 1-28 所示。

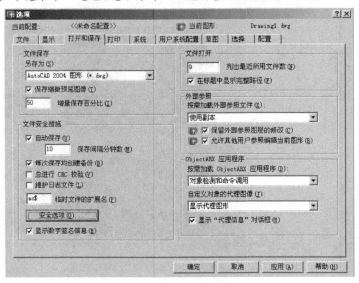

图 1-28   选项面板

4. 实时助手

AutoCAD 2004 的实时助手如图 1-29 所示，它随时显示当前使用命令的功能说明信息，大大方便了初学者的学习和使用。AutoCAD 2004 的帮助功能也得到了增强，其下拉菜单如图 1-30 所示。其帮助功能对话框如图 1-31 所示。

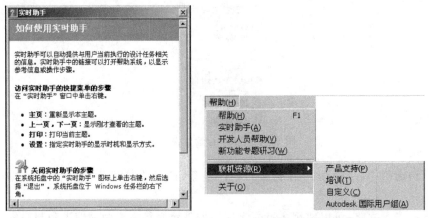

图 1-29   实时助手   图 1-30   帮助下拉菜单

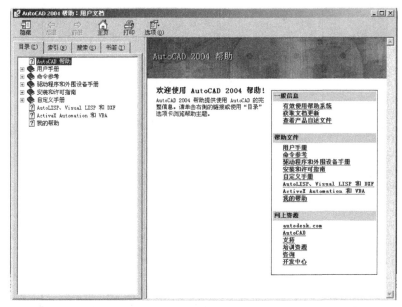

图 1-31 帮助对话框

1.8 3D 打印数据处理流程

准备好 STL 格式模型数据,如图 1-32 所示的 STL 格式文件。

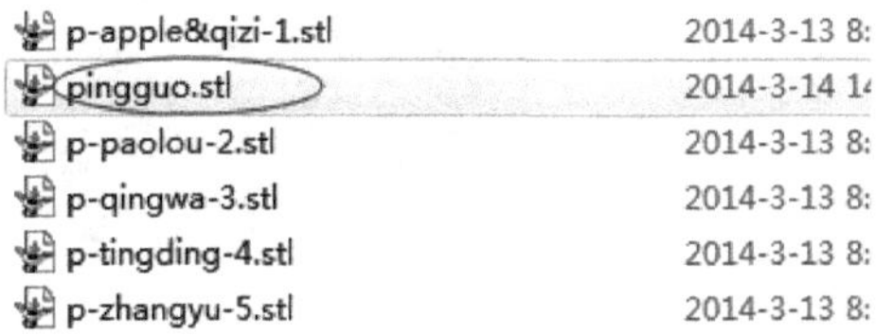

p-apple&qizi-1.stl	2014-3-13 8:
pingguo.stl	2014-3-14 14
p-paolou-2.stl	2014-3-13 8:
p-qingwa-3.stl	2014-3-13 8:
p-tingding-4.stl	2014-3-13 8:
p-zhangyu-5.stl	2014-3-13 8:

图 1-32 STL 数据格式

双击打开 ReplicatorG 软件 ,出现如图 1-33 所示 RepicatorG 打开主界面。

点击文件目录下打开命令,结果如图 1-34 所示。

在数据目录下选择需要制作模型的 STL 数据,点击打开按钮。出现如图 1-35 所示选取界面。

打开模型后,软件显示如图 1-36 所示载入模型界面。

图 1-33　ReplicatorG 打开主界面

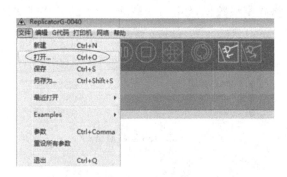

图 1-34　打开命令

然后点击屏幕右侧"移动"命令,如图 1-37 所示。

出现如图 1-38 所示显示移动命令界面。

依次点击居中和放置于平台,零件会自动移至工作台中心。

下一步,点击"生成 G 代码"如图 1-39 所示生成 G 代码选项。

图 1-35 选取界面

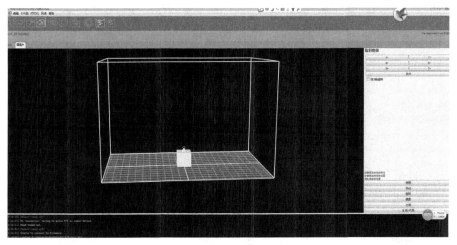

图 1-36 载入模型界面

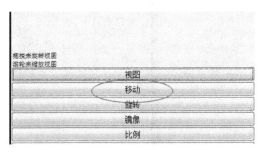

图 1-37 移动命令

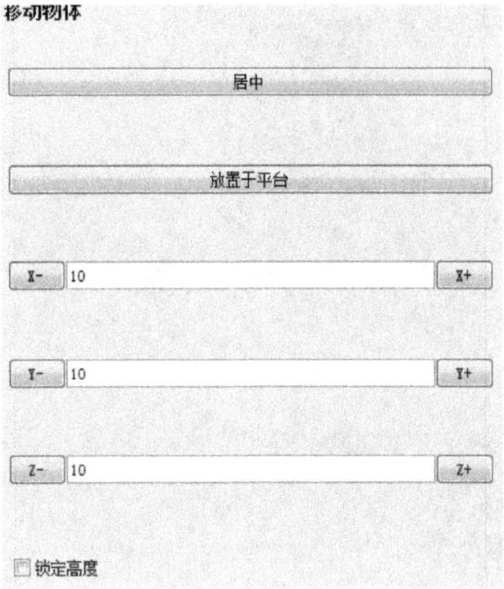

图 1-38　移动命令界面　　　　　　图 1-39　生成 G 代码选项

出现如图 1-40 所示页面,询问是否保存模型选项:

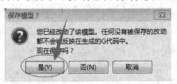

图 1-40　是否保存模型选项

点击"是"选项。出现如图 1-41 所示代码生成参数设置信息。

根据模型形状选择如图 1-42 所示支撑类型,其他参数建议不要更改。

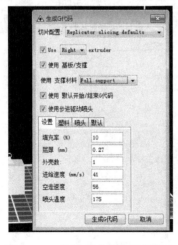

图 1-41　代码生成参数设置信息

图 1-42　支撑类型

下一步点击"生成 G 代码"。G 代码生成过程如图 1 - 43 所示。

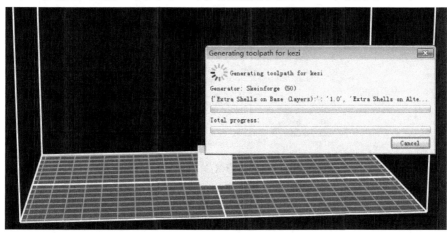

图 1 - 43　G 代码生成过程

待数据处理完成，关闭 ReplicatorG 软件。

然后打开 click. exe 软件，出现如图 1 - 44 所示显示界面。

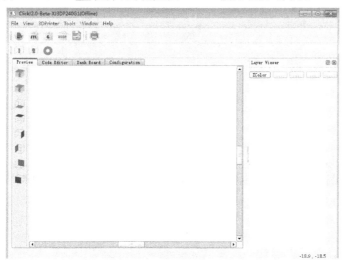

图 1 - 44　Click 打开主界面

点击导入 Gcode 按键，导入刚才输出完成的 Gcode 文件。此文件在 STL 数据模型目录下，如图 1 - 45 所示选取 Gcode 文件。

导入完成后，点击保存按钮，如图 1 - 46 所示另存为. XJ3DP 格式数据。

将此文件保存为. XJ3DP 格式，即可在 3D 打印机上制作。

图 1-45　Gcode 文件

图 1-46　保存为 XJ3DP 数据按钮

在提示是否回零前方打钩,点击 OK,如图 1-47 所示。

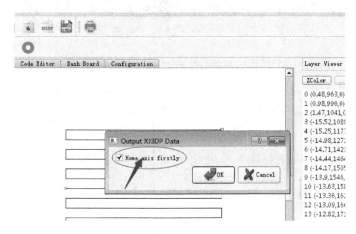

图 1-47　归零选项

将文件保存在设定位置即可。如图 1-48 所示保存为.XJ3DP 格式数据。

图 1-48　XJ3DP 格式数据

将文件拷贝到 3D 打印机,即可进行打印。

第二部分 绘图及 3D 建模

第 2 章 基础命令

本章主要介绍的基础命令为：新建(New)、打开(Open)、关闭(Close)、保存(Save)、另存(Save as)、退出(Exit)、图形界限(Limits)、缩放(Zoom)、平移(Pan)、航空/鸟瞰视图(Aerial View)、重画(Redraw)、刷新(Regen)、全部刷新(Regen All)、图层(Layer)、颜色(Color)、线型(Linetype)、线型比例(Ltscale)、线型宽度(Lineweight)、单位(Units)等。

在 AutoCAD 界面中,标准工具条是最常用的工具条,其内容如图 2-1 所示。标准工具条中包含有常用的文件命令、Windows 的功能命令,以及 AutoCAD 2004 新增加的网络功能命令、视窗控制命令和帮助命令。本章我们将介绍部分常用命令。

图 2-1 标准工具条

2.1 新建文件(New)

文件→新建(File→New) ⬜

命令：_new

每次绘新图时,使用此命令,便出现如图 2-2 所示的对话框(如果没有出现,应在命令窗口里输入"STARTUP"系统变量,然后输入"1"即可,重新执行_new 命令)。点取"缺省设置"按钮,再选择"公制"(Meter),然后单击"确定"按钮,即可绘制新图。另外,也可以点取样板图按钮,选取库存的样板图样,然后在样板图的基础上再行作图。由于库存的标准样板图与我国现行的绘图标准不完全相符,用户应学会修改或自制符合我国制图标准的样板图,并可将一些常用的图块、尺寸变量等设置在样板图中,以提高绘图效率。用户还可以点取"使用向导"按钮,进行[快速设置]和[高级设置]。

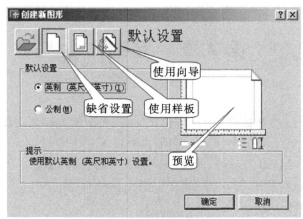

图 2-2   绘新图对话框

2.2   打开文件(Open)

文件→打开(File→Open)

命令: _open

该命令用于打开已存储的图。如图 2-3 为打开 AutoCAD 库存例图中的办公室图例。

2.3   关闭文件(Close)

文件→关闭(File→Close)

命令: _ close

该命令用于当采用多窗口显示时,关闭已打开的图形文件。

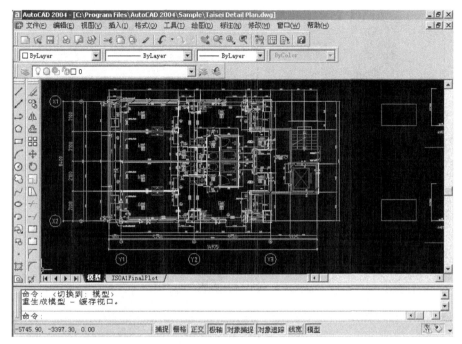

图 2-3 打开已存图例

2.4 存盘(Save)

文件→保存(File→Save)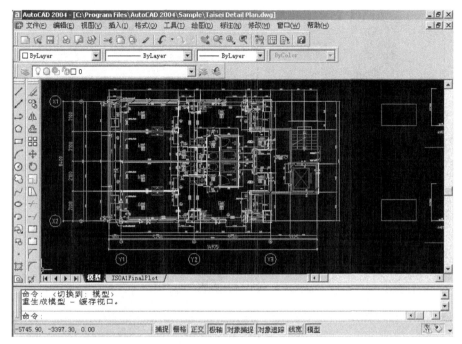

命令:_qsave

将绘制的图形文件存盘。在绘图过程中应经常进行存储,以免出现断电等故障时造成文件丢失。一般 AutoCAD 图形文件的后缀为".dwg"。

2.5 赋名存盘(Save As)

文件→另存为(File→Save as)

命令:_save as

将文件另起名后存成一个新文件,利用此方法可将已有图形经过修改后迅速得到另一个类似的图形。并可制作样板图样,样板图的文件名后缀为".dwt"。

选择格式存盘,如图 2-4 所示。

图 2-4　选择后缀存盘

2.6 退出(Exit)

文件→退出(File→Exit) ✖

退出 AutoCAD,结束工作。

2.7　绘图界限(Limits)

格式→绘图界限(Format→drawing limits)

命令：′_limits

重新设置模型空间界限：

指定左下角点或[开(ON)/关(OFF)] <0.0,0.0>：－9,－9 ↵(屏幕左下角)

指定右上角点 <420.0,297.0>：300,220 ↵(屏幕右上角)

　　计算机的屏幕是不变的,但所绘图纸的大小是可变的。绘图界限是为了限定一个绘图区域,便于控制绘图及出图。软件提供的网点等服务,只限定在绘图界限内。

> **注意**:每个斜杠表示一种选项,一般键入第一个字母即可。尖括号中的值是系统默认值。用户修改时,只要键入黑体字部分即可,"↵"表示回车。后面命令均同。在命令后有"′",的,表示该命令是透明命令,可以不中断当前命令使用。

2.8 缩放(Zoom)

视图→缩放→···(View→Zoom→···)

通过缩放命令,可在屏幕上任意地设置可见视窗的大小。缩放命令的下拉菜单如图 2-5 所示,图形工具条如图 2-6 所示。

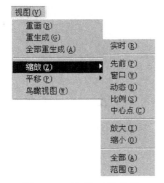

图 2-5 缩放下拉菜单

图 2-6 缩放工具条

注意:图形的实际尺寸大小不变。

2.8.1 按绘图界限设置可见视窗的大小

视图→缩放→全部(View→Zoom→All)

命令:'_zoom

指定窗口角点,输入比例因子 (nX 或 nXP),或[全部(A)/中心点(C)/动态(D)/范围(E)/上一个(P)/比例(S)/窗口(W)]＜实时＞:_all

2.8.2 按窗口设置可见视窗的大小

视图→缩放→窗口(View→Zoom→Window)

命令:'_zoom

指定窗口角点,输入比例因子 (nX 或 nXP),或[全部(A)/中心点(C)/动态(D)/范围(E)/上一个(P)/比例(S)/窗口(W)]＜实时＞:_w

指定第一个角点:

指定对角点:(对角开窗口放大至全屏)

2.8.3　回到上一窗口

视图→缩放→上一个（View→Zoom→Previous）

命令：'_zoom

指定窗口角点,输入比例因子（nX 或 nXP）,或［全部（A）/中心点（C）/动态（D）/范围（E）/ 上一个（P）/比例（S）/窗口（W）］＜实时＞：_p

2.8.4　按比例放大

视图→缩放→比例（View→Zoom→Scale）

命令：'_zoom

指定窗口角点,输入比例因子（nX 或 nXP）,或［全部（A）/中心点（C）/动态（D）/范围（E）/上一个（P）/比例（S）/窗口（W）］＜实时＞：_s

输入比例因子（nX 或 nXP）：2 ↵

2.8.5　中心点放大（用于三维）

视图→缩放→中心（View→Zoom→Center）

命令：'_zoom

指定窗口角点,输入比例因子（nX 或 nXP）,或［全部（A）/中心点（C）/动态（D）/范围（E）/上一个（P）/比例（S）/窗口（W）］＜实时＞：_c

2.8.6　将图形区放大至全屏

视图→缩放→最大（View→Zoom→Extents）

命令：'_zoom

指定窗口角点,输入比例因子（nX 或 nXP）,或［全部（A）/中心点（C）/动态（D）/范围（E）/上一个（P）/比例（S）/窗口（W）］＜实时＞：_e

2.9　平移(Pan)

视图→平移→实时（View→Pan）

命令：'_pan:(用鼠标拖动屏幕移动)

按 Esc 或 Enter 键退出,或单击右键显示快捷菜单。

不改变视窗内图形大小及图形坐标,移动观察屏幕上不同位置的图形。

2.10　航空视图（Aerial View）

视图→航空视图（View→Aerial View）

命令：'_dsviewer

打开航空视窗，如图 2-7 所示。其窗口内始终显示全图，而粗线框内则为当前绘图视窗的位置。

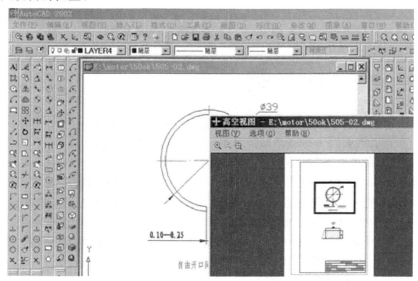

图 2-7　航空视图

2.11　重画（Redraw）

视图→重画（View→Redraw）

命令：'_redrawall

刷新屏幕，将屏幕上的作图遗留痕迹擦去。

2.12　刷新（Regen）

视图→重生成（View→Regen）

命令：_regen 正在重生成模型。

刷新屏幕并重新进行几何计算。当圆在屏幕上显示成多边形时，使用该命令，即可恢复光滑度。

2.13 全部刷新(Regen All)

视图→全部重生成(View→Regenall)
命令：_regenall 正在重生成模型。
多窗口同时刷新屏幕，并重新进行几何计算。

2.14 图层(Layer)

格式→层(Format→Layer)
命令：'_layer

为了便于绘图，AutoCAD 提供图层设置，如图 2-8 所示，最多可设置 256 层，相当于在多层透明纸上将绘制的图形重叠在一起。在图 2-8 对话框中，可以设置当前图层、把新图层添加到图层名列表以及重命名现有图层。可以指定图层特性，打开或关闭图层，全局或按视口解冻和冻结图层，锁定和解锁图层，设置图层的打印样式，以及打开或关闭图层打印。只要用鼠标点击图标即可设置不同的状态，将某层设置为关闭(不可见)、冻结(不可见且不可修改)、锁定(可见但不可修改)。绘制复杂图形时，还可以给每层设置不同的颜色和线型，点击颜色或线型时，会出现下一级颜色或线型对话框，可以选择颜色或线型。

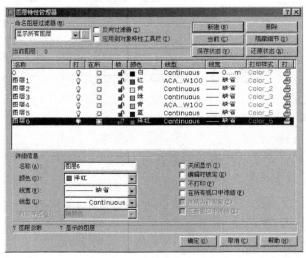

图 2-8 图层设置对话框

从图形文件定义中清除选定的图层。只有那些没有以任何方式参照的图层才能被清除。参照图层包括 0 图层和 DEFPOINTS 图层、包含对象(包括块定义中的对象)的图层、当前图层和依赖外部参照的图层,所有这些图层均不能被清除。

打开图层设置对话框,从而可对图层进行操作。

例如要创建一个新图层,可选择"新建","图层 1"即显示在列表中,此时可以立即对它进行编辑,并可选定为当前图层。

2.15　颜色(Color)

格式→颜色(Format→Color)

命令：_color

为了便于绘图,AutoCAD 提供颜色设置,最多可设置 256 种颜色。其调色板如图 2 - 9 所示。

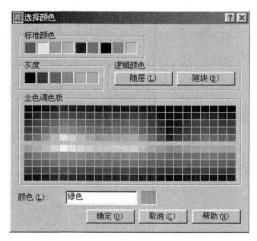

图 2 - 9　颜色设置对话框

将色彩设为哪种颜色,则绘制的图即为该种颜色。一般不单独设置颜色,而是将颜色设为随层,即在层中设置颜色,让颜色随层而变,这样使用起来较为方便。常用颜色尽量选用标准颜色,有名称,便于观察。

2.16　线型(Linetype)

格式→线型(Format→Linetype)

在线型对话框中(如图 2 - 10 所示),系统默认的线型只有"随层"、"随块"和

"实线"。点击加载（Load）按钮，出现 AutoCAD 的线型库对话框（如图 2 - 11 所示），通过点击选取加载线型。与颜色设置一样，一般不单独设置线型。用户可将线型设为随层，在层中设置线型，让线型随层及颜色而变。当绘制一幅较大的图样时，虚线等线型会聚拢，在屏幕上难以分辨，而颜色在屏幕上则极易区分。国家标准中规定了不同的线型所对应的不同颜色。

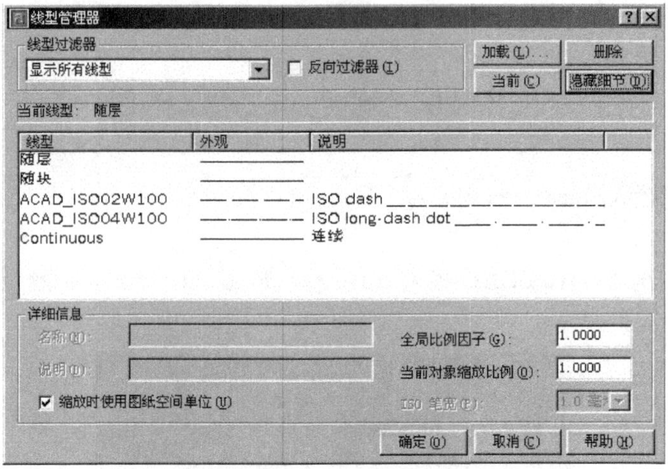

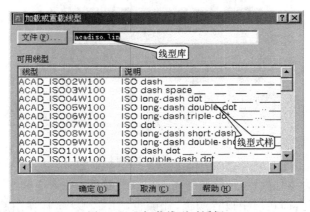

图 2 - 10　线型设置对话框

图 2 - 11　加载线型对话框

2.17　线型比例（Ltscale）

格式→线型比例（Format→Ltscale）

命令：ltscale ↵（键入命令）

输入新线型比例因子 ＜1.0＞：2 ↵

设置绘图线型的比例系数可改变点划线等线型的长短线的长度比例。可在图
2－10线型对话框中设置。

2.18　线型宽度（Lineweight）

格式→线型宽度(Format→Lineweight)

命令：′_lweight

AutoCAD 中设置当前线宽、线宽单位、缺省线宽值,控制"模型"选项卡中线
宽的显示及其显示比例,如图 2－12 所示。注意勾选"显示线宽",即可在屏幕上看
出宽度。

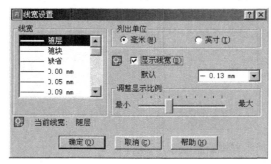

图 2－12　线宽设置

在 AutoCAD 中,层、线型、颜色被统称为物体属性(对象特性),AutoCAD
2002 的物体属性工具条如图 2－13 所示。绘图时要经常变换图层及颜色等,其常
用的方法有：

(1)点住对象特性工具条中层状态显示框后的"□",在下拉菜单中选一层,并
点击相应图标,改变层的状态,如图 2－13 所示。

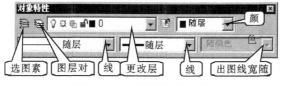

图 2－13　对象特性工具条

(2)点对象特性工具条中第一个图标(选图素换层),再点取相应图素,该图素
所在层即为当前层。

（3）点住对象特性工具条中颜色、线型及线宽后的"□"，选一种，为当前的颜色、线型或线宽。一般颜色、线型设为随层（ByLayer），线宽设为随颜色（ByColor）。出图时，可按颜色方便地设置或更改线宽。

2.19　单位（Units）

格式→单位（Format→Units）

命令：'_units

为了方便使用，系统提供了绘图单位及其精度的设置方法（如图 2－14 所示），我们可以设置科学、英寸、建筑等进制（默认为十进制）。同时还可设置绘图单位和精度。

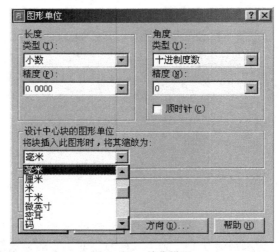

图 2－14　单位设置

2.20　多窗口功能

窗口→水平平铺

用户可将多个文件同时打开，在不同的窗口中显示。并可在主菜单窗口（Windows）的下拉菜单中选取窗口的排列方式：水平（Hor）或垂直（Ver）。用户还可选择排列几个窗口，如图 2－15 所示的就是水平排列的三幅图。

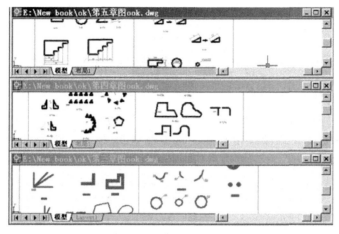

图 2 - 15　多窗口的排列

2.21　设计中心的功能

工具→AutoCAD 设计中心（Tools→AutoCAD DesignCenter）

AutoCAD 的设计中心如图 2 - 16 所示，在形式上类似于 Windows 的资源管理器，用户可以方便地查阅不同文件的图层、块、颜色等属性，或执行相互复制、剪切、粘贴等操作。可以同时打开多个文档，在不中断当前命令的情况下处理多个图形。

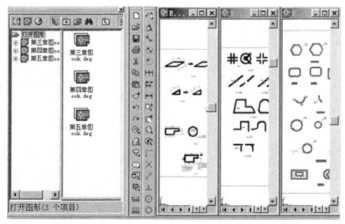

图 2 - 16　AutoCAD 设计中心

第 3 章　绘图命令

本章主要介绍的绘图及相关命令为：绘制直线（Line）、射线（Ray）、构造线（C-Line）、矩形（Rectangle）、正多边形（Polygon）、圆弧（Arc）、圆（Circle）、圆环（Donut）、椭圆（Ellipse）、制作块以及插入图块（Block，Insert）等。

在 AutoCAD 的主菜单中，选取绘图（Draw）菜单项，可打开其下拉菜单，如图 3-1所示。另外在图形工具条中也有绘图（Draw）工具条，如图 3-2 所示。下拉菜单中的内容与工具条中的内容不完全相同，有些命令在默认的图形工具条中没有图标，可以自制。

图 3-1　绘图下拉菜单

图 3-2　绘图工具条

3.1　直线(Line)

绘图→直线(Draw→Line)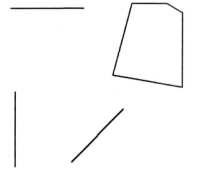

先指定起点,再给出一个或几个终点,即可画出直线或折线。任何点均可用鼠标点出、给出准确的坐标或长度,结束时按回车键,画错时键入 U 放弃,与起点闭合输入 c。下面为一组画线图例,如图 3-3 所示。

1.画一条竖线

命令：_line 指定第一点：20,30 ↵（坐标）

指定下一点或［放弃(U)］：@0,20 ↵

指定下一点或［放弃(U)］：↵

2.画一条水平线

命令：_line 指定第一点：22,78

指定下一点或［放弃(U)］：@20,0 ↵

指定下一点或［放弃(U)］：↵

3.画一条斜线

命令：↵（重复命令）

LINE 指定第一点：（鼠标点出）

指定下一点或［放弃(U)］:@20<45 ↵

指定下一点或［放弃(U)］：↵

4.画一条连续的折线

命令：↵

LINE 指定第一点：50,60 ↵

指定下一点或［放弃(U)］：@20<75 ↵

指定下一点或［闭合(C)/放弃(U)］：@0,10 ↵

指定下一点或［闭合(C)/放弃(U)］：u ↵

指定下一点或［闭合(C)/放弃(U)］：@10,0 ↵

指定下一点或［闭合(C)/放弃(U)］：@5<330 ↵

指定下一点或［闭合(C)/放弃(U)］：@0,-20 ↵

指定下一点或［闭合(C)/放弃(U)］：c ↵

图 3-3　画直线

3.2 射线(Ray)

绘图→射线(Draw→Ray)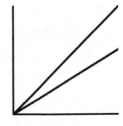

以某一点为起点,通过第二点确定方向,画出一条或几条无限长的线,如图 3-4 所示,射线一般用作辅助线。无用时,将其所在层关闭。

命令:_ray

指定起点:(任意点)

指定通过点:@20,0 ↵(水平射线)

指定通过点:@0,20 ↵(垂直射线)

指定通过点:@5,5 ↵(45°射线)

指定通过点:@5,3 ↵(过任意点的射线)

指定通过点:↵

图 3-4 画射线

3.3 构造线(Construction Line)

绘图→构造线(Draw→Construction Line)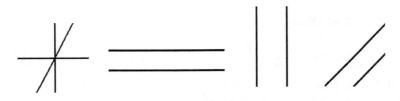

通过某一点,画出一条或几条无限长的线,如图 3-5 所示为部分图例。它一般用作辅助线。因构造线无限长,故删除时不能窗选,每次只能选一条。

图 3-5 构造线

1. 过点绘制构造线

命令:_xline 指定点或[水平(H)/垂直(V)/角度(A)/二等分(B)/偏移(O)]:45,100 ↵

指定通过点:50,100 ↵

指定通过点:45,110 ↵

指定通过点:100,200 ↵

指定通过点:↵

2. 绘制一条或几条水平的构造线

命令：_xline 指定点或［水平(H)/垂直(V)/角度(A)/二等分(B)/偏移(O)］：h↵

指定通过点：(任选一点)

指定通过点：(任选一点)

指定通过点：↵

3. 绘制一条或几条垂直的构造线

命令：↵

XLINE 指定点或［水平(H)/垂直(V)/角度(A)/二等分(B)/偏移(O)］：v↵

指定通过点：(任选一点)

指定通过点：(任选一点)

指定通过点：↵

4. 绘制一条或几条已知角度的构造线

命令：_xline 指定点或［水平(H)/垂直(V) /角度(A)/二等分(B)/偏移(O)］：a↵

参考/＜角度(O)＞：45↵

指定通过点：(任选一点)

指定通过点：(任选一点)

指定通过点：↵

3.4　矩形(Rectangle)

绘图→矩形(Draw→Rectangle)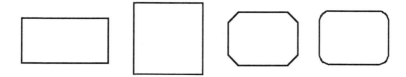

指定两个对角点绘出矩形。通过选项可以绘制带有倒角或圆角的矩形。下面为一组画矩形图例,如图 3-6 所示。

图 3-6　绘制矩形

1. 绘制一般矩形

命令：_rectang

指定第一个角点或［倒角(C)/标高(E)/圆角(F)/厚度(T)/宽度(W)］:(任选一点)

指定另一个角点或[尺寸]：@50,25 ↵（或用鼠标点）

2. 绘制正方形

命令：_rectang

指定第一个角点或[倒角(C)/标高(E)/圆角(F)/厚度(T)/宽度(W)]：（任选一点）

指定另一个角点或[尺寸]：@40,40 ↵（X、Y 的值相等为正方形）

3. 绘制具有倒角的矩形

命令：_rectang

指定第一个角点或[倒角(C)/标高(E)/圆角(F)/厚度(T)/宽度(W)]：c ↵（倒角）

指定矩形的第一个倒角距离 <0.0>：6 ↵

指定矩形的第二个倒角距离 <6.0>：↵

指定第一个角点或[倒角(C)/标高(E)/圆角(F)/厚度(T)/宽度(W)]：（任选一点）

指定另一个角点或[尺寸]：@40,30 ↵

4. 绘制具有圆角的矩形

命令：_rectang

当前矩形模式：倒角＝6.0×6.0

指定第一个角点或[倒角(C)/标高(E)/圆角(F)/厚度(T)/宽度(W)]：f ↵（圆角）

指定矩形的圆角半径 <6.0>：↵

指定第一个角点或[倒角(C)/标高(E)/圆角(F)/厚度(T)/宽度(W)]：（任选一点）

指定另一个角点或[尺寸]：@40,30 ↵

3.5　多边形(Polygon)

绘图→正多边形(Draw→Polygon) ⬠

此命令用来绘制各种正多边形，如图 3-7 所示。

1. 已知外接圆半径绘制多边形

命令：_polygon

输入边的数目 <4>：6 ↵

指定多边形的中心点或[边(E)]：

输入选项[内接于圆(I)/外切于圆(C)]＜I＞:↵(默认内接多边形)

指定圆的半径:10 ↵

2. 已知内切圆半径绘制多边形

命令:↵

POLYGON 输入边的数目 ＜6＞:↵

指定多边形的中心点或[边(E)]:

输入选项[内接于圆(I)/外切于圆(C)]＜I＞: c↵(外切多边形)

指定圆的半径:10 ↵

3. 已知多边形的边长绘制多边形

命令: _polygon

输入边的数目 ＜6＞:↵

指定多边形的中心点或[边(E)]: e↵(边长)

指定边的第一个端点:(任选一点)

指定边的第二个端点:@10,0 ↵

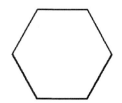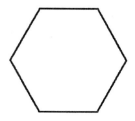

图 3-7　绘制正多边形

3.6　圆弧(Arc)

绘图→圆弧(Draw→Arc)

在绘制圆弧的下拉菜单中,按照不同的已知条件,有 11 种绘制圆弧的方法可供用户选择,如图 3-8 所示。下面介绍几种常用的绘制圆弧的方法,所绘图例如图 3-9 所示。

图 3-8　绘制圆弧菜单

图 3-9　绘制圆弧

1. 已知三点绘制圆弧

命令：_arc 指定圆弧的起点或[圆心(C)]：(鼠标任选一点)

指定圆弧的第二个点或[圆心(C)/端点(E)]：(鼠标任选一点)

指定圆弧的端点：(鼠标任选一点)

2. 已知起点、圆心和角度绘制圆弧

命令：_arc 指定圆弧的起点或[圆心(C)]：(任选一点)

指定圆弧的第二点或[圆心(C)/端点(E)]：_c 指定圆弧的圆心：(选弧心点)

指定圆弧的端点或[角度(A)/弦长(L)]：_a 包含角：90 ↵

3. 已知起点、终点和半径绘制圆弧

命令：_arc 指定圆弧的起点或[圆心(C)]：(任选一点)

指定圆弧的第二个点或[圆心(C)/端点(E)]：_e

指定圆弧的端点：(选端点)

指定圆弧的圆心或[角度(A)/方向(D)/半径(R)]：_r 指定圆弧的半径：20

3.7　圆(Circle)

绘图→圆(Draw→Circle)

在绘制圆的下拉菜单中，按照不同的已知条件，有 6 种绘制圆的方法可供用户选择，如图 3-10 所示。下面介绍几种常用的方法，所绘图例如图 3-11 所示。

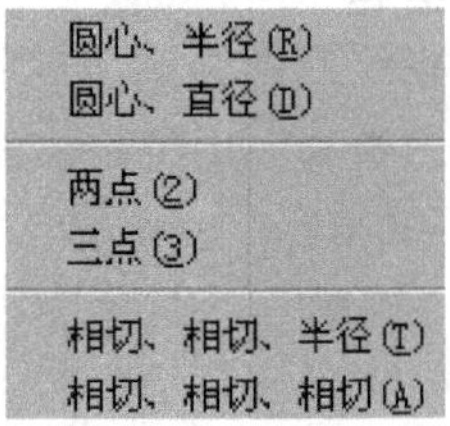

1. 已知圆心、半径绘制圆

命令：_circle 指定圆的圆心或[三点(3P)/两点(2P)/相切、相切、半径(T)]：20,20 ↵

图 3-10　绘制圆菜单

指定圆的半径或[直径(D)]:10 ↵

2. 已知圆上三点绘制圆

命令：_circle 指定圆的圆心或[三点(3P)/两点(2P)/相切、相切、半径(T)]:

_3p

指定圆上的第一个点:(任选一点)

指定圆上的第二个点:(任选一点)

指定圆上的第三个点:任选一点)

3. 与三线相切绘制圆

命令：_circle 指定圆的圆心或[三点(3P)/两点(2P)/相切、相切、半径(T)]:

_3p

指定圆上的第一个点：_tan 到

指定圆上的第二个点：_tan 到

指定圆上的第三个点：_tan 到

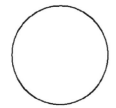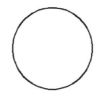

图 3-11 绘制圆

3.8 圆环(Donut)

绘图→圆环(Draw→Donut)

圆环命令可以绘制填充的环及实心的圆,如图 3-12 所示。

1. 绘制一般圆环

命令：_donut

指定圆环的内径 <10>：16 ↵

指定圆环的外径 <20>：26 ↵

指定圆环的中心点 <退出>：(任选一点)

指定圆环的中心点 <退出>：↵

图 3-12 绘制圆环

2. 绘制实心圆

命令：_donut

指定圆环的内径 ＜2.0＞：0 ↵

指定圆环的外径 ＜6.0＞：8 ↵

指定圆环的中心点 ＜退出＞：(任选一点)

指定圆环的中心点 ＜退出＞：(任选一点)

指定圆环的中心点 ＜退出＞：↵

3.9 椭圆(Ellipse)

绘图→椭圆(Draw→Ellipse)

根据椭圆的长短轴及中心等条件绘制椭圆,如图 3 - 13 所示为部分图例。

图 3 - 13 绘制椭圆

1. 已知椭圆的二个端点绘制椭圆

命令：_ellipse

指定椭圆的轴端点或[圆弧(A)/中心点(C)]：(用鼠标任选一点)

指定轴的另一个端点：@26,0 ↵

指定另一条半轴长度或[旋转(R)]：@ 0,6 ↵

2. 已知圆心及一个端点绘制椭圆

命令：_ellipse

指定椭圆的轴端点或[圆弧(A)/中心点(C)]：_c (用鼠标任选一点)

指定椭圆的中心点：

指定轴的端点：@15,0 ↵

指定另一条半轴长度或[旋转(R)]：@0,5 ↵

3. 绘制椭圆弧

命令：_ellipse

指定椭圆的轴端点或[圆弧(A)/中心点(C)]：_a

指定椭圆弧的轴端点或[中心点(C)]：(任选一点)

指定轴的另一个端点：@22,0

指定另一条半轴长度或［旋转(R)］：@0,6
指定起始角度或［参数(P)］：120
指定终止角度或［参数(P)/包含角度(I)］：290

3.10　图块(Block)

绘图→块→创建(Draw→Block→Make)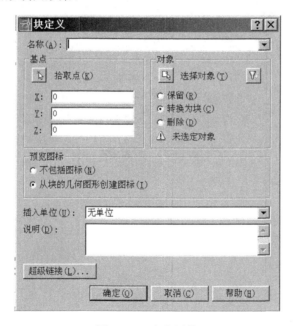

　　将一些常用的图形或图形集制作成图块。使用时,在插入命令中选择插入块,即可重复使用所定义的图块。块只能在当前图形文件中使用,要想在其他图形中使用,需将相应图形制作成图形文件。亦可通过设计中心,相互复制图块。

　　定义图块时,可在对话框(如图 3 - 14 所示)中先起名,并指定插入基点,然后选择欲做块的图形或图形集。

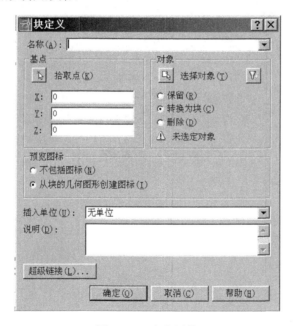

图 3 - 14　定义图块

命令：_block
选择对象：指定对角点：(选择图形)
找到一个
选择对象：

3.11　插入(Insert)

插入→块(Insert→Block)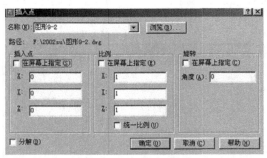

为了便于快速绘图,可利用插入命令,将绘制好的图或图块插入。如果取消"在屏幕上指定"前的小勾,就可准确地设置插入点的坐标、比例和旋转角度,如图3-15所示。如果不取消"在屏幕上指定"前的小勾,可以用鼠标点出插入点,或在命令行中设置参数。

命令:_insert

指定插入点或[比例(S)/X/Y/Z/旋转(R)/预览比例(PS)/PX/PY/PZ/预览旋转(PR)]:

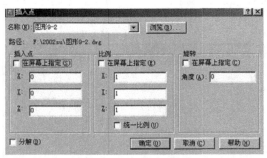

图 3-15　插入图块

第4章　编辑修改命令

本章主要介绍编辑修改命令：删除（Erase）、复制（Copy）、镜像（Mirror）、偏移（Offset）、阵列（Array）、移动（Move）、旋转（Rotate）、比例（Scale）、伸展（Stretch）、加长（Lengthen）、修剪（Trim）、延长（Extend）、断开（Break）、倒角（Chamfer）、圆角（Fillet）、分解（Explode）、属性（Properties）、属性匹配（Match）等。

在 AutoCAD 的主菜单中，选取编辑或修改（Modify）菜单项，就可打开下拉菜单，如图 4-1 所示。在图形工具条中也有编辑或修改（Modify）工具条，如图 4-2 所示。两者的内容不完全相同。所有编辑修改命令均是对已绘制图素进行修改。

图 4-1　编辑修改菜单

图 4-2　编辑修改工具条

因此，首先要选择对象（Select objects），即用鼠标（此时光标变成一个小方块）在要选的目标图素上点击选择。图素可以单选，也可以多选，还可以用开窗口的办法一次多选。在一些命令中要求相对基准点，可用鼠标点选，也可以给出准确的坐标点，还可以利用目标捕捉找出所需的准确位置。

4.1　删除（Erase）

修改→删除（Modify→Erase）

将不需要的图形删除。

命令：_erase

选择对象：找到 1 个（鼠标选取图素）

选择对象：找到 1 个,总计 2 个

选择对象：↵（不再选时,回车）

4.2　复制（Copy）

修改→复制（Modify→Copy）

可将图形任意复制多个,如图 4-3 所示。

命令：_copy

选择对象：找到 1 个

选择对象：找到 1 个,总计 2 个

选择对象：找到 1 个,总计 3 个

选择对象：

指定基点或［位移（D）］＜位移＞：指定第二个点或 ＜使用第一个点作为位移＞：（点击第一个复制图素的位置）

指定第二个点或［退出（E）/放弃（U）］＜退出＞：（点击第二个复制图素的位置）

指定第二个点或［退出（E）/放弃（U）］＜退出＞：↵（不再复制,回车）

图 4-3　复制

4.3　镜像(Mirror)

修改→镜像(Modify→Mirror)

设定两点的连线为对称轴,将所选图形对称复制或翻转,如图 4-4 所示。

1. 对称复制已有图形

命令：_mirror

选择对象：找到 1 个

选择对象：找到 1 个,总计 2 个

选择对象：找到 1 个,总计 3 个

选择对象：↵

指定镜像线的第一点：(对称轴上选一点)

指定镜像线的第二点：(对称轴上选另一点)

要删除源对象吗?[是(Y)/否(N)]〈N〉:↵

2. 将已有图形翻转

命令：_mirror

选择对象：找到 1 个

选择对象：找到 1 个,总计 2 个

选择对象：找到 1 个,总计 3 个(对象可窗选)

选择对象：

指定镜像线的第一点：(对称轴上选一点)

指定镜像线的第二点：(对称轴上选另一点)

要删除源对象吗?[是(Y)/否(N)]〈N〉:y

该图形自动删除

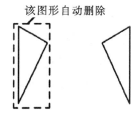

图 4-4　镜像

4.4　偏移(Offset)

修改→偏移(Modify→Offset)

将所选图形按设定的点或距离再等距地复制一个,复制的图形可以和原图形一样,也可以放大或缩小,是原图形的相似形。如图4-5所示为偏移的部分图例。

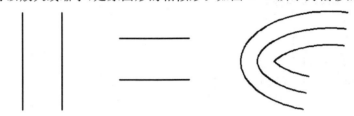

图4-5　偏移

1. 通过点偏移

命令:_offset

当前设置:删除源=否　图层=源　OFFSETGAPTYPE=0

指定偏移距离或[通过(T)/删除(E)/图层(L)]<通过>:　t

选择要偏移的对象,或[退出(E)/放弃(U)]<退出>:(选图形)

指定通过点或[退出(E)/多个(M)/放弃(U)]<退出>:@5,5(亦可点选)

选择要偏移的对象,或[退出(E)/放弃(U)]<退出>:↵(不选,回车)

2. 设置距离偏移

命令:_offset

当前设置:删除源=否　图层=源　OFFSETGAPTYPE=0

指定偏移距离或[通过(T)/删除(E)/图层(L)]<1.0000>:　5

选择要偏移的对象,或[退出(E)/放弃(U)]<退出>:(选取直线)

指定要偏移的那一侧上的点,或[退出(E)/多个(M)/放弃(U)]<退出>:(在需偏移一侧点选)

选择要偏移的对象,或[退出(E)/放弃(U)]<退出>:↵

3. 连续偏移距离相同的图形

命令:_offset

当前设置:删除源=否　图层=源　OFFSETGAPTYPE=0

指定偏移距离或[通过(T)/删除(E)/图层(L)]<5.0000>:　2

选择要偏移的对象,或[退出(E)/放弃(U)]<退出>:(选取中间原有图形)

指定要偏移的那一侧上的点,或[退出(E)/多个(M)/放弃(U)]<退出>:

（外选点得到大的图形）

　　选择要偏移的对象，或[退出(E)/放弃(U)]＜退出＞:（选取中间原有图形）

　　指定要偏移的那一侧上的点，或[退出(E)/多个(M)/放弃(U)]＜退出＞:
（内选点得到小的图形）

　　选择要偏移的对象，或[退出(E)/放弃(U)]＜退出＞:↵

4.5　阵列(Array)

修改→阵列(Modify→Array)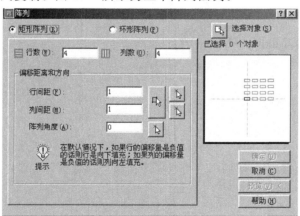

　　将所选图形按设定的数目和距离一次复制多个。矩形阵列复制的图形和原图形一样，按行列排列整齐；圆形阵列复制的图形可以和原图形一样，也可以旋转改变方向。

　　按图 4-6 所示的阵列对话框，选择矩形阵列或环形阵列，并填写相应数据，选择对象，进行阵列复制。图 4-7 所示为三个阵列图例。

图 4-6　阵列设置

1. 给定行数和列数按矩形阵列复制多个图形

命令：_array

选择对象：指定对角点：找到 3 个

选择对象：↵

2. 给定数目按圆形阵列复制多个图形

命令：_array

选择对象：指定对角点：找到 3 个

选择对象：↵

3. 给定数目按圆形阵列复制多个图形，且不改变图形方向

命令：_array

选择对象：指定对角点：找到 3 个

选择对象：↵

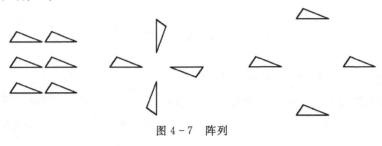

图 4-7　阵列

4.6　移动(Move)

修改→移动(Modify→Move) ⊕

将图形移动到新位置，如图 4-8 所示。

命令：_move

选择对象：指定对角点：找到 4 个

选择对象：

指定基点或［位移(D)］＜位移＞：(点选一点)

指定第二个点或 ＜使用第一个点作为位移＞：(点选另一点)

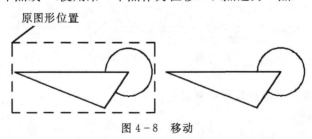

原图形位置

图 4-8　移动

4.7　旋转(Rotate)

修改→旋转(Modify→Rotate) ↻

将图形旋转一个角度,如图 4-9 所示。

命令:_rotate

UCS 当前的正角方向: ANGDIR=逆时针 ANGBASE=0

选择对象:指定对角点:找到 4 个

选择对象:↵

指定基点:(点选图形转动圆心点)

指定旋转角度,或[复制(C)/参照(R)]<0>: 90

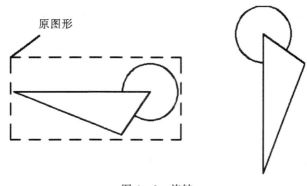

图 4-9 旋转

4.8 缩放(Scale)

修改→缩放(Modify→Scale) 🔲

将图形放大或缩小,如图 4-10 所示。

命令:_scale

选择对象:指定对角点:找到 4 个

选择对象:

指定基点:

指定比例因子或[复制(C)/参照(R)]<0.8000>: 1.3 ↵(比例系数)

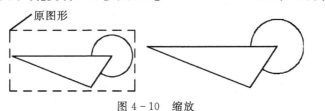

图 4-10 缩放

4.9　拉伸（Stretch）

修改→拉伸（Modify→Stretch）

将图形拉伸，如图 4 - 11 所示。

命令：_stretch

选择需拉伸的目标…

选择对象：找到 1 个（先选取图形）

选择对象：（再用窗口选取图形上要改变的一个或几个点）

指定对角点：找到 0 个（必须用交叉窗口选择图形来拉伸变形）

选择对象：↵

指定基点或位移：（基准点：1 点）

指定位移的第二点：（图形被移到的第二点：2 点）

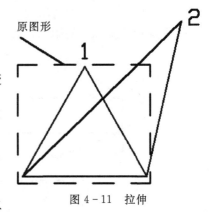

图 4 - 11　拉伸

4.10　拉长（Lengthen）

修改→拉长（Modify→Lengthen）

将一段线的长度加长或减少。注意选线的位置就是线要改变的一端。图 4 - 12 所示为动态加长线段的图例。

1. 任意改变长度

命令：_lengthen

选择对象或［增量（DE）/百分数（P）/全部（T）/动态（DY）］：dy ↵

选择要修改的对象或［放弃（U）］：（点取要加长的线段并拖动）

指定新端点：（到新位置后点左键）

选择要修改的对象或［放弃（U）］：↵

2. 按线段总长加长或减少

命令：↵

LENGTHEN

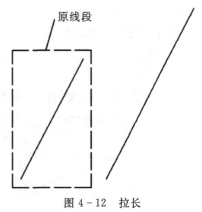

图 4 - 12　拉长

选择对象或［增量（DE）/百分数（P）/全部（T）/动态（DY）］：t ↵

指定总长度或［角度（A）］＜1.0)＞：20 ↵（将线段总长改为 20）

选择要修改的对象或［放弃（U）］：（点取要改变的线段）

选择要修改的对象或［放弃（U）］：↵

3. 按总长的百分比加长或减少

命令：↵

LENGTHEN

选择对象或［增量（DE）/百分数（P）/全部（T）/动态（DY）］：p ↵

输入长度百分数 ＜100.0＞：150 ↵（大于 100 为加长，小于 100 为减少）

选择要修改的对象或［放弃（U）］：（点取要改变的线段）

选择要修改的对象或［放弃（U）］：↵

4. 按增量加长或减少

命令：↵

LENGTHEN

选择对象或［增量（DE）/百分数（P）/全部（T）/动态（DY）］：de ↵

输入长度增量或［角度（A）］＜0.0＞：10 ↵

选择要修改的对象或［放弃（U）］：（点取要改变的线段）

选择要修改的对象或［放弃（U）］：↵

4.11　修剪（Trim）

修改→修剪（Modify→Trim）

用一条线或几条线作剪刀，将与其相交的一条线或几条线剪去一部分，如图 4-13所示。

命令：_trim

当前设置：投影＝UCS,边＝无

选择剪切边...

选择对象或 ＜全部选择＞： 找到 1 个(先选取作剪刀图素)

选择对象：找到 1 个,总计 2 个(先选取作剪刀图素)

选择对象：找到 1 个,总计 3 个(先选取作剪刀图素)

选择对象：找到 1 个,总计 4 个(先选取作剪刀图素)

选择对象：

选择要修剪的对象,或按住 Shift 键选择要延伸的对象,或［栏选（F）/窗交

（C)/投影（P)/边（E)/删除（R)/放弃（U)]：（选取被剪切的图素)

　　选择要修剪的对象，或按住 Shift 键选择要延伸的对象，或[栏选（F)/窗交（C)/投影（P)/边（E)/删除（R)/放弃（U)]：（选取被剪切的图素)

　　选择要修剪的对象，或按住 Shift 键选择要延伸的对象，或[栏选（F)/窗交（C)/投影（P)/边（E)/删除（R)/放弃（U)]：（选取被剪切的图素)

　　选择要修剪的对象，或按住 Shift 键选择要延伸的对象，或[栏选（F)/窗交（C)/投影（P)/边（E)/删除（R)/放弃（U)]：（选取被剪切的图素)

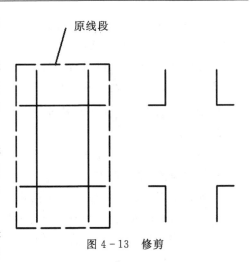

图 4-13　修剪

　　选择要修剪的对象，或按住 Shift 键选择要延伸的对象，或[栏选（F)/窗交（C)/投影（P)/边（E)/删除（R)/放弃（U)]：↵

4.12　延长至边界（Extend)

修改→延伸（Modify→Extend)

用一条线或几条线作边界，将一条线或几条线延长至该边界，如图 4-14 所示。

　　命令：_extend
　　当前设置：投影=UCS,边=无
　　选择边界的边…
　　选择对象或 <全部选择>：　找到 1 个（选取作边界图素)
　　选择对象：
　　选择要延伸的对象，或按住 Shift 键选择要修剪的对象，或[栏选（F)/窗交（C)/投影（P)/边（E)/放弃（U)]：（选取被延长的图素)

　　选择要延伸的对象，或按住 Shift 键选择要修剪的对象，或[栏选（F)/窗交（C)/投影

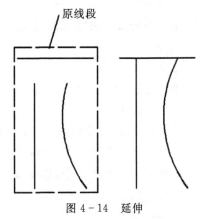

图 4-14　延伸

(P)/边(E)/放弃(U)]:（选取被延长的图素）

　　选择要延伸的对象，或按住 Shift 键选择要修剪的对象，或[栏选(F)/窗交(C)/投影(P)/边(E)/放弃(U)]:↵

4.13　打断(Break)

修改→打断(Modify→Break) ⌑

将图线选两点断开，去掉中间部分，如图 4-15 所示。

1. 两选断开

命令：_break 选择对象：（选取图素要被去除的起始点：1 点）

指定第二个打断点 或[第一点(F)]:（选取图素要被去除的终止点：2 点）

2. 三选断开

命令：

命令：_break 选择对象：（选取要断开的图素：如 1 点选线）

指定第二个打断点 或[第一点(F)]:f

指定第一个打断点：（选取图素要被去除的起始点：2 点）

指定第二个打断点：（选取图素要被去除的终止点：3 点）

3. 点一次将线段断开，不去除线段

命令：_break 选择对象：（选取图素要被断开的点：1 点）

指定第二个打断点 或[第一点(F)]:@

图 4-15　打断

4.14　倒角(Chamfer)

修改→倒角(Modify→Chamfer) ⌐

将两条处于相交位置的线段倒角。如图 4-16 所示矩形图形左上角和右上角分别为按距离倒角和按角度倒角的图例。

1. 按距离倒角

命令：_chamfer

（"修剪"模式）当前倒角距离 1 = 10.0000,距离 2 = 5.0000

选择第一条直线或[放弃(U)/多段线(P)/距离(D)/角度(A)/修剪(T)/方式(E)/多个(M)]： d

指定第一个倒角距离 <10.0000>：10

指定第二个倒角距离 <10.0000>：↵

选择第一条直线或[放弃(U)/多段线(P)/距离(D)/角度(A)/修剪(T)/方式(E)/多个(M)]：

选择第二条直线,或按住 Shift 键选择要应用角点的直线：

2. 按角度倒角

命令：_chamfer

（"修剪"模式）当前倒角距离 1 = 10.0000,距离 2 = 5.0000

选择第一条直线或[放弃(U)/多段线(P)/距离(D)/角度(A)/修剪(T)/方式(E)/多个(M)]： a

指定第一条直线的倒角长度 <0.0000>：20

指定第一条直线的倒角角度 <0>：30

选择第一条直线或[放弃(U)/多段线(P)/距离(D)/角度(A)/修剪(T)/方式(E)/多个(M)]：

选择第二条直线,或按住 Shift 键选择要应用角点的直线：

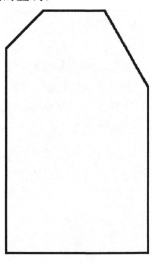

图 4-16　倒角

4.15　圆角(Fillet)

修改→圆角(Modify→Fillet)

将两条处于相交位置的线段倒圆角。如图 4-17 所示矩形图形左上角和右上角分别为按修剪方式倒圆角和按不修剪方式倒圆角的图例。

1. 修剪倒圆角

命令：_fillet

当前设置：模式 = 修剪,半径 = 0.0000

选择第一个对象或[放弃(U)/多段线(P)/半径(R)/修剪(T)/多个(M)]：r

指定圆角半径 ＜0.0000＞：10

选择第一个对象或［放弃（U）/多段线（P）/半径（R）/修剪（T）/多个（M）］：

选择第二个对象，或按住 Shift 键选择要应用角点的对象：

2. 不修剪倒圆角

命令：

FILLET

当前设置：模式 ＝ 修剪，半径 ＝ 10.0000

选择第一个对象或［放弃（U）/多段线（P）/半径（R）/修剪（T）/多个（M）］：r

指定圆角半径 ＜10.0000＞：15

选择第一个对象或［放弃（U）/多段线（P）/半径（R）/修剪（T）/多个（M）］：t

输入修剪模式选项［修剪（T）/不修剪（N）］＜修剪＞：n

选择第一个对象或［放弃（U）/多段线（P）/半径（R）/修剪（T）/多个（M）］：

选择第二个对象，或按住 Shift 键选择要应用角点的对象：

图 4 - 17　圆角

4.16　属性修改（Properties）

修改→对象特性（Modify→Property）

点击该命令，系统会弹出一个特性对话框，如图 4 - 18 所示。可以改变图元的层、颜色、线型等特性，还可以更改尺寸的数值、公差等。根据所选图素的属性不同，可改变的参数也有所不同。

命令：_properties（选取要修改的图素，对话框内修改属性后，将对话框关闭）

4.17　属性匹配（Match）

修改→特性匹配（Modify→Match）

利用其他已有图素，改变图形的层、颜色、线型，使后选取的图素属性修改为同先选取的图素属性一致。

命令：'_matchprop

选择源对象：

图 4 - 18　特性对话框

当前活动设置:颜色 图层 线型比例 线宽 厚度 打印样式 文字 标注 图案填充
选择目标对象或[设置(S)]:(选取要改变的图素,可多选)
选择目标对象或[设置(S)]:↵

4.18　分解(Explode)

修改→分解(Modify→Explode)

将图形分解。可分解的图形有复合线、矩形、多边形、块、剖面线、尺寸块及插入的图形等。

命令:_explode
选择对象:找到 1 个(选取要分解的图形)
选择对象:↵

第 5 章　设置命令

本章主要介绍需要进行相关设置的绘图命令及设置命令：设置文字样式（Text Style）、绘制和修改文字（Text，Textedit）、设置点的样式（Point Style）、绘制点（Point）、等分（Devide）、测量（Measure）、设置多（重）线的样式（M－Line Style）、绘制多（重）线及其修改（M－Line，Mledit），样条曲线及其修改（Spline，Splinedit）、复合线及其修改（Polyline，Pedit）、图案填充及其修改填充（Hatch，Hatchedit）等。

在 AutoCAD 的主菜单中，选取格式（Format）菜单项，可打开下拉菜单（如图5-1所示）进行格式设置。选取修改（Modify）菜单项下的对象选项，如图5-2所示，可进行修改操作。另外还有一个修改（Modify）的图形工具条（如图5-2所示），它与修改之对象菜单下的内容不完全相同。

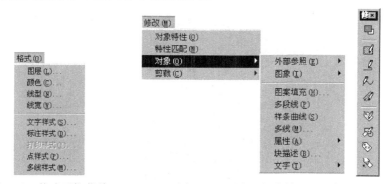

图5-1　格式下拉菜单　　　　图5-2　对象下拉菜单及工具条

5.1　设置字体（Text Style）

格式→设置字体（Format→Text Style）

在一张图中，常常要用多种字体，系统默认的标准字体是"txt. shx"，这种字体型式无汉字输入。要输入汉字等其他字体时必须首先更换字体型式，打开字体设置对话框，如图5-3所示，点击"新字体（New）"，起新名，再点字体名下的"□"，在其中选取所需字体型式。同时可设置字体的方位、方向、宽度比例系数等。设置结束时点击"应用(Apply)"按钮。

常用的字体有：

(1)长仿宋体：点击"新字体(New)"按钮，起名"长仿宋"，再点字体名下的"□"，选取字体"仿宋 GB2312"，将宽度比例系数改为 0.8(或 0.7)，点击"应用(Apply)"按钮，最后点击"关闭(Close)"按钮。一般图纸上的汉字用长仿宋体。但不能标"Φ"等符号。

(2)Isocp.shx 字体：点击"新字体(New)"按钮，起名，再点字体名下的"□"，选取字体"Isocp.shx"，点击"应用(Apply)"按钮，最后点击"关闭(Close)"按钮。一般图纸上的数字用 Isocp.shx 字体，与我国的国标字体相似。但不能写汉字。

(3)工程字体：点击"新字体(New)"按钮，起名"工程字"，再点字体名下的"□"，选取字体"Gbeitc.shx"，勾选使用大字体，再点字形下的"□"，选取字体"Gbcbig.shx"点击"应用(Apply)"按钮，最后点击"关闭(Close)"按钮。这是 Autodesk 公司专为中国用户设置的符合中国国标的字体，可同时书写汉字、数字、Φ等符号。

命令：'_style

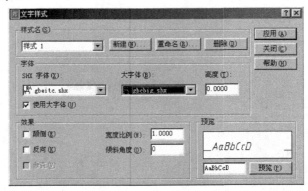

图 5-3　字体设置对话框

5.2　多行文字(Text)

绘图→文字→多行文字(Draw→Text→Multiline Text…)A

主要用于在表格或方框中书写文字，先选定要书写文字范围的两对角点，出现对话框，如图 5-4 所示，在输入汉字前注意更改输入法。在对话框中点击属性按钮，可设置文字在书写时的位置参数，如图 5-5 所示。

图 5-4　多行文字对话框　　　　图 5-5　字体的位置图

命令：_mtext 当前文字样式："样式 1"，文字高度：2.5

指定第一角点：

指定对角点或［高度(H)/对正(J)/行距(L)/旋转(R)/样式(S)/宽度(W)］：

5.3　单行文字(Single Text)

绘图→文字→单行文字(Draw→Text→Single Line Text)

书写位置较灵活，所点位置即为书写位置，如图 5-6 所示。

ABCD　　ABCD　　1234　　1234

制图标准　　制图标准　　制图标准

图 5-6　不同的字体

命令：_dtext

当前文字样式："样式 1"，文字高度：2.5

指定文字的起点或［对正(J)/样式(S)］：

指定高度 <2.5>：5 ↙（文字高度）

指定文字的旋转角度<0>：↙

输入文字：1234　　ABCD ↙

输入文字：**制图标准**↙（打开汉字输入）

输入文字：↙（结束时，一定要用键盘回车）

5.4　修改文字(Textedit)

修改→文字(Modify→Text) A'

命令：_ddedit

选择注释对象或［放弃(U)］：(选要改的字)

选择注释对象或［放弃(U)］：↵

5.5　点的类型(Point Style)

格式→点的类型(Format→Point Style)

AutoCAD 提供点的设置，如图 5 - 7 所示。可根据需要，在对话框中选取不同的点的样式，并可按屏幕或绝对比例设置其大小。

命令：'_ddptype

正在初始化...已加载 DDPTYPE。

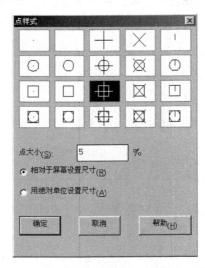

图 5 - 7　点的类型设置

5.6　画点(Point)

绘图→点→单点(Draw→Point→Point) ·

按设置的类型画点。

命令：_point

当前点模式：　PDMODE＝66　　PDSIZE＝0.0

指定点：

5.7　定数等分（Divide）

绘图→点→等分（Draw→Point→Divide）

可用于设置点的类型、等分线、圆等一次绘制的图形，如图 5-8 所示。此外还可用块等分。

命令：_divide

选择要定数等分的对象：

输入线段数目或［块（B）］：5 ↵

图 5-8　定数等分

5.8　定距等分（Measure）

绘图→点→测量（Draw→Point→Measure）

定距等分即按照长度测量等分，如图 5-9 所示。

命令：_measure

选择要定距等分的对象：

指定线段长度或［块（B）］：10 ↵

图 5-9　定距等分

5.9　设置多重线（Multilines Style）

工具→多重线类型（Format→Multilines Style）

AutoCAD 提供多重线设置,通过多重线设置可改变平行结构线的线数、间距及线型。用户不能修改 STANDARD 多重线或其他已经使用的多重线。其对话框如图 5-10 所示。

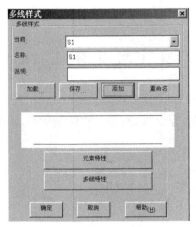

图 5-10　多重线设置

多重线设置的步骤:

(1)在"名称"后输入名字;

(2)选取"添加",出现当前名;

(3)选取"元素特性",出现线条设置对话框,如图 5-11 所示,点击"添加"以增加线。然后设置"偏移"和"线型"以及"颜色";

(4)选取"多线特性"封头设置出现对话框,如图 5-12 所示,在此可设置多重线封头形式。

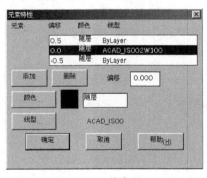

图 5-11　线条设置

图 5-12　封头设置

命令：_mlstyle

5.10　绘制多重线(Multilines)

绘图→多重线(Draw→Multiline)

系统默认值为双结构线,多用于画建筑结构图,如图 5－13 所示。

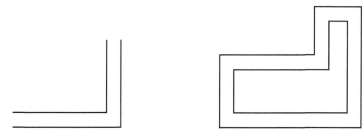

图 5－13　多重线

1. 设置双线间距,绘制一条结构线

命令：_mline

当前设置：对正 ＝ 上,比例 ＝ 20.0,样式 ＝ STANDARD

指定起点或[对正(J)/比例(S)/样式(ST)]：s ↵(设置双线间距)

输入多线比例 <20.0>：3 ↵

当前设置：对正 ＝ 上,比例 ＝ 3.0,样式 ＝ STANDARD(标准类型)

指定起点或[对正(J)/比例(S)/样式(ST)]：(任选一点)

指定下一点：(任选一点)

指定下一点或[放弃(U)]：(任选一点)

指定下一点或[闭合(C)/放弃(U)]：↵

2. 设置基准绘制一条闭合结构线

命令：_mline

当前设置：对正 ＝ 上,比例 ＝ 3.0,样式 ＝ STANDARD

指定起点或[对正(J)/比例(S)/样式(ST)]：j ↵(设置基准)

输入对正类型[上(T)/无(Z)/下(B)]<上>：b ↵(以底部为基准)

当前设置：对正 ＝ 下,比例＝ 3.0,样式 ＝ STANDARD

指定起点或[对正(J)/比例(S)/样式(ST)]：(用鼠标任选一点)

指定下一点或[放弃(U)]：@30,0 ↵

指定下一点或[闭合(C)/放弃(U)]：@0,25 ↵

指定下一点或[闭合(C)/放弃(U)]:@－10,0 ↵

指定下一点或[闭合(C)/放弃(U)]:@0,20 ↵

指定下一点或[闭合(C)/放弃(U)]:u ↵

指定下一点或[闭合(C)/放弃(U)]:@0,－10 ↵

指定下一点或[闭合(C)/放弃(U)]:@－20,0 ↵

指定下一点或[闭合(C)/放弃(U)]:c ↵

5.11　修改多重线(Mledit)

修改→多重线(Modify→Mline)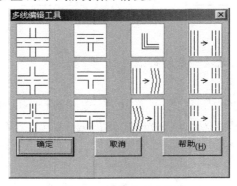

选取命令后,出现修改多重线对话框,如图 5－14 所示,可更改两条多重线的相交情况,更改一条多重线的节点或断开情况。

图 5－14　修改多重线

在对话框中选取要修改的形式,再选线,如图 5－15 所示。

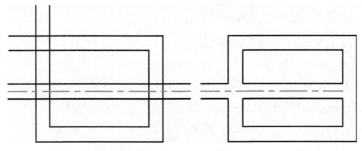

图 5－15　修改多重线

命令:_mledit

选择多线:（选择一条）

选择多线或[放弃(U)]:(选择第二条)

选择多线或[放弃(U)]:↵

5.12　样条曲线(Spline)

绘图→样条曲线(Draw→Spline) ~

此命令用来绘制样条曲线,工程图上可作为波浪线使用,如图 5-16 所示。

1.用鼠标绘制一条样条曲线

命令:_spline

指定第一个点或[对象(O)]:(任选一点)

指定下一点:(任选一点)

指定下一点或[闭合(C)/拟合公差(F)]<起点切向>:(任选一点)

指定下一点或[闭合(C)/拟合公差(F)]<起点切向>:↵

指定起点切向:↵

指定端点切向:↵

2.绘制一条闭合的样条曲线

命令:↵

SPLINE

指定第一个点或[对象(O)]:(任选一点)

指定下一点:(任选一点)

指定下一点或[闭合(C)/拟合公差(F)]<起点切向>:(任选一点)

指定下一点或[闭合(C)/拟合公差(F)]<起点切向>:(任选一点)

指定下一点或[闭合(C)/拟合公差(F)]<起点切向>:(任选一点)

指定下一点或[闭合(C)/拟合公差(F)]<起点切向>:c↵(与起点闭合)

指定切向:

图 5-16　样条曲线

5.13　修改样条曲线(Splinedit)

修改→样条曲线(Modify→Spline)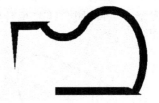

选取已绘制的样条曲线,键入选项更改其图形。可将其闭合或改变节点。以下为移动样条曲线节点的例子。

命令:_splinedit

选择样条曲线:

输入选项[拟合数据(F)/闭合(C)/移动顶点(M)/精度(R)/反转(E)/放弃(U)]:m↵

指定新位置或[下一个(N)/上一个(P)/选择点(S)/退出(X)]＜下一个＞:↵

指定新位置或[下一个(N)/上一个(P)/选择点(S)/退出(X)]＜下一个＞:(新位置)↵

指定新位置或[下一个(N)/上一个(P)/选择点(S)/退出(X)]＜下一个＞:x↵

输入选项[闭合(C)/移动顶点(M)/精度(R)/反转(E)/放弃(U)/退出(X)]＜退出＞:↵

5.14　复合线(Pline)

绘图→复合线(Draw→Polyline)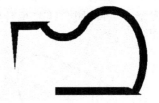

复合线用来绘制有宽度的线或圆弧,其绘制的几段线视为单一图素,如图5-17所示。

图5-17　复合线

1.绘制宽度不同的线段

命令:_pline

指定起点:(点选)

当前线宽为 0.0000

指定下一个点或［圆弧（A）/半宽（H）/长度（L）/放弃（U）/宽度（W）］：h

指定起点半宽 ＜0.0000＞：10

指定端点半宽 ＜10.0000＞：↵

指定下一个点或［圆弧（A）/半宽（H）/长度（L）/放弃（U）/宽度（W）］：(点选)

指定下一点或［圆弧（A）/闭合（C）/半宽（H）/长度（L）/放弃（U）/宽度
（W）］：h

指定起点半宽 ＜10.0000＞：↵

指定端点半宽 ＜10.0000＞：0

指定下一点或［圆弧(A)/闭合(C)/半宽(H)/长度(L)/放弃(U)/宽度(W)］：↵

2. 绘制宽度变化的圆弧和直线段

命令：_pline

指定起点：

当前线宽为 20.0000

指定下一个点或［圆弧（A）/半宽（H）/长度（L）/放弃（U）/宽度（W）］：h

指定起点半宽 ＜10.0000＞：5

指定端点半宽 ＜5.0000＞：↵

指定下一个点或［圆弧（A）/半宽（H）/长度（L）/放弃（U）/宽度（W）］：(点选)

指定下一点或［圆弧（A）/闭合（C）/半宽（H）/长度（L）/放弃（U）/宽度（W）］：a

指定圆弧的端点或［角度（A）/圆心（CE）/闭合（CL）/方向（D）/半宽（H）/直线
（L）/半径（R）/第二个点（S）/放弃（U）/宽度（W）］：a

指定包含角：60

指定圆弧的端点或［圆心（CE）/半径（R）］：(点选)

指定圆弧的端点或［角度（A）/圆心（CE）/闭合（CL）/方向（D）/半宽（H）/直线
（L）/半径（R）/第二个点（S）/放弃（U）/宽度（W）］：(点选)

指定圆弧的端点或［角度（A）/圆心（CE）/闭合（CL）/方向（D）/半宽（H）/直线
（L）/半径（R）/第二个点（S）/放弃（U）/宽度（W）］：(点选)

指定圆弧的端点或［角度（A）/圆心（CE）/闭合（CL）/方向（D）/半宽（H）/直线
（L）/半径（R）/第二个点（S）/放弃（U）/宽度（W）］：L

指定下一点或［圆弧（A）/闭合（C）/半宽（H）/长度（L）/放弃（U）/宽度（W）］：
(点选)

指定下一点或［圆弧（A）/闭合（C）/半宽（H）/长度（L）/放弃（U）/宽度
（W）］：h

指定起点半宽 ＜5.0000＞：↵

指定端点半宽 ＜5.0000＞：0

指定下一点或［圆弧（A）/闭合（C）/半宽（H）/长度（L）/放弃（U）/宽度（W）］：↵

5.15　修改复合线（Pedit）

修改→复合线（Modify→Polyline）

选取已绘制的复合线，键入选项，更改其图形。可将复合线闭合或打开；将两条或多条头尾相接的复合线连接成一条；改变复合线的宽度或节点；将复合线圆弧拟合或B样条拟合；将拟合的复合线恢复成直线等。如图5-18所示为修改复合线的图例。

图5-18　修改复合线

1. 改变复合线的端点

命令：_pedit 选择多段线或［多条（M）］：

输入选项

［闭合（C）/合并（J）/宽度（W）/编辑顶点（E）/拟合（F）/样条曲线（S）/非曲线化（D）/线型生成（L）/放弃（U）］：e

输入顶点编辑选项

［下一个（N）/上一个（P）/打断（B）/插入（I）/移动（M）/重生成（R）/拉直（S）/切向（T）/宽度（W）/退出（X）］＜N＞：m

指定标记顶点的新位置：（点选）

输入顶点编辑选项

［下一个（N）/上一个（P）/打断（B）/插入（I）/移动（M）/重生成（R）/拉直（S）/切向（T）/宽度（W）/退出（X）］＜N＞：x

输入选项

［闭合（C）/合并（J）/宽度（W）/编辑顶点（E）/拟合（F）/样条曲线（S）/非曲线化（D）/线型生成（L）/放弃（U）］：↵

2. 把复合线拟合成样条曲线

命令：_pedit 选择多段线或［多条（M）］：（选择目标）

输入选项

［闭合(C)/合并(J)/宽度(W)/编辑顶点(E)/拟合(F)/样条曲线(S)/非曲线化(D)/线型生成(L)/放弃(U)］: s

输入选项

［闭合(C)/合并(J)/宽度(W)/编辑顶点(E)/拟合(F)/样条曲线(S)/非曲线化(D)/线型生成(L)/放弃(U)］: ↵

5.16　填充图案(Hatch)

绘图→填充图案(Draw→Hatch)

图案填充对话框(见图 5-19)中包括了设置图案类型、图案的比例和方向、用户自定义图案的间距、要填充图案的区域、确定区域的选择方式(可点选或选择物体)等。点选时边界可交叉,但必须封闭。选物体时,将在封闭的物体内填充。

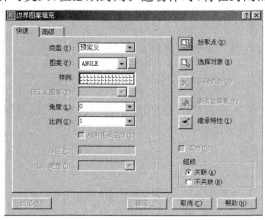

图 5-19　图案填充

图案选取的方法如下:

(1)库存图案:按对话框中的图案库按钮,打开库存图案,如图 5-20 所示,拖动滚动条在其中选取所需图案后,再设置图案的比例和角度。注意:比例太大,区域小,可能填不下一个图案;比例太小,可能填得过密以至于看不出图案。

(2)用户定义图案:可设置平行线的间距和角度。在填充非金属零件时,可勾选双向(Double)选项。

命令: _bhatch

拾取内部点或［选择对象(S)/删除边界(B)］:　正在选择所有对象...

正在选择所有可见对象...

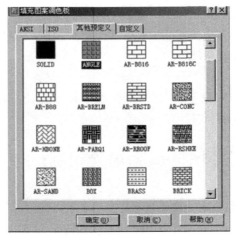

图 5-20　库存图案

正在分析所选数据…

正在分析内部孤岛…

拾取内部点或[选择对象(S)/删除边界(B)]:

命令:

BHATCH

拾取内部点或[选择对象(S)/删除边界(B)]:　正在选择所有对象…

正在选择所有可见对象…

正在分析所选数据…

正在分析内部孤岛…

拾取内部点或[选择对象(S)/删除边界(B)]:

图案填充效果如图 5-21 所示。

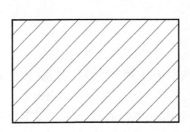 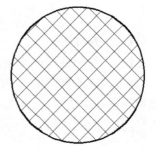

图 5-21　图案填充

5.17 修改图案填充(Hatchedit)

修改→图案填充(Modify→Hatch)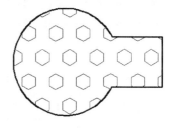

执行该命令将弹出图案填充对话框,可更改其图案、间距等参数。如图 5 - 22 所示是更改图案式样的图例。

命令:_hatchedit

选择关联填充对象:(选取已绘制的剖面线)

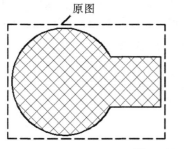

图 5 - 22　修改剖面线

第6章 三维立体造型原理

本章主要介绍三维造型原理及其常用命令。将主要学习：设置水平厚度（Elev）、设置厚度（Thickness）、三维多段（复合）线（3D Polyline）、消隐（Hide）、着色（Shade）、渲染（Render）、坐标系变换（UCS）、视图变换（Vports）、视点变换（Vpoint）、布局（Layout）、模型空间（Model Space）、图纸空间（Paper Space）、模型兼容空间（Model Space Floating）等。

6.1 原理及概述

在工程图学中常把一些相对复杂的立体称作组合体，而组合体是由一些基本几何体组合而成的。组合就是将基本几何体通过布尔运算求并（叠加）、求差（挖切）、求交而构成形体。基本几何体是形成各种复杂形体的最基本形体，如立方体、圆柱体、圆锥体、球体和环体等。基本几何体的形成有两种方式：一是先画一个底面特征图，再给一个高度，就形成一个拉伸柱体，如底面是一个六边形，拉伸一个高度，就是一个六棱柱；二是画一个封闭的断面图形，将其绕一个轴旋转，从而形成一个回转体。

在 AutoCAD 中，提供了常见的基本几何体，并提供了布尔运算以及形成基本几何体的两种方式：生成拉伸体和回转体。但其绘制基本几何体的高度方向均为 Z 轴方向，拉伸体的拉伸方向也为平面图形的垂直法线方向。所以要想制作各个方向的几何形体，就必须进行坐标系变换。AutoCAD 提供了方便的用户坐标系。如图 6-1 所示，要在一个立体中挖去一个垂直的圆柱体很容易，而要挖一正面或侧面的圆柱体，就必须先将坐标系绕 X 轴或 Y 轴转 90°，再画圆柱体，这样才能达到目的。如果要在任意方向挖孔，就必须先建立任意方向的用户坐标系，所以要学习三维造型，首先要学习 AutoCAD 中的坐标系变换。

对于一个复杂的立体，从一个方向观看，不可能观察清楚，所以在 AutoCAD 中提供了三维视点，可方便地从任意方向观察立体。AutoCAD 同时提供了多窗口操作，将视窗任意分割，从而可以同时通过多窗口操作来观察立体的各个方向。AutoCAD 还提供了多种效果图，如消隐、着色和渲染等。本章主要介绍坐标系变换、视窗变换、视点变换以及各种效果和各种空间。

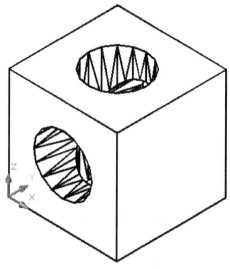

图 6-1　三维立体造型原理

6.2　水平厚度(Elev)

在设置水平(即 Z 向)的起点及厚度后,用二维绘制命令就可以绘制一些有高度的三维图形。

用二维绘图命令绘制线、圆、弧、多边形和复合线等,如图 6-2 所示。注意:此命令对结构线、多义线、椭圆和矩形等不起作用。用户可以通过命令中的选项设置矩形的水平和厚度。如果需继续绘制平面图形,要将水平和厚度重新设置为 0。

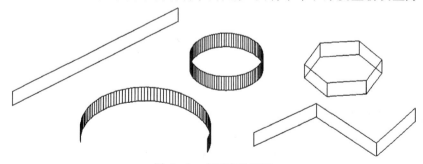

图 6-2　有厚度的图形

命令：elev ↵(键入命令)
指定新的缺省标高 ＜0.0000＞：↵(缺省)

指定新的缺省厚度 ＜0.0000＞：5 ↵

6.3　厚度(Thickness)

格式→厚度(Format→Thickness)

在设置厚度后,用二维绘制命令就可以绘制一些有高度的三维图形。与命令 elev 不同的是不能指定标高,只能指定厚度。

命令：′_thickness

输入 THICKNESS(厚度的新值)＜0.0＞：5 ↵

6.4　三维多段/复合线(3D Polyline)

绘图→三维多段线(Draw→3D Polyline)

3D 多段复合线与 2D 多段复合线的绘制方法一样,不同的是 3D 多段复合线可以给出 Z 坐标,但是不能绘制弧线。3D 多段复合线的绘制为主菜单项"绘制(Draw)"的下拉菜单中的"三维多段线(3D Polyline)"菜单命令。默认工具条中没有此命令。在东南视点下绘制一条 3D 多段复合线,如图 6-3 所示。

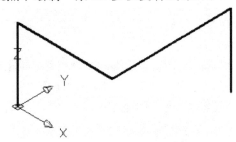

图 6-3　三维多段线

命令：_3dpoly

指定多段线的起点：0,0,0 ↵

指定直线的端点或[放弃(U)]：@0,0,30 ↵

指定直线的端点或[闭合(C)/放弃(U)]：@40,0 ↵

指定直线的端点或[闭合(C)/放弃(U)]：@0,50 ↵

指定直线的端点或[闭合(C)/放弃(U)]：@0,0,－30 ↵

指定直线的端点或[闭合(C)/放弃(U)]：↵

6.5　着色(Shade)

视图→着色→体着色(View→Shade →Gouraud Shade)

着色命令在"视图(View)"主菜单项的下拉菜单中,它有下一级菜单及图形工具条,如图 6-4 所示,其中包括多种着色效果。点击即可在屏幕上呈现着色效果。

命令:_shademode 当前模式:二维线框

输入选项[二维线框(2D)/三维线框(3D)/消隐(H)/平面着色(F)/体着色(G)/带边框平面着色(L)/带边框体着色(O)]＜二维线框＞:_g

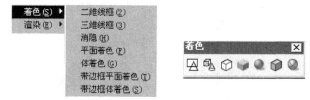

图 6-4　着色下拉菜单及图形工具条

6.6　渲染(Render)

视图→渲染→渲染(View→Render→Render)

渲染涉及光学、美感、色彩和背景等多方面的知识。其下拉菜单、图形工具条及渲染效果图例如图 6-5 所示。

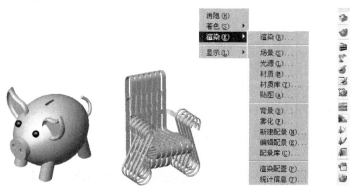

图 6-5　渲染下拉菜单、图形工具条及效果图

命令:_render
加载配景对象模式。

正在初始化 Render...

初始化系统配置...已完成。

使用当前视图。

已选择缺省场景。

6.7　消隐(Hide)

视图→消隐(View→Hide)

消隐效果就是将被挡住的线自动隐藏起来,使图形看起来简单明了,如图6-6所示。消隐命令在主菜单"视图(View)"的下拉菜单中。

命令:_hide 正在重生成模型。

图 6-6　消隐

6.8　坐标系变换(UCS)

工具→新建 UCS→···(Tools→UCS→···)

坐标系变换即使用用户坐标系统。坐标系变换命令在"工具(Tools)"主菜单项的下拉菜单中,点击"新建 UCS",即打开下一级菜单,如图 6-7 所示(图形工具条如图 6-8 所示)。点击命名 UCS 选项卡,显示命名对话框,如图 6-9 所示,用户可在对话框中直观地选取已命名的 UCS。点击详细信息按钮,显示当前坐标点原点,如图 6-10 所示。点击"正交 UCS"选项卡,如图 6-11 所示,可以方便地选取 6 个基本视图的坐标系,用户也可以从下拉菜单中选取坐标系,如图 6-12 所示。系统默认的坐标系为世界坐标系(World),用户可方便地将坐标系绕轴旋转来变换坐标系,或任选三点确定任意平面,设置平行于该任意平面的 UCS,并可将

UCS 存储、移动、取出或删除。

图 6-7 新建及正交 UCS 下拉菜单

图 6-8 新建 UCS 图形工具条

图 6-9 命名(Named UCS)对话框

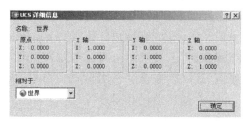

图 6-10 详细信息对话框

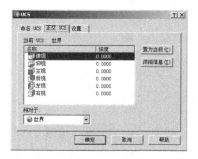

图 6-11 正交(Preset UCS)对话框

图 6-12 正交(Preset UCS)下拉菜单

命令：_ucs(如新建一个视图坐标系)

当前 UCS 名称：＊世界＊

输入选项

［新建(N)/移动(M)/正交(G)/上一个(P)/恢复(R)/保存(S)/删除(D)/应用(A)/?/世界(W)］

＜世界＞：_v

6.9　三维动态观察器(3D Orbit)

视图→三维动态观察器(View→3DORBIT)

三维动态观察器在当前视口中激活三维视图。其图形工具条如图 6-13 所示，主要有在三维动态观察器中进行平移和缩放、使用投影选项、着色对象、使用形象化辅助工具、调整剪裁平面、打开和关闭剪裁平面等功能按钮。

三维动态观察器视图显示一个转盘(弧线球)，被四个小圆划分成四个象限。当运行 3DORBIT 命令时，查看的起点或目标点被固定，查看的起点或相机位置绕对象移动，弧线球的中心是目标点。当 3DORBIT 活动时，查看目标保持不动，而相机的位置(或查看点)围绕目标移动。目标点是转盘的中心，而不是被查看对象的中心。注意 3DORBIT 命令活动时无法编辑对象。

在转盘的不同部分之间移动光标时，光标图标的形状会改变，以表明视图旋转的方向。当该命令活动时，其他 3DORBIT 选项可从绘图区域的快捷菜单或"三维动态观察器"工具栏中访问。当 3DORBIT 命令运行时，可使用定点设备操纵模型的视图，既可以查看整个图形，也可以从模型四周的不同点查看模型中的任意对象，并可连续动画观看图形。

命令：'_3dorbit

图 6-13　三维动态观察器工具条

6.10　模型空间(Model Space (Tiled))

前面绘制的所有图形(二维和三维)都是在模型空间进行的。模型空间的多视窗不能同时在一张纸上出图，只能将激活的一个视窗的图形输出。所以要多视窗多视点同时输出图形，必须先到布局(图纸)空间。点击绘图区下的"模型(Model)"按钮,可回到模型空间。

　　命令: ＜切换到:模型＞

正在重生成模型。

6.11　布局(Layout)/图纸空间(Paper Space)

　　在模型空间建好模型后,点击绘图区下的"布局(Layout)",激活图纸空间,如图 6-14 所示。在图纸空间可绘图或出图,只有在图纸空间用多窗口绘制的图,才能同时打印在一张图纸上。在布局中,一般默认的是一个视窗,如不需要可用删除命令删去,再设置多视窗。此时多视窗的图形一样,无法调整,所以必须点击状态行中的"图纸/模型(Paper/Model)"按钮,切换到模型图纸兼容空间进行多视点调整,然后再回到图纸空间,才能在一张纸上多视窗多视点同时输出图形。图纸空间也可以绘平面图。

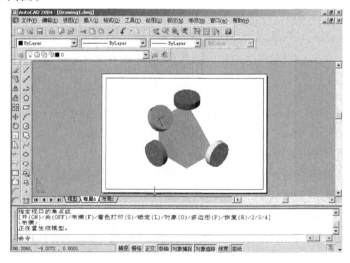

图 6-14　图纸空间

命令:＜切换到:布局 1＞

恢复缓存的视口—正在重生成布局。

6.12　模型兼容空间(Model Space (Floating))

　　点击状态行中的"图纸/模型(Paper/Model)"按钮,切换到模型图纸兼容空间,如图 6-15 所示。在模型图纸兼容空间,每个视窗相当于一个模型空间,可以进行视点、平移、缩放等调整，并可以产生投影轮廓线及虚线，将立体投影成平面视图，然后回到图纸空间出图。

命令：_. mspace

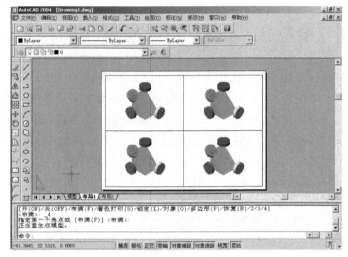

图 6-15　图纸/模型空间

6.13　视图(口)变换(Vports)

视图→视口→…(View→Vports→…)

在一般情况下开设的新图均在模型空间，所绘制的图形也在模型空间。视窗(口)变换可以在模型空间进行，也可以在布局(图纸)空间进行。视窗(口)变换命令在主菜单项"视图(View)"的下拉菜单中，如图 6-16 所示，点击其下一级菜单中的"命名视口"菜单项，显示相应对话框，如图 6-17 所示，用户可在图中直观地选取布局格式，可以多视窗同时显示。

图 6-16　视口菜单

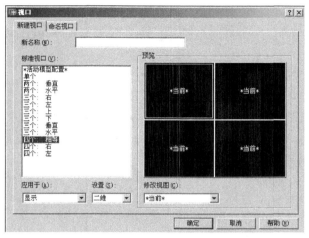

图 6-17　命名视口对话框

命令：_- vports（如设置垂直 3 视窗，如图 6-18 所示）

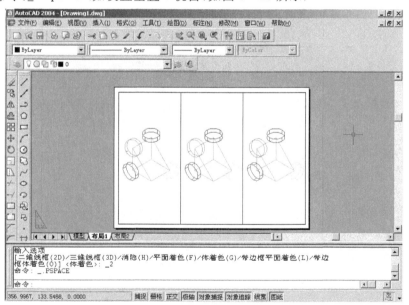

图 6-18　垂直三视窗

输入选项［保存（S）/恢复（R）/删除（D）/合并（J）/单一（SI）/? /2/3/4］
＜3＞:_3

输入配置选项［水平（H）/垂直（V）/上（A）/下（B）/左（L）/右（R）］＜右＞: v↵

6.14　三维视图变换（3D Viewpoint）

视图→三维视图→…（View→Vports→…）

在"视图"主菜单项下，点击"三维视图"，如图 6 - 19 所示，即可进行转换视角，同样也可点击图形工具条，如图 6 - 20 所示，来实现相应操作。

命令：_ - view 输入选项（如转换视角为东南等轴测）

[? /分类（C）/图层状态（A）/正交（O）/删除（D）/恢复（R）/保存（S）/UCS（U）/窗口（W）]：_seiso

正在重生成模型。

图 6 - 19　三维视图工具条

图 6 - 20　三维视图下拉菜单

第7章 实体制作命令

本章主要介绍三维实体命令。将主要学习:长方体(Box)、球体(Sphere)、圆柱体(Cylinder)、圆锥体(Cone)、楔形体(Wedge)、圆环体(Torus)、网线密度(Isolines)、轮廓线(Dispsilh)、表面光滑密度(Facetres)、拉伸体(Extrude)、旋转体(Revolve)、截切(Slice)、剖面(Section)等。

"实体(Solids)"命令在"绘制(Draw)"主菜单下,其下拉菜单如图7-1所示,图形工具条如图7-2所示。

图7-1 实体下拉菜单　　　　　　　图7-2 实体工具条

7.1　长方体(Box)

绘图→实体→长方体(Draw→Solids→Box)

绘制长方体时,需给出底面第一角的坐标、对角坐标和高度。以下操作制作的长方体图例如图7-3所示(约定:本章所有命令介绍形成的实体制作图例均在东南视角且中心点缩放的条件下观看得到)。

命令:_box
指定长方体的角点或[中心点(CE)]<0,0,0>:
指定角点或[立方体(C)/长度(L)]:@10,15
指定高度:20

（或者如下操作，完全等效）

命令：_box 指定长方体的角点或［中心点（CE）］＜0,0,0＞：

指定角点或［立方体（C）/长度（L）］：10,15,20

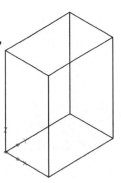

图 7-3　立方体

7.2　球体（Sphere）

绘图→实体→球体（Draw→Solids→Sphere）

绘制球体时，需给出圆心和半径，如图 7-4 所示。

命令：_sphere

当前线框密度：ISOLINES＝4

指定球体球心 ＜0,0,0＞：30,0,10

指定球体半径或［直径（D）］：10

7.3　圆柱体（Cylinder）

绘图→实体→圆柱体（Draw→Solids→Cylinder）

绘制圆柱体时，需给出底面中心、半径和高度。绘制椭圆柱体时，给出底面中心、长短轴长度和高度。

1. 生成圆柱体

如图 7-5 所示。

命令：_cylinder

当前线框密度：ISOLINES＝4

指定圆柱体底面的中心点或［椭圆（E）］＜0,0,0＞：70,0↵指定圆柱体底面的半径或［直径（D）］：10 ↵

指定圆柱体高度或［另一个圆心（C）］：20 ↵

图 7-4　球

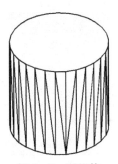

图 7-5　圆柱体

2. 生成椭圆柱体

如图 7-6 所示。

命令：_cylinder

当前线框密度：ISOLINES＝4

指定圆柱体底面的中心点或［椭圆（E）］＜0,0,0＞：e↵

选择圆柱体底面椭圆的轴端点或［中心点（C）］：100,0 ↵

指定圆柱体底面椭圆的第二个轴端点：@25,0 ↵

指定圆柱体底面的另一个轴的长度：8 ↵
指定圆柱体高度或［另一个圆心（C）］：20 ↵

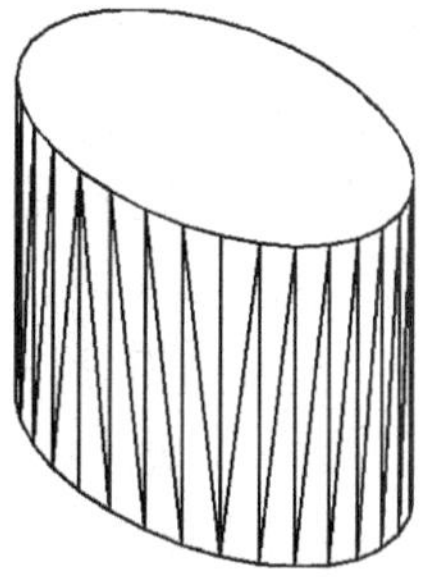

7.4　圆锥体（Cone）

绘图→实体→圆锥体（Draw→Solids→Cone）

绘制圆锥体时，需给出底面中心、半径和高度。绘制椭圆锥体时，给出底面中心、长短轴长度和高度。

图 7 - 6　椭圆柱体

1. 生成圆锥体

如图 7 - 7 所示。

命令：_cone

当前线框密度：ISOLINES＝4

指定圆锥体底面的中心点或［椭圆（E）］＜0，0，0＞：0，40 ↵

指定圆锥体底面的半径或［直径（D）］：20 ↵

指定圆锥体高或［顶点（A）］：15 ↵

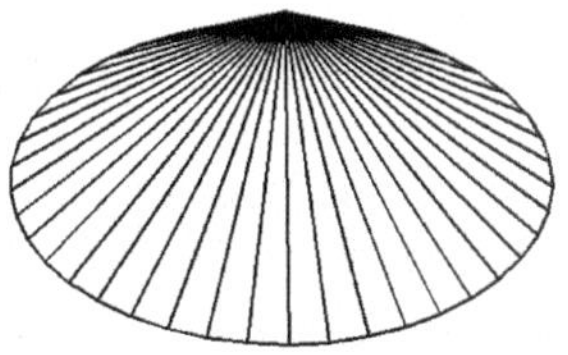

图 7 - 7　圆锥体

2. 生成椭圆锥体

如图 7 - 8 所示。

命令：_cone

当前线框密度：ISOLINES＝4

指定圆锥体底面的中心点或［椭圆（E）］＜0，0，0＞：e ↵

选择圆锥体底面椭圆的轴端点或［中心点（C）］：30，40 ↵

指定圆锥体底面椭圆的第二个轴端点：@20，0 ↵

指定圆锥体底面的另一个轴的长度：6 ↵

指定圆锥体高度或［另一个圆心（C）］：25

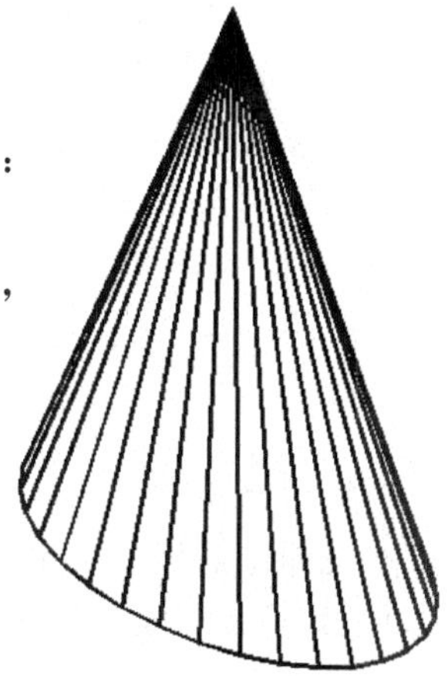

7.5　楔形体（Wedge）

图 7 - 8　椭圆锥体

绘图→实体→楔体（Draw→Solids→Wedge）

绘制楔形体时，需给出底面第一角坐标、对角坐标和高度，如图 7 - 9 所示。

命令：_wedge

指定楔体的第一个角点或[中心点（CE）] ＜0,
0,0＞:70,40 ↵

指定角点或[立方体（C）/长度（L）]：@30,20,
10 ↵（另一角）

（或者如下操作,完全等效）

命令：_wedge

指定楔体的第一个角点或[中心点（CE）] ＜0,
0,0＞: 70,40 ↵

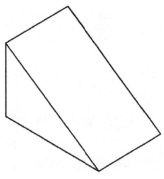

图 7-9　楔形体

指定角点或[立方体（C）/长度（L）]：@30,20 ↵

指定高度：10 ↵

7.6　圆环体（Torus）

绘图 → 实体 → 圆环体（Draw → Solids
Torus）

绘制圆环体时,需给出圆环的圆心、半径和管
半径,如图 7-10 所示。

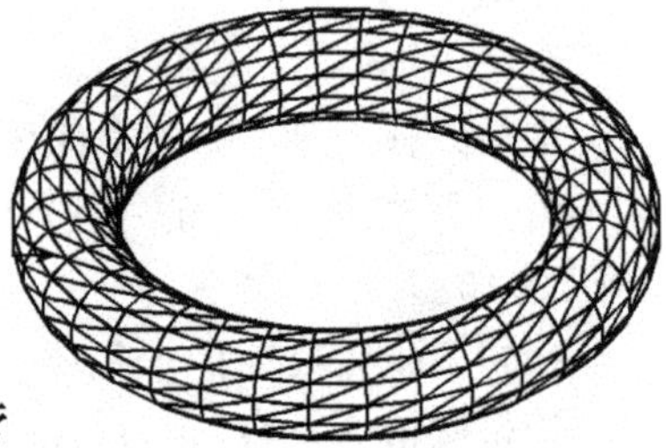

图 7-10　圆环体

命令：_torus

当前线框密度：ISOLINES＝4

指定圆环圆心 ＜0,0,0＞: 30,80,4 ↵

指定圆环半径或[直径（D）]：20 ↵

指定圆管半径或[直径（D）]：4 ↵

7.7　拉伸体（Extrude）

绘图→实体→拉伸（Draw→Solids→Extrude）

拉伸体是将一个闭合的平面图形面域（注意,用平面图形边界拉伸的不是实
体）沿其垂直方向拉伸而成的实体。一般拉伸成柱或广义柱。如给定倾角,也可以
拉伸成锥。如果沿路径拉伸,则应准备一个拉伸路径线。

1. 拉伸一个广义柱

完成后如图 7-12 所示。

命令：_circle(绘制平面图形)

指定圆的圆心或[三点（3P）/两点（2P）/相切、相切、半径（T）]：0,0

指定圆的半径或[直径(D)]：5

命令：_line(绘制平面图形)

指定第一点：0,5

指定下一点或[放弃(U)]：10,5

指定下一点或[放弃(U)]：10,-5

指定下一点或[闭合(C)/放弃(U)]：0,

-5

命令：_trim(修剪以构成单一封闭图形,如图 7-11 所示)

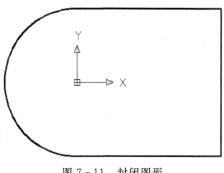

图 7-11　封闭图形

当前设置:投影=UCS,边=无

选择剪切边...

选择对象或＜全部选择＞：　找到 1 个选择对象：找到 1 个,总计 2 个

选择对象：

选择要修剪的对象,或按住 Shift 键选择要延伸的对象,或[栏选(F)/窗交(C)/投影(P)/边(E)/删除(R)/放弃(U)]：

选择要修剪的对象,或按住 Shift 键选择要延伸的对象,或[栏选(F)/窗交(C)/投影(P)/边(E)/删除(R)/放弃(U)]：

命令：_region(构成面域)

选择对象：找到 1 个

选择对象：找到 1 个,总计 2 个

选择对象：找到 1 个,总计 3 个

选择对象：找到 1 个,总计 4 个

选择对象：

已提取 1 个环。

已创建 1 个面域。

命令：_extrude(拉伸成柱)

当前线框密度：ISOLINES=4

选择对象：找到 1 个

选择对象：

指定拉伸高度或[路径(P)]：5

指定拉伸的倾斜角度 ＜0＞：

命令：_-view(转换视角,如图 7-12 所示)

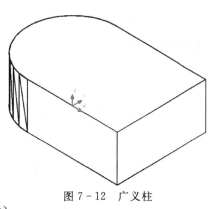

图 7-12　广义柱

输入选项

[? /分类(C)/图层状态(A)/正交(O)/删除(D)/恢复(R)/保存(S)/UCS

(U)/窗口(W)]：_seiso

正在重生成模型。

2. 拉伸一个四棱台

完成后如图 7-13 所示。

命令：_polygon(绘制平面图形)

输入边的数目 <4>：

指定正多边形的中心点或[边(E)]：0,0

输入选项[内接于圆(I)/外切于圆(C)] <I>：

指定圆的半径：10

命令：_region(构成面域)

选择对象：找到 1 个

选择对象：

已提取 1 个环。

已创建 1 个面域。

命令：_extrude(拉伸成四棱台)

当前线框密度：ISOLINES=4

选择对象：找到 1 个

选择对象：

指定拉伸高度或[路径(P)]：20

指定拉伸的倾斜角度 <0>：10

命令：_-view(转换视角,如图 7-13 所示)

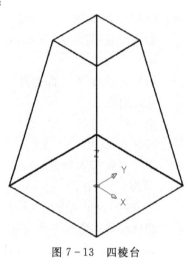

图 7-13　四棱台

输入选项

[? /分类(C)/图层状态(A)/正交(O)/删除(D)/恢复(R)/保存(S)/UCS
(U)/窗口(W)]：_seiso

正在重生成模型。

3. 拉伸一个弯杆

完成后如图 7-15 所示。

命令：_circle(绘制平面图形)

指定圆的圆心或[三点(3P)/两点(2P)/相切、相切、半径(T)]：0,0

指定圆的半径或[直径(D)] <5.0000>：3

命令：_region(构成面域)

选择对象：找到 1 个

选择对象：

已提取 1 个环。

已创建 1 个面域。

命令：_3dpoly(设置拉伸路径,如图 7 - 14 所示)

指定多段线的起点：80,20,30 ↵

指定直线的端点或[放弃(U)]：@0,0,20

指定直线的端点或[放弃(U)]：@0,15 ↵

指定直线的端点或[闭合(C)/放弃(U)]：@15,0

指定直线的端点或[闭合(C)/放弃(U)]：@0,0,20

指定直线的端点或[闭合(C)/放弃(U)]：↵

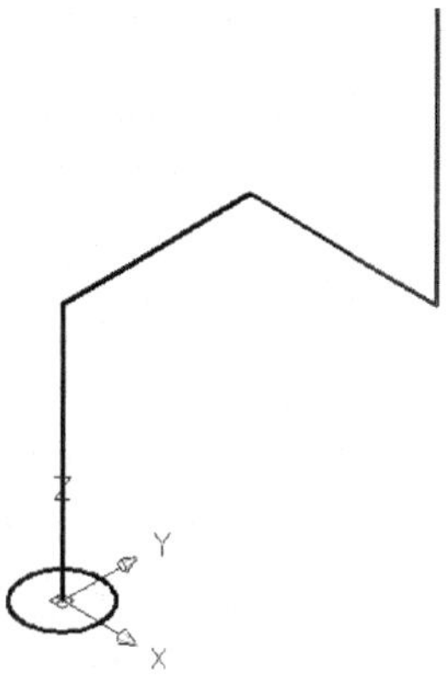

命令：_extrude(拉伸成弯杆)

当前线框密度：ISOLINES＝4

选择对象：找到 1 个

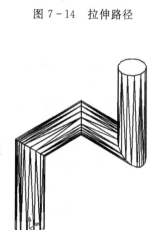

图 7 - 14　拉伸路径

选择对象：

指定拉伸高度或[路径(P)]：p

选择拉伸路径或[倾斜角]：(选路径线)

命令：_ - view(转换视角,如图 7 - 15 所示)

输入选项

[? /分类(C)/图层状态(A)/正交(O)/删除(D)/恢
复(R)/保存(S)/UCS(U)/窗口(W)]：_seiso

正在重生成模型。

7.8　回转体(Revolve)

图 7 - 15　拉伸弯杆

绘图→实体→旋转(Draw→Solids→Revolve)

回转体是由一个闭合的平面图形面域(注意,用平面图形
边界旋转生成的不是实体)绕与其平行的轴回转而成的实体。

1. 旋转生成一个带孔的回转体

完成后如图 7 - 17 所示。

命令：_ - view(转换视角,以便构造旋转截面图形)

输入选项

[? /分类(C)/图层状态(A)/正交(O)/删除(D)/恢复
(R)/保存(S)/UCS(U)/窗口(W)]：_front

正在重生成模型。

命令：_line(绘制平面图形,如图 7 - 16 所示)

图 7 - 16　旋转面域

指定第一点：20,0

指定下一点或[放弃(U)]：20,20

指定下一点或[放弃(U)]：10,25

指定下一点或[闭合(C)/放弃(U)]：10,0

指定下一点或[闭合(C)/放弃(U)]：c

命令：_region(构成面域)

选择对象：找到 1 个

选择对象：找到 1 个,总计 2 个

选择对象：找到 1 个,总计 3 个

选择对象：找到 1 个,总计 4 个

选择对象：

已提取 1 个环。

已创建 1 个面域。

命令：_revolve(旋转成体)

当前线框密度：ISOLINES=4

选择对象：找到 1 个

选择对象：

指定旋转轴的起点或

定义轴依照[对象(O)/X 轴(X)/Y 轴(Y)]：y

指定旋转角度 <360>：

命令：_-view(转换视角,如图 7-17 所示)

输入选项

[? /分类(C)/图层状态(A)/正交(O)/删除(D)/恢复(R)/保存(S)/UCS(U)/窗口(W)]：_seiso

正在重生成模型。

图 7-17　旋转成体

2. 旋转生成一个图章体

完成后如图 7-19 所示。

命令：_pline(绘制旋转截面图形,如图 7-18 所示)

指定起点：50,0

当前线宽为 0.0000

指定下一个点或[圆弧(A)/半宽(H)/长度(L)/放弃(U)/宽度(W)]：@10,0

指定下一点或[圆弧(A)/闭合(C)/半宽(H)/长

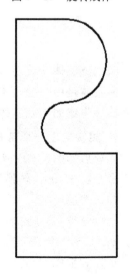

图 7-18　图章体旋转面域

度(L)/放弃(U)/宽度(W)]：@0,10

　　指定下一点或[圆弧(A)/闭合(C)/半宽(H)/长度(L)/放弃(U)/宽度(W)]：@-5,0

　　指定下一点或[圆弧（A）/闭合（C）/半宽（H）/长度（L）/放弃（U）/宽度（W）]：a

　　指定圆弧的端点或[角度(A)/圆心(CE)/闭合(CL)/方向(D)/半宽(H)/直线(L)/半径(R)/第二个点(S)/放弃(U)/宽度(W)]：@0,5

　　指定圆弧的端点或[角度(A)/圆心(CE)/闭合(CL)/方向(D)/半宽(H)/直线(L)/半径(R)/第二个点(S)/放弃(U)/宽度(W)]：@0,8

　　指定圆弧的端点或[角度(A)/圆心(CE)/闭合(CL)/方向(D)/半宽(H)/直线(L)/半径(R)/第二个点(S)/放弃(U)/宽度(W)]：1

　　指定下一点或[圆弧(A)/闭合(C)/半宽(H)/长度(L)/放弃(U)/宽度(W)]：@-5,0

　　指定下一点或[圆弧（A）/闭合（C）/半宽（H）/长度（L）/放弃（U）/宽度（W）]：c

　　命令：_region(构成面域)

　　选择对象：找到 1 个

　　选择对象：

　　已提取 1 个环。

　　已创建 1 个面域。

　　命令：_revolve(旋转成体)

　　当前线框密度：ISOLINES=4

　　选择对象：找到 1 个

　　选择对象：

　　指定旋转轴的起点或

　　定义轴依照[对象(O)/X 轴(X)/Y 轴(Y)]：50,0

　　指定轴端点：@0,3

　　指定旋转角度 <360>：

　　命令：_-view(转换视角，如图 7-19 所示)

　　输入选项

　　[?/分类(C)/图层状态(A)/正交(O)/删除(D)/恢复(R)/保存(S)/UCS(U)/窗口(W)]：_seiso

　　正在重生成模型。

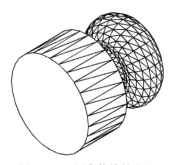

图 7-19　图章体旋转成型

7.9　截切体（Slice）

绘制→实体→截切（Draw→Solids→Slice）

给定一个平面，将一个实体切割成两部分，可选择保留一部分或全部。以下操作完成对如图 7-17 所示实体的截切并保留了右边部分，如图 7-20 所示。

命令：_slice

选择对象：找到 1 个

选择对象：

指定切面上的第一个点，依照[对象(O)/Z 轴 (Z)/视图(V)/XY 平面(XY)/YZ 平面(YZ)/ZX

平面(ZX)/三点(3)] <三点>：xy

指定 XY 平面上的点 <0,0,0>：

在要保留的一侧指定点或[保留两侧(B)]：

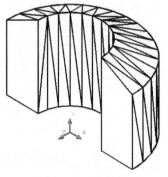

图 7-20　截切体

7.10　剖面（Section）

绘制→实体→剖面（Draw→Solids→Section）

该命令可用来制作剖面轮廓。以下操作将获得对如图 7-17 所示实体的剖面轮廓，如图 7-21 所示。

命令：_section

选择对象：找到 1 个

选择对象：

指定截面上的第一个点，依照[对象(O)/Z 轴(Z)/视图(V)/XY 平面(XY)/YZ 平面(YZ)/ZX

平面(ZX)/三点(3)] <三点>：xy

指定 XY 平面上的点 <0,0,0>：

命令：_erase(删除实体)

选择对象：找到 1 个

选择对象：

在以上三维实体制作命令的练习操作过程

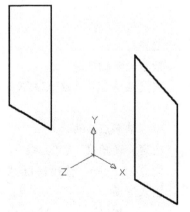

图 7-21　实体的剖面轮廓

中,为便于观察三维实体,有时可能会用到如下几个命令:网线密度(Isolines)(用来调整实体表面网线密度,密度值越大,曲面网线越多)、轮廓线(Dispsilh)(用来控制是否显示物体的转向轮廓线)、表面光滑密度(Facetres)(用来调整带阴影和重画的图素以及消隐图素的平滑程度)。以上命令均为键入命令,可在具体操作中试用体验。

第8章　实体修改命令

本章主要介绍三维实体修改命令,包括实体编辑(Solid Editing)和三维操作(3D Operation)两个部分。将主要学习:并集(Union)、差集(Subtract)、交集(Intersect)、拉伸面(Extrude Face)、移动面(Move Faces)、偏移面(Offset Faces)、删除面(Delete Faces)、旋转面(Rotate Faces)、倾斜面(Taper Faces)、着色面(Color Faces)、复制面(Copy Faces)、着色边(Color Edges)、复制边(Copy Edges)、压印(Imprint Body)、清除(Clean Body)、分割(Separate Body)、抽壳(Shell Body)、检查(Check Body)、圆角(Fillet)、倒角(Chamfer)、三维阵列(3D Array)、三维镜像(Mirror 3D)、三维旋转(Rotate 3D)、对齐(Align)等。

"实体编辑(Solid Editing)"命令和"三维操作(3D Operation)"命令在"修改(Modify)"主菜单下,其下拉菜单和图形工具条如图8-1所示。

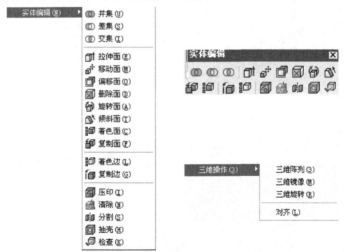

图8-1　实体编辑下拉菜单、图形工具条和三维操作下拉菜单

8.1　并集(Union)

修改→实体编辑→并集(Modify→Solidedit→Union)

将相交两实体合并,如图 8 - 2 所示。

命令: _union

选择对象: 找到 1 个

选择对象: 找到 1 个,总计 2 个

选择对象: ↵

8.2　差集(Subtract)

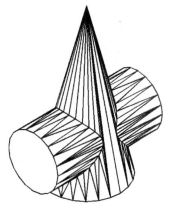

图 8 - 2　并集

修改→实体编辑→差集(Modify→Solidedit→Subtract)

从一个或多个实体中减去另一个或另几个相交实体,如图 8 - 3 所示。

命令: _subtract

选择要从中删除的实体或面域...

选择对象: 找到 1 个(先选被减圆锥体)

选择对象: ↵

选择要删除的实体或面域...

选择对象: 找到 1 个(后选减去圆环体)

选择对象: ↵

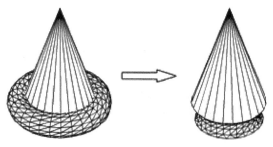

图 8 - 3　差集

8.3　交集(Intersect/Interference)

修改→实体编辑→交集(Modify→Solidedit→Intersect)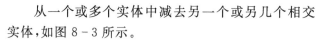

交集是求两个或几个相交在一起的实体的共有部分,如图 8 - 4 所示。

命令: _intersect

选择对象：找到 1 个

选择对象：找到 1 个，总计 2 个

选择对象：↵

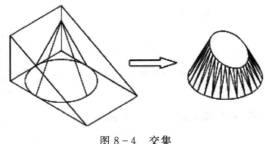

图 8-4　交集

8.4　实体面的拉伸(Extrude Faces)

修改→实体编辑→拉伸面(Modify→Solidedit→Extrude Face)

将实体某一表面拉伸，如图 8-5 所示。

命令：_solidedit

实体编辑自动检查：　SOLIDCHECK=1

输入实体编辑选项[面(F)/边(E)/体(B)/放弃(U)/退出(X)]＜退出＞：_face

输入面编辑选项

[拉伸(E)/移动(M)/旋转(R)/偏移(O)/倾斜(T)/删除(D)/复制(C)/着色(L)/放弃(U)/退出(X)]＜退出＞：_extrude

选择面或[放弃(U)/删除(R)]：找到一个面。

选择面或[放弃(U)/删除(R)/全部(ALL)]：

指定拉伸高度或[路径(P)]：10

指定拉伸的倾斜角度 ＜0＞：

已开始实体校验。

已完成实体校验。

输入面编辑选项

[拉伸(E)/移动(M)/旋转(R)/偏移(O)/倾斜(T)/删除(D)/复制(C)/着色(L)/放弃(U)/退出(X)]＜退出＞：

实体编辑自动检查：SOLIDCHECK=1

输入实体编辑选项[面(F)/边(E)/体(B)/放弃(U)/退出(X)]＜退出＞：

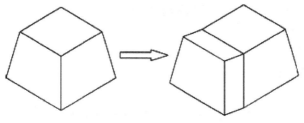

图 8-5　拉伸面

8.5　实体面的移动(Move Faces)

修改→实体编辑→移动面(Modify→Solidedit→Move Faces)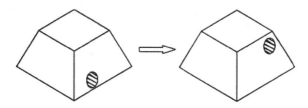

将实体某一面移动到指定位置,如图 8-6 所示。

图 8-6　移动面

命令：_solidedit

实体编辑自动检查：

SOLIDCHECK＝1

输入实体编辑选项[面(F)/边(E)/体(B)/放弃(U)/退出(X)] <退出>：
_face

输入面编辑选项[拉伸(E)/移动(M)/旋转(R)/偏移(O)/倾斜(T)/删除(D)/
复制(C)/着色(L)/放弃(U)/退出(X)] <退出>：_move

选择面或[放弃(U)/删除(R)]：找到一个面。

选择面或[放弃(U)/删除(R)/全部(ALL)]：↵

指定基点或位移：(任选的一点)

指定位移的第二点：@20,20,0 ↵

已开始实体校验。

已完成实体校验。

输入面编辑选项[拉伸(E)/移动(M)/旋转(R)/偏移(O)/倾斜(T)/删除(D)/

复制(C)/着色(L)/放弃(U)/退出(X)]＜退出＞：↵ * 取消 *

实体编辑自动检查：

SOLIDCHECK＝1

输入实体编辑选项[面(F)/边(E)/体(B)/放弃(U)/退出(X)]＜退出＞：

8.6　实体面的等距偏移(Offset Faces)

修改→实体编辑→偏移面(Modify→Solidedit→Offset Faces)

实体面的等距偏移是指将实体中的某个面以相等的指定距离移动或通过指定的点移动,如图8-7所示。

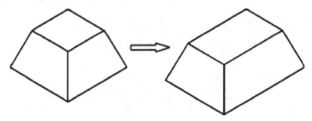

图8-7　偏移面

命令：_solidedit

实体编辑自动检查：SOLIDCHECK＝1

输入实体编辑选项[面(F)/边(E)/体(B)/放弃(U)/退出(X)]＜退出＞：_face

输入面编辑选项

[拉伸(E)/移动(M)/旋转(R)/偏移(O)/倾斜(T)/删除(D)/复制(C)/着色(L)/放弃(U)/退出(X)]＜退出＞：_offset

选择面或[放弃(U)/删除(R)]：找到一个面。

选择面或[放弃(U)/删除(R)/全部(ALL)]：

指定偏移距离：10

已开始实体校验。

已完成实体校验。

输入面编辑选项

[拉伸(E)/移动(M)/旋转(R)/偏移(O)/倾斜(T)/删除(D)/复制(C)/着色(L)/放弃(U)/退出(X)]＜退出＞：

实体编辑自动检查：SOLIDCHECK＝1

输入实体编辑选项[面(F)/边(E)/体(B)/放弃(U)/退出(X)]＜退出＞：

8.7 实体面的删除(Delete Faces)

修改→实体编辑→删除面(Modify→Solidedit→Delete Faces)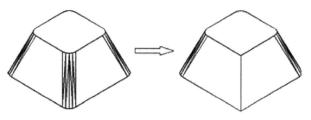

实体面的删除是指将实体中的某个面从实体中删去,如图 8-8 所示为删去了一个圆角。

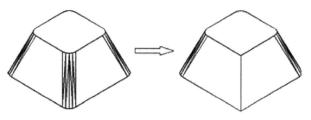

图 8-8 删除面

命令：_solidedit

实体编辑自动检查：SOLIDCHECK＝1

输入实体编辑选项[面(F)/边(E)/体(B)/放弃(U)/退出(X)]＜退出＞：_face

输入面编辑选项

[拉伸(E)/移动(M)/旋转(R)/偏移(O)/倾斜(T)/删除(D)/复制(C)/着色(L)/放弃(U)/退出(X)]＜退出＞：_delete

选择面或[放弃(U)/删除(R)]：找到一个面。

选择面或[放弃(U)/删除(R)/全部(ALL)]：

已开始实体校验。

已完成实体校验。

输入面编辑选项

[拉伸(E)/移动(M)/旋转(R)/偏移(O)/倾斜(T)/删除(D)/复制(C)/着色(L)/放弃(U)/退出(X)]＜退出＞：

实体编辑自动检查： SOLIDCHECK＝1

输入实体编辑选项[面(F)/边(E)/体(B)/放弃(U)/退出(X)]＜退出＞：

8.8 实体面的旋转(Rotate Faces)

修改→实体编辑→旋转面(Modify→Solidedit→Rotate Faces)

实体面的旋转是将实体中的一个或多个面绕指定的轴旋转一个角度,如图8-9所示。

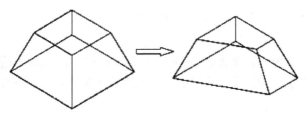

图8-9　旋转面

命令:_solidedit

实体编辑自动检查:

SOLIDCHECK＝1

输入实体编辑选项[面(F)/边(E)/体(B)/放弃(U)/退出(X)]＜退出＞:_face

输入面编辑选项[拉伸(E)/移动(M)/旋转(R)/偏移(O)/倾斜(T)/删除(D)/复制(C)/着色(L)/放弃(U)/退出(X)]＜退出＞:_rotate

选择面或[放弃(U)/删除(R)]:找到一个面。选择面或[放弃(U)/删除(R)/全部(ALL)]:↵

指定轴点或[经过对象的轴(A)/视图(V)/X 轴(X)/Y 轴(Y)/Z 轴(Z)]＜两点＞:(捕捉点)

在旋转轴上指定第二个点:

(用捕捉左后面上下两点)

指定旋转角度或[参照(R)]:30 ↵

输入面编辑选项[拉伸(E)/移动(M)/旋转(R)/偏移(O)/倾斜(T)/删除(D)/复制(C)/着色(L)/放弃(U)/退出(X)]＜退出＞:↵

实体编辑自动检查:

SOLIDCHECK＝1

输入实体编辑选项[面(F)/边(E)/体(B)/放弃(U)/退出(X)]＜退出＞:↵

8.9　实体面的倾斜(Taper Faces)

修改→实体编辑→倾斜面(Modify→Solidedit→Taper Faces) 🖈

实体面的倾斜是将实体中的一个或多个面按指定的角度进行倾斜。当输入的倾斜角度为正值时,实体面向内收缩倾斜,否则将向外放大倾斜,如图8-10所示。

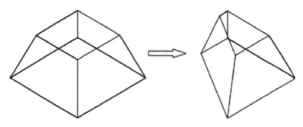

图 8－10　倾斜面

命令：_solidedit

实体编辑自动检查：

SOLIDCHECK＝1

输入实体编辑选项［面(F)/边(E)/体(B)/放弃(U)/退出(X)］＜退出＞：_face

输入面编辑选项［拉伸(E)/移动(M)/旋转(R)/偏移(O)/倾斜(T)/删除(D)/复制(C)/着色(L)/放弃(U)/退出(X)］＜退出＞：_taper

选择面或［放弃(U)/删除(R)］：找到一个面。

选择面或［放弃(U)/删除(R)/全部(ALL)］：↵

指定基点：(用鼠标选取选取面上面两点)

指定沿倾斜轴的另一个点：

指定倾斜角度：60 ↵

输入面编辑选项［拉伸(E)/移动(M)/旋转(R)/偏移(O)/倾斜(T)/删除(D)/复制(C)/着色(L)/放弃(U)/退出(X)］＜退出＞：↵

实体编辑自动检查：

SOLIDCHECK＝1

输入实体编辑选项［面(F)/边(E)/体(B)/放弃(U)/退出(X)］＜退出＞：↵

8.10　实体面的复制(Copy Faces)

修改→实体编辑→着色面(Modify→Solidedit→Color Faces)

实体面的复制是将实体中的一个或多个面复制成与原面平行的表面,如图8-11所示。

命令：_solidedit

实体编辑自动检查：SOLIDCHECK＝1

输入实体编辑选项［面(F)/边(E)/体(B)/放弃(U)/退出(X)］＜退出＞：_face

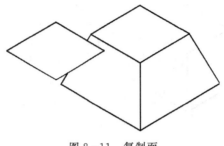

图 8-11　复制面

输入面编辑选项[拉伸(E)/移动(M)/旋转(R)/偏移(O)/倾斜(T)/删除(D)/复制(C)/着色(L)/放弃(U)/退出(X)]＜退出＞：_copy

选择面或[放弃(U)/删除(R)]：找到一个面。

选择面或[放弃(U)/删除(R)/全部(ALL)]：↵

指定基点或位移：(选取右面上一点)

指定位移的第二点：@－10,－20 ↵

输入面编辑选项[拉伸(E)/移动(M)/旋转(R)/

偏移(O)/倾斜(T)/删除(D)/复制(C)/着色(L)/放弃(U)/退出(X)]＜退出＞：↵

实体编辑自动检查：

SOLIDCHECK＝1

输入实体编辑选项[面(F)/边(E)/体(B)/放弃(U)/退出(X)]＜退出＞：↵

8.11　实体边的复制(Copy Edges)

修改→实体编辑→复制边(Modify→Solidedit→Copy Edges)

将三维实体的边复制为单独的图形对象,如图 8-12 所示。

命令：_solidedit

实体编辑自动检查：　SOLIDCHECK＝1

输入实体编辑选项[面(F)/边(E)/体(B)/放弃(U)/退出(X)]＜退出＞：_edge

输入边编辑选项[复制(C)/着色(L)/放弃(U)/退出(X)]＜退出＞：_copy

选择边或[放弃(U)/删除(R)]：(用鼠标选取)

选择边或[放弃(U)/删除(R)]：↵(选择完毕)

指定基点或位移：(任选一点)

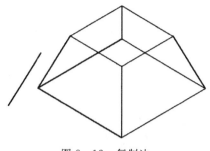

图 8-12　复制边

指定位移的第二点：@0，-10 ↵

输入边编辑选项［复制(C)/着色(L)/放弃(U)/退出(X)］＜退出＞：↵

实体编辑自动检查：

SOLIDCHECK＝1

输入实体编辑选项［面(F)/边(E)/体(B)/放弃(U)/退出(X)］＜退出＞：↵

8.12　实体面颜色的改变(Color Faces)

修改→实体编辑→着色面(Modify→Solidedit→Color Faces)：

对实体的一个或多个面的颜色进行重新设置，如图 8-13 所示。

命令：_solidedit

实体编辑自动检查：　SOLIDCHECK＝1

输入实体编辑选项［面(F)/边(E)/体(B)/放弃(U)/退出(X)］＜退出＞：_face

输入面编辑选项

［拉伸(E)/移动(M)/旋转(R)/偏移(O)/倾斜(T)/删除(D)/复制(C)/着色(L)/放弃(U)/退出(X)］＜退出＞：_color

图 8-13　着色面

选择面或［放弃(U)/删除(R)］：找到一个面。

选择面或［放弃(U)/删除(R)/全部(ALL)］：(在弹出的颜色选择框选择颜色)

输入面编辑选项

［拉伸(E)/移动(M)/旋转(R)/偏移(O)/倾斜(T)/删除(D)/复制(C)/着色(L)/放弃(U)/退出(X)］＜退出＞：

实体编辑自动检查： SOLIDCHECK＝1

输入实体编辑选项［面(F)/边(E)/体(B)/放弃(U)/退出(X)］＜退出＞：

8.13　实体边的颜色修改(Color Edges)

修改→实体编辑→着色边(Modify→Solidedit→Color Edges)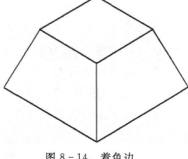

对实体的一个或多个边的颜色进行重新设置,如图 8-14 所示。

命令：_solidedit

实体编辑自动检查： SOLIDCHECK＝1

输入实体编辑选项［面(F)/边(E)/体(B)/
放弃(U)/退出(X)］＜退出＞：_edge

输入边编辑选项［复制(C)/着色(L)/放弃
(U)/退出(X)］＜退出＞：_color

选择边或［放弃(U)/删除(R)］：(选取一条
边)

选择边或［放弃(U)/删除(R)］：(在弹出的
颜色选择框选择颜色)

图 8-14　着色边

输入边编辑选项［复制(C)/着色(L)/放弃(U)/退出(X)］＜退出＞:实体编
辑自动检查：SOLIDCHECK＝1

输入实体编辑选项［面(F)/边(E)/体(B)/放弃(U)/退出(X)］＜退出＞：

8.14　实体的压印(Imprint)

修改→实体编辑→压印(Modify→Solidedit→Imprint)

将平面图形压印在三维实体的面上,如图 8-15 所示。

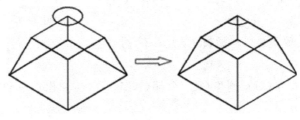

图 8-15　压印

命令：_solidedit

实体编辑自动检查：　SOLIDCHECK＝1

输入实体编辑选项［面（F）/边（E）/体（B）/放弃（U）/退出（X）］＜退出＞：
_body

输入体编辑选项

［压印（I）/分割实体（P）/抽壳（S）/清除（L）/检查（C）/放弃（U）/退出（X）］
＜退出＞：_imprint

选择三维实体：(选择实体)

选择要压印的对象：(选择圆)

是否删除源对象［是（Y）/否（N）］＜N＞：y

选择要压印的对象：

输入体编辑选项

［压印（I）/分割实体（P）/抽壳（S）/清除（L）/检查（C）/放弃（U）/退出（X）］
＜退出＞：

实体编辑自动检查：　SOLIDCHECK＝1

输入实体编辑选项［面（F）/边（E）/体（B）/放弃（U）/退出（X）］＜退出＞：

8.15　实体的清除（Clean）

修改→实体编辑→清除（Modify→Solidedit→Clean）

将三维实体上多余的边、刻印及不再使用的对象清除，如图 8-16 所示。

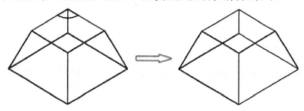

图 8-16　清除

命令：_solidedit

实体编辑自动检查：　SOLIDCHECK＝1

输入实体编辑选项［面（F）/边（E）/体（B）/放弃（U）/退出（X）］＜退出＞：
_body

输入体编辑选项

［压印（I）/分割实体（P）/抽壳（S）/清除（L）/检查（C）/放弃（U）/退出（X）］
＜退出＞：_clean

选择三维实体：（选取实体）

输入体编辑选项

［压印（I）/分割实体（P）/抽壳（S）/清除（L）/检查（C）/放弃（U）/退出（X）］
＜退出＞：

实体编辑自动检查：　SOLIDCHECK＝1

输入实体编辑选项［面（F）/边（E）/体（B）/放弃（U）/退出（X）］＜退出＞：

8.16　实体的抽壳（Shell）

修改→实体编辑→抽壳（Modify→Solidedit→Shell）

将实体从某一方向以指定距离制作成薄壁壳体，如图 8-17 所示。

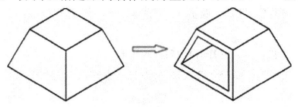

图 8-17　抽壳

命令：_solidedit

实体编辑自动检查：SOLIDCHECK＝1

输入实体编辑选项［面（F）/边（E）/体（B）/放弃（U）/退出（X）］＜退出＞：
_body

输入体编辑选项

［压印（I）/分割实体（P）/抽壳（S）/清除（L）/检查（C）/放弃（U）/退出（X）］
＜退出＞：_shell

选择三维实体：（选择实体）

删除面或［放弃（U）/添加（A）/全部（ALL）］：找到一个面，已删除 1 个。

删除面或［放弃（U）/添加（A）/全部（ALL）］：

输入抽壳偏移距离：2

已开始实体校验。

已完成实体校验。

输入体编辑选项

［压印（I）/分割实体（P）/抽壳（S）/清除（L）/检查（C）/放弃（U）/退出（X）］
＜退出＞：

实体编辑自动检查：　SOLIDCHECK＝1

输入实体编辑选项［面(F)/边(E)/体(B)/放弃(U)/退出(X)]＜退出＞：

8.17　实体的分割(Separate)

修改→实体编辑→分割(Modify→Solidedit→Separate)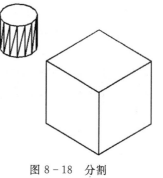

将相加但不相交的两实体分开,注意相交的实体相加后不能分开。如图 8-18 表示两个并不相交的圆柱和四棱柱在合并成一个实体对象的情况下,通过分割命令,可将其重新分开。

命令：_solidedit

实体编辑自动检查：　SOLIDCHECK＝1

输入实体编辑选项［面(F)/边(E)/体(B)/放弃(U)/退出(X)]＜退出＞：_body

输入体编辑选项

［压印(I)/分割实体(P)/抽壳(S)/清除(L)/检查(C)/放弃(U)/退出(X)]＜退出＞：_separate

图 8-18　分割

选择三维实体:(选择实体)

输入体编辑选项

［压印(I)/分割实体(P)/抽壳(S)/清除(L)/检查(C)/放弃(U)/退出(X)]＜退出＞：

实体编辑自动检查：　SOLIDCHECK＝1

输入实体编辑选项［面(F)/边(E)/体(B)/放弃(U)/退出(X)]＜退出＞：

8.18　实体的有效性检查(Check)

修改→实体编辑→检查(Modify→Solidedit→Check)

实体的有效检查是指检查实体对象是否为有效的 ACIS 三维实体模型。该命令由系统变量 SOLIDCHECK 控制。当 SOLIDCHECK＝1 时,进行有效性检查,否则不作此项检查。

命令：_solidedit

实体编辑自动检查：　SOLIDCHECK＝1

输入实体编辑选项［面(F)/边(E)/体(B)/放弃(U)/退出(X)]＜退出＞：

_body

输入体编辑选项［压印（I）/分割实体（P）/抽壳（S）/清理（L）/检查（C）/放弃（U）/退出（X）］＜退出＞：_check

选择三维实体：此对象是有效的 ACIS 实体。（用鼠标选取）

8.19　圆角（Fillet）

修改→圆角（Modify→Fillet）

三维圆角与二维圆角采用同一命令，在修改主菜单下。当选取 3D 实体时，用法与平面圆角有所不同，将不再选图形两边，而是选要做圆角的棱边。做圆角图例如图 8‑19 所示。

命令：_fillet

当前设置：模式 = 修剪，半径 = 0.0000

选择第一个对象或［放弃（U）/多段线（P）/半径（R）/修剪（T）/多个（M）］：（选圆柱上顶面边沿）

输入圆角半径：5

选择边或［链（C）/半径（R）］：

已选定 1 个边用于圆角。

图 8‑19　圆角

8.20　倒角（Chamfer）

修改→倒角（Modify→Chamfer）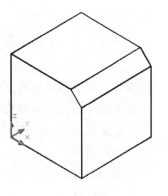

三维倒角与二维倒角采用同一命令，在修改主菜单下。当选取 3D 实体时，用法与平面圆角有所不同，将不再选图形两边，而是选要倒角的棱边。倒角图例如图 8‑20 所示。

命令：_chamfer

（"修剪"模式）当前倒角距离 1 = 3.0000，距离 2 = 3.0000

选择第一条直线或［放弃（U）/多段线（P）/距离（D）/角度（A）/修剪（T）/方式（E）/多个（M）］：（选实体某一面的棱边）

基面选择…

图 8‑20　倒角

输入曲面选择选项［下一个(N)/当前(OK)］＜当前＞：

指定基面的倒角距离 ＜3.0000＞：3

指定其他曲面的倒角距离 ＜3.0000＞：

选择边或［环(L)］：(选面上一个边)

选择边或［环(L)］：

8.21　三维阵列(3D Array)

修改→三维操作→三维阵列(Modify→3D Operation→3D Array)

将所选实体按设定的数目和距离一次在空间复制多个,矩形阵列复制的图形与原图形一样,按行按列排列整齐。环形阵列复制的图形可以和原图形一样,也可以改变方向。

1. 矩形阵列

如图 8-21 所示。

命令：_3darray

选择对象：找到 1 个(选取原实体图形)

选择对象：↵

输入阵列类型［矩形(R)/环形(P)］＜矩形＞：↵

输入行数 (－－－) ＜1＞：2 ↵

输入列数 (|||) ＜1＞：1 ↵

输入层次数 (...) ＜1＞：5 ↵

指定行间距 (－－－)：－50 ↵

指定层间距 (...)：20 ↵

2. 环形阵列

如图 8-22 所示。

命令：_3darray

正在初始化...　已加载 3DARRAY。

选择对象：找到 1 个(选取原实体图形)

选择对象：↵

输入阵列类型［矩形(R)/环形(P)］＜矩形＞：p ↵ (环形阵列)

输入阵列中的项目数目：5 ↵

指定要填充的角度 (＋＝逆时针，－＝顺时针) ＜360＞：↵

旋转阵列对象？［是(Y)/否(N)］＜是＞：↵

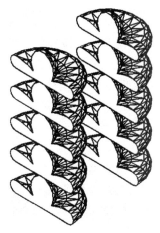

图 8-21　矩形阵列

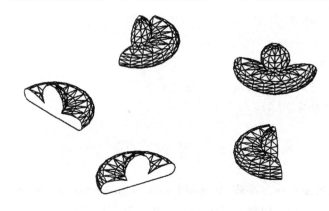

图 8-22　环形阵列

指定阵列的中心点：50,50,50 ↵
指定旋转轴上的第二点：@0,0,50 ↵

8.22　三维镜像(Mirror 3D)

修改→三维操作→三维镜像(Modify→3D Operation→Mirror 3D)

三维镜像以面为对称面,将所选实体镜像复制。镜像以 XY 面为对称面,则通过点取决于 Z 坐标;镜像以 ZX 面为对称面,则通过点取决于 Y 坐标;镜像以 YZ 面为对称面,则通过点取决于 X 坐标;三维镜像图例如图 8-23 所示。

命令：_mirror3d
选择对象：找到 1 个
选择对象：
指定镜像平面（三点）的第一个点或 [对象(O)/最近的(L)/Z 轴(Z)/视图(V)/XY 平面(XY)/YZ 平面(YZ)/ZX 平面(ZX)/三点(3)]＜三点＞：zx

图 8-23　三维镜像

指定 ZX 平面上的点 ＜0,0,0＞：0,20,0
是否删除源对象？[是(Y)/否(N)]＜否＞：

8.23　三维旋转(Rotate 3D)

修改→三维操作→三维旋转(Modify→3D Operation→Rotate 3D)

三维旋转将实体以两点或坐标轴为旋转轴旋转一个角度。三维旋转图例如图

8 - 24 所示。

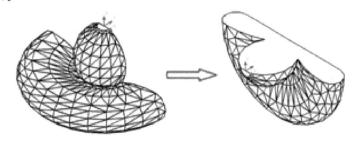

图 8 - 24　三维旋转

命令：_rotate3d

当前正向角度：　ANGDIR＝逆时针 ANGBASE＝0

选择对象：找到 1 个

选择对象：

指定轴上的第一个点或定义轴依据［对象（O）/最近的（L）/视图（V）/X 轴（X）/Y 轴（Y）/Z 轴（Z）/两点（2）］：x

指定 X 轴上的点 ＜0,0,0＞：

指定旋转角度或［参照（R）］：90

8.24　对齐（Align）

修改→三维操作→对齐（Modify→3D Operation→Align）

将两个实体上的三点分别对齐，从而移动一个物体，使两个物体的方位对齐。三维对齐图例如图 8 - 25 所示。

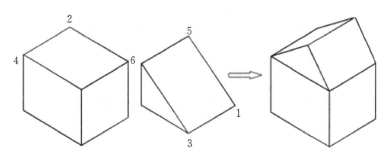

图 8 - 25　三维对齐

命令：_align

选择对象：找到 1 个（选楔形体）

选择对象：

指定第一个源点：　＜对象捕捉 开＞（选点 1）

指定第一个目标点：（选点 2）

指定第二个源点：（选点 3）

指定第二个目标点：（选点 4）

指定第三个源点或 ＜继续＞:（选点 5）

指定第三个目标点：（选点 6）

第三部分　3D 建模实例

第9章　体育用品

本章通过制作一组体育用品组件,学习造型的方法和技巧。用 3D 打印后可直接装配。

9.1　乒乓球桌

乒乓球桌组合由桌面、支撑腿、球网、乒乓球与乒乓球拍组成,如图 9-1 所示。

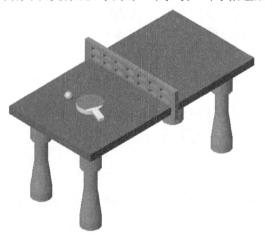

图 9-1　乒乓球桌

9.1.1　桌面(打印 1 件)

完成后如图 9-3 所示。

(1) 创建文件

文件→新建

另存为 tennistable.dwg

(2) 长方体(制作台板)

绘图→实体→长方体

命令：_box

指定长方体的角点或[中心点(CE)] <0,0,0>：

指定角点或[立方体(C)/长度(L)]：50,25

指定高度：2

(3) 圆柱体(制作插杆)

绘图→实体→圆柱体

命令：_cylinder

当前线框密度：ISOLINES=4

指定圆柱体底面的中心点或[椭圆(E)] <0,0,0>：5,5,0

指定圆柱体底面的半径或[直径(D)]：1

指定圆柱体高度或[另一个圆心(C)]：-4

(4) 倒角(给插杆做倒角)

修改→倒角

命令：_chamfer(以下操作需先利用视图中三维动态观察器变换角度,然后在基面选取时选取插杆下端圆面边界,如图 9-2 所示)

("修剪"模式)当前倒角距离 1 = 0.0,距离 2 = 0.0

选择第一条直线或[放弃(U)/多段线(P)/距离(D)/角度(A)/修剪(T)/方式(E)/多个(M)]：

基面选择...

输入曲面选择选项[下一个(N)/当前(OK)] <当前>：

指定基面的倒角距离：1

指定其他曲面的倒角距离 <1.0>：

选择边或[环(L)]：选择边或[环(L)]：

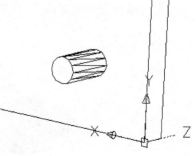

图 9-2　倒角时变换视角

(5) 复制(复制至 4 个插杆)

修改→复制

命令：_copy

选择对象：找到 1 个

选择对象：

指定基点或［位移(D)］＜位移＞：　5,5,0

指定第二个点或 ＜使用第一个点作为位移＞：45,5,0

指定第二个点或［退出(E)/放弃(U)］＜退出＞：　5,20,0

指定第二个点或［退出(E)/放弃(U)］＜退出＞：　45,20,0

指定第二个点或［退出(E)/放弃(U)］＜退出＞：

(6)并集(将台板与插杆合并成一个实体)

修改→实体编辑—并集

命令：_union(以下操作分别选取台板及四个插杆)

选择对象：找到 1 个

选择对象：找到 1 个,总计 2 个

选择对象：找到 1 个,总计 3 个

选择对象：找到 1 个,总计 4 个

选择对象：找到 1 个,总计 5 个

选择对象：

(7)长方体(制作网槽挖切体)

绘图→实体→长方体

命令：_box

指定长方体的角点或［中心点(CE)］＜0,0,0＞:24.5,0,1.5

指定角点或［立方体(C)/长度(L)］:25.5,25,1.5

指定高度:0.5

(8)差集(切槽。先选择台板,再选择网槽挖切体)

修改→实体编辑→差集

命令：_subtract 选择要从中减去的实体或面域...

选择对象：找到 1 个

选择对象：

选择要减去的实体或面域 ...

选择对象：找到 1 个

选择对象：

(9)体着色(赋予实体色彩,如图 9-3 所示)

视图→着色→体着色

命令：_shademode 当前模式：二维线框

输入选项

［二维线框(2D)/三维线框(3D)/消隐(H)/平面着色(F)/体着色(G)/带边框

图 9-3　桌面

平面着色(L)/带边框体着色(O)〕<二维线框>：_g

(10)三维动态观察(鼠标拖曳选择合适角度)

视图→三维动态观察器

命令：'_3dorbit 按 ESC 或 ENTER 键退出，或者单击鼠标右键显示快捷菜单。

(11)保存(存盘)

文件→保存

命令：_qsave

9.1.2　支撑腿(打印 4 件)

完成后如图 9-7 所示。

(1)创建文件

文件→新建

另存为 tennisleg.dwg

(2)截面(绘制旋转截面。如图 9-4 所示)

绘图→直线

命令：_line 指定第一点：0,0

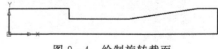

指定下一点或[放弃(U)]：0,2.5

图 9-4　绘制旋转截面

指定下一点或[放弃(U)]：6,2.5

指定下一点或[闭合(C)/放弃(U)]：6,1.5

指定下一点或[闭合(C)/放弃(U)]：12,1.5

指定下一点或[闭合(C)/放弃(U)]：19,2.5

指定下一点或[闭合(C)/放弃(U)]：21,2.5

指定下一点或[闭合(C)/放弃(U)]：21,0

指定下一点或[闭合(C)/放弃(U)]：c

（3）面域（构造面域）

绘图→面域（以下操作可窗选全部线段）

命令：_region

选择对象：指定对角点：找到 8 个

选择对象：

已提取 1 个环。

已创建 1 个面域。

（4）旋转（构成实体，如图 9-5 所示）

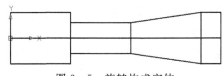

图 9-5　旋转构成实体

绘图→实体→旋转（以 x 为轴旋转 360 度，构成实体）

命令：_revolve

当前线框密度：ISOLINES＝4

选择对象：找到 1 个

选择对象：

指定旋转轴的起点或

定义轴依照[对象（O）/X 轴（X）/Y 轴（Y）]：x

指定旋转角度＜360＞：

（5）左视（转换角度以便构造切孔）

视图→三维视图→左视

命令：_-view 输入选项

[? /分类（C）/图层状态（A）/正交（O）/删除（D）/恢复（R）/保存（S）/UCS（U）/窗口（W）]：_left

正在重生成模型。

（6）圆柱体（生成待切圆柱体）

绘图→实体→圆柱体

命令：_cylinder

当前线框密度：ISOLINES＝4

指定圆柱体底面的中心点或[椭圆（E）]＜0,0,0＞：

指定圆柱体底面的半径或[直径（D）]：1

指定圆柱体高度或[另一个圆心（C）]：－4.5

(7) 差集(切孔)

修改→实体编辑→差集

命令：_subtract 选择要从中减去的实体或面域…

选择对象：找到 1 个

选择对象：

选择要减去的实体或面域…

选择对象：找到 1 个

选择对象

(8) 西南(转换视角,如图 9-6 所示)

视图→三维视图→西南

命令：_-view 输入选项

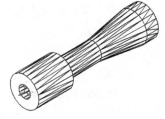

图 9-6　转换视角

[? /分类(C)/图层状态(A)/正交(O)/删除(D)/恢复(R)/保存(S)/UCS(U)/窗口(W)]：_swiso

正在重生成模型。

(9)着色(赋予实体色彩。如图 9-7 所示)

视图→着色→体着色

命令：_shademode 当前模式：二维线框

输入选项

[二维线框(2D)/三维线框(3D)/消隐(H)/平面着色(F)/体着色(G)/带边框平面着色(L)/带边框体着色(O)] <二维线框>：_g

图 9-7　支撑腿

(10) 保存(存盘)

文件→保存

命令：_qsave

9.1.3　球网(打印 1 件)

完成后如图 9-10 所示。

(1)创建文件

文件→新建

另存为 tennisnet.dwg

(2)长方体(构建球网外形)

绘图→实体→长方体

命令：_box

指定长方体的角点或[中心点(CE)] <0,0,0>：

指定角点或[立方体(C)/长度(L)]：27.5,5

指定高度：1

(3) 长方体(设置球网网孔挖切体)

绘图→实体→长方体

命令：_box

指定长方体的角点或[中心点(CE)]＜0,0,0＞：2,1

指定角点或[立方体(C)/长度(L)]：4.5,2

指定高度：1

(4)三维阵列(排列网孔。如图 9-8 所示)

修改→三维操作—三维阵列

命令：_3darray

选择对象：找到 1 个

选择对象：

输入阵列类型[矩形(R)/环形(P)]＜矩形＞：

输入行数（－－－）＜1＞：2

输入列数（||||）＜1＞：7

输入层数（...）＜1＞：

指定行间距（－－－）：2

指定列间距（||||）：3.5

图 9-8　三维阵列排列网孔

(5) 差集(完成球网网孔造型)

修改→实体编辑→差集

命令：_subtract 选择要从中减去的实体或面域...

选择对象：找到 1 个

选择对象：

选择要减去的实体或面域 ...

选择对象：找到 1 个

选择对象：找到 1 个,总计 2 个

选择对象：找到 1 个,总计 3 个

选择对象：找到 1 个,总计 4 个

选择对象：找到 1 个，总计 5 个

选择对象：找到 1 个，总计 6 个

选择对象：找到 1 个，总计 7 个

选择对象：找到 1 个，总计 8 个

选择对象：找到 1 个，总计 9 个

选择对象：指定对角点：找到 1 个，总计 10 个

选择对象：找到 1 个，总计 11 个

选择对象：找到 1 个，总计 12 个

选择对象：找到 1 个，总计 13 个

选择对象：找到 1 个，总计 14 个

(6)直线(绘制球网固定弯板截面外形)

绘图→直线

命令：_line 指定第一点：0,0

指定下一点或[放弃(U)]：0,-2.5

指定下一点或[放弃(U)]：2,-2.5

指定下一点或[闭合(C)/放弃(U)]：2,-1.5

指定下一点或[放弃(U)]：1.25,-1.5

指定下一点或[放弃(U)]：1.25,0

指定下一点或[闭合(C)/放弃(U)]：c

(7) 镜像(镜像到另一端)

修改→镜像

命令：_mirror

选择对象：指定对角点：找到 5 个

选择对象：

指定镜像线的第一点：13.75,0

指定镜像线的第二点：13.75,5

要删除源对象吗？[是(Y)/否(N)] <N>：

(8) 面域(构造拉伸截面)

绘图→面域

命令：_region(以下操作分别窗选左右两个弯板截面外形)

选择对象：指定对角点：找到 6 个

选择对象：指定对角点：找到 6 个，总计 12 个

选择对象：

已提取 2 个环。

已创建 2 个面域。

(9)拉伸(弯板成型,如图 9 - 9 所示)

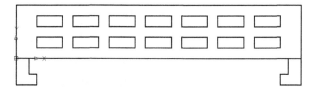

图 9 - 9　左右两弯板成型

绘图→实体→拉伸

命令：_extrude(以下操作分别选取左右两个弯板截面)

当前线框密度：ISOLINES＝4

选择对象：指定对角点：找到 1 个

选择对象：找到 1 个,总计 2 个

选择对象：

指定拉伸高度或[路径(P)]：1

指定拉伸的倾斜角度 ＜0＞：

(10) 并集(将弯板与球网主体合并)

修改→实体编辑→并集

命令：_union(以下操作分别选取球网主体与左右两个弯板)

选择对象：找到 1 个

选择对象：找到 1 个,总计 2 个

选择对象：找到 1 个,总计 3 个

选择对象：

(11) 东北等轴测(转换视角)

视图→三维视图→东北等轴测

命令：_ - view 输入选项

［? /分类(C)/图层状态(A)/正交(O)/删除(D)/恢复(R)/保存(S)/UCS(U)/窗口(W)]：_neiso

正在重生成模型。

(12)体着色(赋予实体色彩,如图 9 - 10 所示)

视图→着色→体着色

命令：_shademode 当前模式：二维线框

输入选项

［二维线框(2D)/三维线框(3D)/消隐(H)/平面着色(F)/体着色(G)/带边框

平面着色(L)/带边框体着色(O)]＜二维线框＞：_g

(13) 保存(存盘)

文件→保存

命令：_qsave

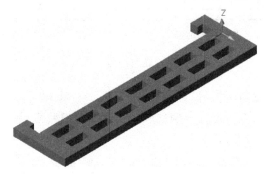

图 9 - 10　球网

9.1.4　乒乓球(打印 1 件)

完成后如图 9 - 12 所示。

(1)创建文件

文件→新建

另存为 tennis. dwg

(2)**球体**(构建乒乓球体,如图 9 - 11 所示)

绘图→实体→球体

命令：_sphere

当前线框密度：ISOLINES＝4

指定球体球心 ＜0,0,0＞：

指定球体半径或[直径(D)]：1

(3) 体着色(赋予实体色彩)

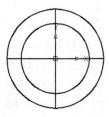

图 9 - 11　构成球体

视图→着色→体着色

命令：_shademode 当前模式：二维线框

输入选项

[二维线框(2D)/三维线框(3D)/消隐(H)/平面着色(F)/体着色(G)/带边框平面着色(L)/带边框体着色(O)]＜二维线框＞：_g

(4)东北等轴测(转换视角,如图 9 - 12 所示)

视图→三维视图→东北等轴测

命令：_-view 输入选项

［? /分类(C)/图层状态(A)/正交(O)/删除(D)/恢复(R)/保存(S)/UCS(U)/窗口(W)］：_neiso

正在重生成模型。

(5) 保存(存盘)

文件→保存

命令：_qsave

图 9-12　乒乓球

9.1.5　乒乓球拍(打印 1 件)

完成后如图 9-16 所示。

(1)创建文件

文件→新建

另存为 tennisracket. dwg

(2)圆柱体(构建球拍外形)

绘图→实体→圆柱体

命令：_cylinder

当前线框密度：ISOLINES=4

指定圆柱体底面的中心点或[椭圆(E)]<0,0,0>:

指定圆柱体底面的半径或[直径(D)]：3

指定圆柱体高度或[另一个圆心(C)]：1

(3) 长方体(构建球拍把)

绘图→实体→长方体命令：_box

指定长方体的角点或[中心点(CE)]<0,0,0>：0,−0.75,0

指定角点或[立方体(C)/长度(L)]：6,0.75,1

(4)并集(将球拍板与把手合并。如图 9-13 所示)

修改→实体编辑→并集

命令：_union

选择对象：找到 1 个

选择对象：找到 1 个,总计 2 个

(5) 圆(绘制胶面截面图形)

绘图→圆

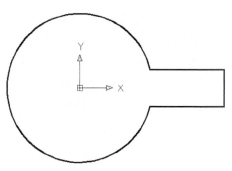

图 9-13　球拍板与把手合并

命令：_circle 指定圆的圆心或[三点(3P)/两点(2P)/相切、相切、半径(T)]：0,0,1

指定圆的半径或[直径(D)]：3

(6)直线(绘制胶面截面图形)

绘图→直线

命令：_line 指定第一点：2,−3,1

指定下一点或[放弃(U)]：2,3,1

(7)修剪(修剪完成胶面截面图形,如图 9-14 所示)

修改→修剪

命令：_trim

当前设置:投影=UCS,边=无

选择剪切边...

选择对象或 <全部选择>：找到 1 个

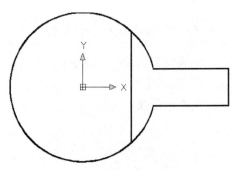

图 9-14　球拍胶面截面

选择对象:找到 1 个,总计 2 个

选择对象:

选择要修剪的对象,或按住 Shift 键选择要延伸的对象,或[栏选(F)/窗交(C)/投影(P)/边(E)/删除(R)/放弃(U)]：

选择要修剪的对象,或按住 Shift 键选择要延伸的对象,或[栏选(F)/窗交(C)/投影(P)/边(E)/删除(R)/放弃(U)]：

选择要修剪的对象,或按住 Shift 键选择要延伸的对象,或[栏选(F)/窗交(C)/投影(P)/边(E)/删除(R)/放弃(U)]：

选择要修剪的对象,或按住 Shift 键选择要延伸的对象,或[栏选(F)/窗交(C)/投影(P)/边(E)/删除(R)/放弃(U)]：

(8)面域(构建胶面拉伸截面面域)。

绘图→面域

命令：_region

选择对象:找到 1 个

选择对象:找到 1 个,总计 2 个

选择对象:

已提取 1 个环。

已创建 1 个面域。

(9)拉伸(完成胶面造型)

绘图→实体→拉伸

命令：_extrude

当前线框密度：ISOLINES＝4

选择对象：找到 1 个

选择对象：

指定拉伸高度或[路径(P)]：0.1

指定拉伸的倾斜角度 ＜0＞：

(10) 并集（合并球拍与胶面）

修改→实体编辑→并集

命令：_union

选择对象：找到 1 个

选择对象：找到 1 个,总计 2 个

(11) 东北等轴测（转换视角）

视图→三维视图→东北等轴测

命令：_- view 输入选项

[? /分类(C)/图层状态(A)/正交(O)/删除(D)/恢复(R)/保存(S)/UCS(U)/窗口(W)]：_neiso

正在重生成模型。

(12) 圆角（将把手各个角边倒圆角,操作时选取每条边角,如图 9 - 15 所示）

修改→圆角

命令：_fillet

当前设置：模式 = 修剪,半径 = 0.3

选择第一个对象或[放弃(U)/多段线(P)/半径(R)/修剪(T)/多个(M)]：

输入圆角半径 ＜0.3＞：0.25

选择边或[链(C)/半径(R)]：

选择边或[链(C)/半径(R)]：

选择边或[链(C)/半径(R)]：

选择边或[链(C)/半径(R)]：

选择边或[链(C)/半径(R)]：

选择边或[链(C)/半径(R)]：

选择边或[链(C)/半径(R)]：

选择边或[链(C)/半径(R)]：

已选定 8 个边用于圆角。

(13) 体着色（赋予实体色彩）

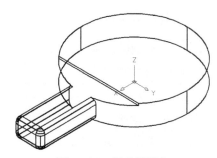

图 9 - 15　把手倒圆角

视图→着色→体着色

命令：_shademode 当前模式：二维线框

输入选项

［二维线框(2D)/三维线框(3D)/消隐(H)/平面着色(F)/体着色(G)/带边框平面着色(L)/带边框体着色(O)］＜二维线框＞：_g

(14) 面着色(对胶皮表面设置其他颜色,如图9-16所示)

修改→实体编辑→着色面

命令：_solidedit

实体编辑自动检查： SOLIDCHECK=1

输入实体编辑选项［面(F)/边(E)/体(B)/放弃(U)/退出(X)］＜退出＞：_face

输入面编辑选项

［拉伸(E)/移动(M)/旋转(R)/偏移(O)/倾斜(T)/删除(D)/复制(C)/着色(L)/放弃(U)/退出(X)］＜退出＞：_color

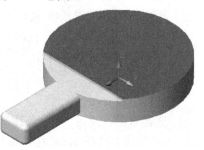

图9-16　乒乓球拍

选择面或［放弃(U)/删除(R)］：找到一个面。

选择面或［放弃(U)/删除(R)/全部(ALL)］：

输入面编辑选项

［拉伸(E)/移动(M)/旋转(R)/偏移(O)/倾斜(T)/删除(D)/复制(C)/着色(L)/放弃(U)/退出(X)］＜退出＞：

(15) 保存(存盘)

文件→保存命令：_qsave

9.2 双 杠

双杠组合由底座、支撑杆与横杠组成,如图9-17所示。

9.2.1 底座(打印1件)

完成后如图9-21所示。

(1)创建文件

文件→新建

另存为 parallelbase.dwg

(2)长方体(制作底座基板)

绘图→实体→长方体

命令：_box

指定长方体的角点或[中心点(CE)]＜0,0,0＞：

指定角点或[立方体(C)/长度(L)]：50,16,3

（3）长方体（基板切口）

绘图→实体→长方体

命令：_box

指定长方体的角点或[中心点(CE)]＜0,0,0＞：

4,4,0

指定角点或[立方体(C)/长度(L)]：46,12,3

（4）差集（基板中间开口。先选择基板长方体，再
选择开口长方体，如图 9-18 所示）

图 9-17　双杠

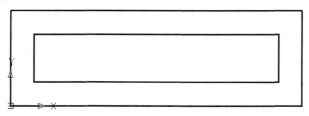

图 9-18　开口后的底座基板

修改→实体编辑→差集

命令：_subtract 选择要从中减去的实体或面域...

选择对象：找到 1 个

选择对象：

选择要减去的实体或面域...

选择对象：找到 1 个

（5）东北等轴测（转换视角，便于做切角操作）

视图→三维视图→东北等轴测

命令：_-view 输入选项

[? /分类(C)/图层状态(A)/正交(O)/删除(D)/恢复(R)/保存(S)/UCS
(U)/窗口(W)]：_neiso

正在重生成模型。

（6）圆角（给基板倒圆角，分别选择顶面与内外侧面的边角，如图 9-19 所示）

修改→圆角

命令：_fillet

当前设置：模式 ＝ 修剪，半径 ＝ 0.0

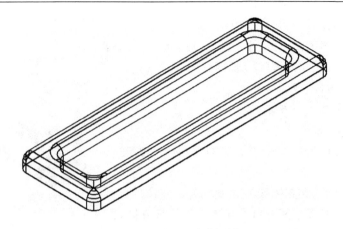

图 9-19　底座基板倒圆角

选择第一个对象或[放弃(U)/多段线(P)/半径(R)/修剪(T)/多个(M)]:

输入圆角半径:1.5

选择边或[链(C)/半径(R)]:

选择边或[链(C)/半径(R)]:

选择边或[链(C)/半径(R)]:

选择边或[链(C)/半径(R)]:

选择边或[链(C)/半径(R)]:

选择边或[链(C)/半径(R)]:

选择边或[链(C)/半径(R)]:

选择边或[链(C)/半径(R)]:

选择边或[链(C)/半径(R)]:

选择边或[链(C)/半径(R)]:

选择边或[链(C)/半径(R)]:

选择边或[链(C)/半径(R)]:

选择边或[链(C)/半径(R)]:

选择边或[链(C)/半径(R)]:

选择边或[链(C)/半径(R)]:

选择边或[链(C)/半径(R)]:

已选定 16 个边用于圆角。

(7) 圆柱体(制作台柱)

绘图→实体→圆柱体

命令:_cylinder

当前线框密度:ISOLINES=4

指定圆柱体底面的中心点或[椭圆(E)]<0,0,0>：2,2,0

指定圆柱体底面的半径或[直径(D)]：2

指定圆柱体高度或[另一个圆心(C)]：20

(8) 圆柱体(制作台柱中孔)

绘图→实体→圆柱体

命令：_cylinder

当前线框密度：ISOLINES＝4

指定圆柱体底面的中心点或[椭圆(E)]<0,0,0>：2,2,10

指定圆柱体底面的半径或[直径(D)]：1

指定圆柱体高度或[另一个圆心(C)]：10

(9)差集(台柱挖孔,如图 9－20 所示)

修改→实体编辑→差集

命令：_subtract 选择要从中减去的实体或面域…

选择对象：找到 1 个

选择对象：

选择要减去的实体或面域…

选择对象：找到 1 个

(10) 复制(复制至 4 个台柱)

修改→复制

命令：_copy

选择对象：找到 1 个

选择对象：

指定基点或[位移(D)]<位移>：2,2,0

指定第二个点或 <使用第一个点作为位移>：48,2,0

指定第二个点或[退出(E)/放弃(U)]<退出>：2,14,0

指定第二个点或[退出(E)/放弃(U)]<退出>：48,14,0

指定第二个点或[退出(E)/放弃(U)]<退出>：

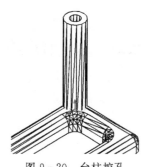

图 9－20　台柱挖孔

(11) 并集(将基板与台柱合并成一个实体。操作时分别选取基板和四个台柱)

修改→实体编辑→并集

命令：_union

选择对象：指定对角点：找到 1 个

选择对象：找到 1 个,总计 2 个

选择对象：找到 1 个,总计 3 个

选择对象：找到 1 个,总计 4 个

选择对象：找到 1 个,总计 5 个

(12)体着色(赋予实体色彩,如图 9-21 所示)

视图→着色→体着色

命令：_shademode 当前模式：二维线框

输入选项

［二维线框(2D)/三维线框(3D)/消隐(H)/平面着色(F)/体着色(G)/带边框平面着色(L)/带边框体着色(O)］＜二维线框＞：_g

(13) 保存(存盘)

文件→保存

命令：_qsave

图 9-21　底座

9.2.2　支撑杆(打印 4 件)

完成后如图 9-23 所示。

(1)创建文件

文件→新建

另存为 parallelbar. dwg

(2)圆柱体(制作支撑杆主体)

绘图→实体→圆柱体

命令：_cylinder

当前线框密度：ISOLINES＝4

指定圆柱体底面的中心点或［椭圆(E)］＜0,0,0＞：

指定圆柱体底面的半径或［直径(D)］：1

指定圆柱体高度或［另一个圆心(C)］：20

(3) 东北等轴测(转换视角,便于做切角操作)

视图→三维视图→东北等轴测

命令：_- view 输入选项

［? /分类(C)/图层状态(A)/正交(O)/删除(D)/恢复(R)/保存(S)/UCS(U)/窗口(W)］：_neiso

正在重生成模型。

(4)倒角(支撑杆下端做倒角)

修改→倒角

命令：_chamfer

（"修剪"模式）当前倒角距离 1 ＝ 0.0,距离 2 ＝ 0.0

选择第一条直线或［放弃(U)/多段线(P)/距离(D)/角度(A)/修剪(T)/方式(E)/多个(M)］：

基面选择...

指定基面的倒角距离：0.3

指定其他曲面的倒角距离 ＜0.3＞：

选择边或［环(L)］：选择边或［环(L)］：

（5）主视（转换视角）

视图→三维视图→主视

命令：_－view 输入选项

［? /分类(C)/图层状态(A)/正交(O)/删除(D)/恢复(R)/保存(S)/UCS(U)/窗口(W)］：_front

正在重生成模型。

（6）圆柱体（制作支撑杆顶端横向圆柱）

绘图→实体→圆柱体

命令：_cylinder

当前线框密度：ISOLINES＝4

指定圆柱体底面的中心点或［椭圆(E)］＜0,0,0＞：0,20,－1.5

指定圆柱体底面的半径或［直径(D)］：1

指定圆柱体高度或［另一个圆心(C)］：3

（7）东北等轴测（转换视角，便于做切角操作）

视图→三维视图→东北等轴测

命令：_－view 输入选项

［? /分类(C)/图层状态(A)/正交(O)/删除(D)/恢复(R)/保存(S)/UCS(U)/窗口(W)］：_neiso

正在重生成模型。

（8）倒角（横向圆柱两端做倒角,如图 9－22 所示）

修改→倒角

命令：_chamfer

（"修剪"模式）当前倒角距离 1 ＝ 0.3,距离 2 ＝ 0.3

选择第一条直线或［放弃(U)/多段线(P)/距离(D)/角度(A)/修剪(T)/方式(E)/多个(M)］：

基面选择...

输入曲面选择选项［下一个(N)/当前(OK)］＜当前＞：

指定基面的倒角距离 <0.3>：

指定其他曲面的倒角距离 <0.3>：

选择边或[环(L)]：选择边或[环(L)]：

命令：CHAMFER

("修剪"模式) 当前倒角距离 1 = 0.3,距离 2 = 0.3

选择第一条直线或[放弃(U)/多段线(P)/距离(D)/角度(A)/修剪(T)/方式(E)/多个(M)]：

基面选择...

输入曲面选择选项[下一个(N)/当前(OK)] <当前>：

指定基面的倒角距离 <0.3>：

指定其他曲面的倒角距离 <0.3>：

选择边或[环(L)]：选择边或[环(L)]：

(9)并集(将支撑杆与横向圆柱合并为一个实体)

修改→实体编辑→并集

命令：_union

选择对象：找到 1 个

选择对象：找到 1 个,总计 2 个

图 9-22　做圆角

(10) 主视(转换视角,便于制作切孔)

视图→三维视图→主视

命令：_- view 输入选项

[? /分类(C)/图层状态(A)/正交(O)/删除(D)/恢复(R)/保存(S)/UCS(U)/窗口(W)]：_front

正在重生成模型。

(11) 圆柱体(制作支撑杆顶端横向圆柱圆孔)

绘图→实体→圆柱体

命令：_cylinder

当前线框密度：ISOLINES=4

指定圆柱体底面的中心点或[椭圆(E)] <0,0,0>：0,20,-1.5

指定圆柱体底面的半径或[直径(D)]：0.5

指定圆柱体高度或[另一个圆心(C)]：3

(12)差集(横向圆柱切孔。操作时先选取支撑杆主体,再选择横向小圆柱)

修改→实体编辑→差集

命令：_subtract 选择要从中减去的实体或面域...

选择对象：找到 1 个

选择对象：

选择要减去的实体或面域 …

选择对象：找到 1 个

(13) 东北等轴测（转换视角）

视图→三维视图→东北等轴测

命令：_- view 输入选项

［? /分类(C)/图层状态(A)/正交(O)/删除(D)/恢复(R)/保存(S)/UCS (U)/窗口(W)]：_neiso

正在重生成模型。

(14) 体着色（赋予实体色彩，如图 9 - 23 所示）

视图→着色→体着色

命令：_shademode 当前模式：二维线框

输入选项

［二维线框(2D)/三维线框(3D)/消隐(H)/平面着色(F)/ 体着色(G)/带边框平面着色(L)/带边框体着色(O)] ＜二维线 框＞：_g

(15) 保存（存盘）

文件→保存

命令：_qsave

9.2.3 横杠（打印 2 件）

完成后如图 9 - 24 所示。

(1)创建文件

文件→新建

另存为 parallelwooden. dwg

(2)主视

视图→三维视图→主视

命令：_- view 输入选项

［? /分类(C)/图层状态(A)/正交(O)/删除(D)/恢复(R)/保存(S)/UCS (U)/窗口(W)]：_front

正在重生成模型。

(3) 圆柱体（制作横杠主体）

绘图→实体→圆柱体

命令：_cylinder

图 9 - 23 支撑杆

当前线框密度：ISOLINES＝4

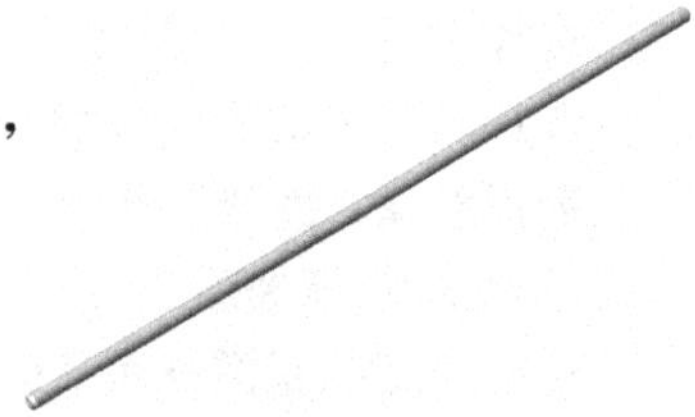

指定圆柱体底面的中心点或[椭圆(E)]＜0,0,
0＞：

指定圆柱体底面的半径或[直径(D)]：0.5

指定圆柱体高度或[另一个圆心(C)]：56

(4)西北等轴测(转换视角)

图 9-24　横杠

视图→三维视图→西北等轴测

命令：_ - view 输入选项

[? /分类(C)/图层状态(A)/正交(O)/删除(D)/恢复(R)/保存(S)/UCS
(U)/窗口(W)]：_nwiso

正在重生成模型。

(5) 倒角(两端做倒角,如图 9-25 所示)

修改→倒角

命令：_chamfer

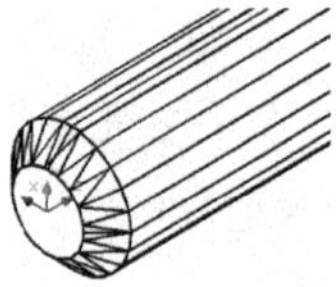

("修剪"模式) 当前倒角距离 1 = 0.0,距离 2 = 0.0

选择第一条直线或[放弃(U)/多段线(P)/距离(D)/角度
(A)/修剪(T)/方式(E)/多个(M)]：

图 9-25　倒角

基面选择...

指定基面的倒角距离：0.2

指定其他曲面的倒角距离 ＜0.2＞：

选择边或[环(L)]：选择边或[环(L)]：选择边或[环(L)]

(6)体着色(赋予实体色彩)

视图→着色→体着色

命令：_shademode 当前模式：二维线框

输入选项

[二维线框(2D)/三维线框(3D)/消隐(H)/平面着色(F)/体着色(G)/带边框
平面着色(L)/带边框体着色(O)]＜二维线框＞：_g

(7) 保存(存盘)

文件→保存

命令：_qsave

第 10 章　文化用品

本章通过制作一组文化用品组件,学习造型的方法和技巧。用 3D 打印后可直接装配。

10.1　图　章

图章组合由图章面、图章体、印泥盒体、印泥盒盖与印泥组成,如图 10 - 1 所示。

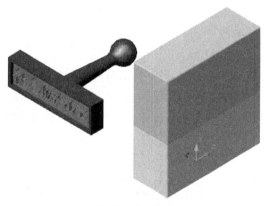

图 10 - 1　图章

10.1.1　图章面(打印 1 件)

完成后如图 10 - 4 所示。

(1)创建文件

文件→新建

另存为 stampdrawing. dwg

(2)矩形(构建字板拉伸截面图形)

绘图→矩形

命令:_rectang

指定第一个角点或[倒角(C)/标高(E)/圆角(F)/厚度(T)/宽度(W)]:0,0

指定另一个角点或[面积(A)/尺寸(D)/旋转(R)]:32,8

(3) 面域(构成面域)

绘图→面域

命令:_region

选择对象:找到 1 个

选择对象:

已提取 1 个环。

已创建 1 个面域。

(4)拉伸(字板拉伸成型)

绘图→实体→拉伸

命令:_extrude

当前线框密度:ISOLINES=4

选择对象:找到 1 个

选择对象:

指定拉伸高度或[路径(P)]:1

指定拉伸的倾斜角度 <0>:

(5) 插入字体(在此之前先打开一个 WORD 文档,插入艺术字"江山如此多娇",复制至剪切板,然后选择性粘贴字体图元。按以下位置粘贴后,采用命令"修改→缩放"及"修改→移动"将字体修改成合适大小并摆放在字板中央。如图10-2所示)

图 10-2   插入并修改字体位置大小

编辑→选择性粘贴→AuToCAD 图元

命令:_pastespec

指定插入点:0.8,2

(6)分解(分解字体,可窗选。分解后对字体笔画进行修整,使其构成若干独立封闭线框。如图 10-3 为字体"江"的修改结果)

修改→分解

命令:_explode

选择对象:指定对角点:找到 72 个

(7)面域(将字体图形构成面域,可窗选。)

绘图→面域

命令：_region

选择对象：指定对角点：找到 41 个

选择对象：

已提取 41 个环。

已创建 41 个面域。

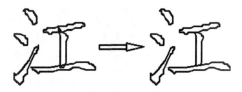

图 10-3　修整字体笔画

（8）拉伸（将字体拉伸出厚度，可窗选）

绘图→实体→拉伸体

命令：_extrude

当前线框密度：ISOLINES＝4

选择对象：指定对角点：找到 41 个

选择对象：

指定拉伸高度或［路径（P）］：－1

指定拉伸的倾斜角度 ＜0＞：

（9）并集（将字体与字板合并）

修改→实体编辑→并集

命令：_union

选择对象：找到 1 个

选择对象：

指定对角点：找到 41 个，总计 42 个

（10）体着色（赋予实体色彩，如图 10-4 所示）

视图→着色→体着色

命令：_shademode

当前模式：二维线框

输入选项［二维线框（2D）/三维线框（3D）/消隐（H）/平面着色（F）/体着色（G）/带边框平面着色（L）/带边框体着色（O）］＜二维线框＞：_g

（11）动态观察器（转换视角）

视图→三维动态观察器

命令：'_3dorbit

按 ESC 或 ENTER 键退出，或者单击鼠标右键显示快捷菜单。

（12）保存（存盘）

文件→保存

命令：_qsave

图 10 - 4   图章面

10.1.2   图章体(打印 1 件)

完成后如图 10 - 7 所示。

(1)创建文件

文件➡新建

另存为 stampbody. dwg

(2)东北等轴测

视图➡三维视图➡东北等轴测(转换视角)

命令：_ - view

输入选项[? /分类(C)/图层状态(A)/正交(O)/删除(D)/恢复(R)/保存(S)/UCS(U)/窗口(W)]：_neiso

正在重生成模型。

(3) 长方体(生成图章台板)

绘图➡实体➡长方体

命令：_box

指定长方体的角点或[中心点(CE)]<0,0,0>：- 17, - 5,0

指定角点或[立方体(C)/长度(L)]：17,5,5

(4)圆锥体(生成把杆)

绘图➡实体➡圆锥体

命令：_cone

当前线框密度：ISOLINES=4

指定圆锥体底面的中心点或[椭圆(E)]<0,0,0>：0,0,5

指定圆锥体底面的半径或[直径(D)]：3

指定圆锥体高度或[顶点(A)]：50

(5) 截切(把杆截切分开)

绘图➡实体➡截切

命令：_slice

选择对象：找到 1 个

选择对象：

指定切面上的第一个点,依照[对象(O)/Z 轴(Z)/视图(V)/XY 平面(XY)/YZ 平面(YZ)/ZX

平面(ZX)/三点(3)]<三点>：0,0,30

指定平面上的第二个点：0,5,30

指定平面上的第三个点：5,0,30

在要保留的一侧指定点或[保留两侧(B)]：b

(6)删除(删除把杆上段,如图 10-5 所示)

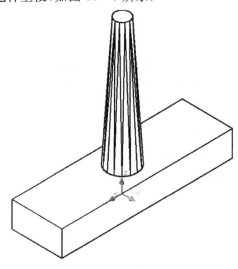

图 10-5　图章台板与把杆

修改→删除

命令：_erase

选择对象：找到 1 个

(7) 球体(生成把手,如图 10-6 所示)

绘图→实体→球体

命令：_sphere

当前线框密度：ISOLINES=4

指定球体球心 <0,0,0>：0,0,30

指定球体半径或[直径(D)]：4

(8) 并集(将台板与把杆、把手合并)

修改→实体编辑→并集

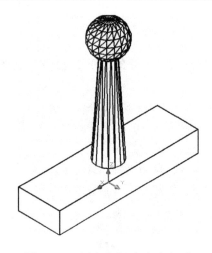

图 10 - 6　　图章台板、把杆与把手

命令：_union

选择对象：找到 1 个

选择对象：找到 1 个,总计 2 个

选择对象：找到 1 个,总计 3 个

(9)圆角(将把手与把杆连接处倒圆角)

修改→圆角

命令：_fillet

当前设置：模式 = 修剪,半径 = 0.0

选择第一个对象或[放弃(U)/多段线(P)/半径(R)/修剪(T)/多个(M)]：

输入圆角半径：3

选择边或[链(C)/半径(R)]：

选择边或[链(C)/半径(R)]：

已选定 1 个边用于圆角。

(10) 圆角(将把杆与台板连接处倒圆角)

修改→圆角

命令：_fillet

当前设置：模式 = 修剪,半径 = 3.0

选择第一个对象或[放弃(U)/多段线(P)/半径(R)/修剪(T)/多个(M)]：

输入圆角半径 <3.0>：1.5

选择边或[链(C)/半径(R)]：

选择边或[链(C)/半径(R)]：

已选定 1 个边用于圆角。

(11) 长方体(构建图章台板面深槽形体)

绘图→实体→长方体

命令:_box

指定长方体的角点或[中心点(CE)]<0,0,0>:－16,－4,0

指定角点或[立方体(C)/长度(L)]:16,4,2

(12)差集(开槽)

修改→实体编辑→差集

命令:_subtract

选择要从中减去的实体或面域...

选择对象:找到 1 个

选择对象:

选择要减去的实体或面域...

选择对象:找到 1 个

(13) 体着色(赋予实体色彩,如图 10－7 所示)

视图→着色→体着色

命令:_shademode

当前模式:二维线框

输入选项[二维线框(2D)/三维线框(3D)/消隐(H)/平面着色(F)/体着色(G)/带边框平面着色(L)/带边框体着色(O)]<二维线框>:_g

(14)保存(存盘)

文件→保存

命令:_qsave

10.1.3　印泥盒体(打印 1 件)

完成后如图 10－10 所示。

(1)创建文件

文件→新建

另存为 stampbox.dwg

(2)东北等轴测(转换视角)

视图→三维视图→东北等轴测

命令:_－view

输入选项[? /分类(C)/图层状态(A)/正交(O)/删除(D)/恢复(R)/保存

图 10－7　图章体

（S）/UCS（U）/窗口（W）］：_neiso

正在重生成模型。

（3）长方体（生成盒体外形）

绘图→三维实体→长方体

命令：_box

指定长方体的角点或［中心点（CE）］＜0,0,0＞：−19,−7,0

指定角点或［立方体（C）/长度（L）］：19,7,18

（4）抽壳（生成内腔，如图 10-8 所示）

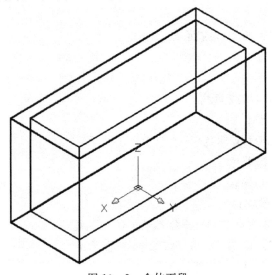

图 10-8　盒体下段

修改→实体编辑→抽壳

命令：_solidedit

实体编辑自动检查：　SOLIDCHECK＝1

输入实体编辑选项［面（F）/边（E）/体（B）/放弃（U）/退出（X）］＜退出＞：_body

输入体编辑选项

［压印（I）/分割实体（P）/抽壳（S）/清除（L）/检查（C）/放弃（U）/退出（X）］＜退出＞：_shell

选择三维实体：

删除面或［放弃（U）/添加（A）/全部（ALL）］：找到一个面，已删除 1 个。

删除面或［放弃（U）/添加（A）/全部（ALL）］：

输入抽壳偏移距离：2

已开始实体校验。

已完成实体校验。

(5) 长方体(生成盒体上段外形)

绘图→三维实体→长方体

命令：_box

指定长方体的角点或[中心点(CE)]＜0,0,0＞：−18,−6,18

指定角点或[立方体(C)/长度(L)]：18,6,28

(6)长方体(生成盒体上段内腔区域)

绘图→三维实体→长方体

命令：_box

指定长方体的角点或[中心点(CE)]＜0,0,0＞：−17,−5,18

指定角点或[立方体(C)/长度(L)]：17,5,28

(7) 差集(盒体上段开出空腔)

修改→实体编辑→差集

命令：_subtract

选择要从中减去的实体或面域...

选择对象：找到 1 个

选择对象：

选择要减去的实体或面域 ...

选择对象：找到 1 个

(8)并集(盒体上下段合并,如图 10 − 9 所示)

修改→实体编辑→并集

命令：_union

选择对象：找到 1 个

选择对象：找到 1 个,总计 2 个

(9)圆角(外侧四边倒圆角,操作时可旋转视图选取目标)

修改→圆角

命令：_fillet

当前设置：模式 ＝ 修剪,半径 ＝ 0.0

选择第一个对象或[放弃(U)/多段线(P)/半径(R)/修剪(T)/多个(M)]：

输入圆角半径：0.5

选择边或[链(C)/半径(R)]：

已拾取到边。

选择边或[链(C)/半径(R)]：

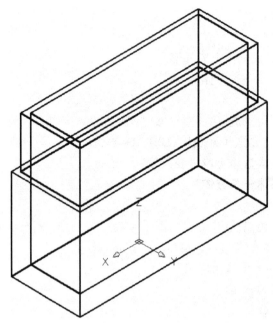

图 10-9 盒体成型

选择边或［链(C)/半径(R)］：'_3dorbit 按 ESC 或 ENTER
键退出，或者单击鼠标右键显示快捷菜单。

正在重生成模型。

正在恢复执行 FILLET 命令。

选择边或［链(C)/半径(R)］：

选择边或［链(C)/半径(R)］：'_3dorbit 按 ESC 或 ENTER
键退出，或者单击鼠标右键显示快捷菜单。

正在重生成模型。

正在恢复执行 FILLET 命令。

选择边或［链(C)/半径(R)］：

选择边或［链(C)/半径(R)］：

已选定 4 个边用于圆角。

(10) 倒角(上端外边角做倒角)

修改→倒角

命令：_chamfer

("修剪"模式) 当前倒角距离 1 = 0.0,距离 2 = 0.0

选择第一条直线或［放弃(U)/多段线(P)/距离(D)/角度(A)/修剪(T)/方式

（E）/多个（M）］：

　　基面选择...

　　输入曲面选择选项［下一个（N）/当前（OK）］＜当前＞：

　　指定基面的倒角距离：0.5

　　指定其他曲面的倒角距离 ＜0.5＞：

　　选择边或［环（L）］：选择边或［环（L）］：

　　命令：CHAMFER

　　（"修剪"模式）当前倒角距离 1 ＝ 0.5,距离 2 ＝ 0.5

　　选择第一条直线或［放弃（U）/多段线（P）/距离（D）/角度（A）/修剪（T）/方式

（E）/多个（M）］：

　　基面选择...

　　输入曲面选择选项［下一个（N）/当前（OK）］＜当前＞：

　　指定基面的倒角距离 ＜0.5＞：

　　指定其他曲面的倒角距离 ＜0.5＞：

　　选择边或［环（L）］：选择边或［环（L）］：

　　命令：CHAMFER

　　（"修剪"模式）当前倒角距离 1 ＝ 0.5,距离 2 ＝ 0.5

　　选择第一条直线或［放弃（U）/多段线（P）/距离（D）/角度（A）/修剪（T）/方式

（E）/多个（M）］：

　　基面选择...

　　输入曲面选择选项［下一个（N）/当前（OK）］＜当前＞：

　　指定基面的倒角距离 ＜0.5＞：

　　指定其他曲面的倒角距离 ＜0.5＞：

　　选择边或［环（L）］：选择边或［环（L）］：

　　命令：CHAMFER

　　（"修剪"模式）当前倒角距离 1 ＝ 0.5,距离 2 ＝ 0.5

　　选择第一条直线或［放弃（U）/多段线（P）/距离（D）/角度（A）/修剪（T）/方式

（E）/多个（M）］：

　　基面选择...

　　输入曲面选择选项［下一个（N）/当前（OK）］＜当前＞：

　　指定基面的倒角距离 ＜0.5＞：

　　指定其他曲面的倒角距离 ＜0.5＞：

　　选择边或［环（L）］：选择边或［环（L）］：

　　（11）体着色（赋予实体色彩,如图 10 - 10 所示）

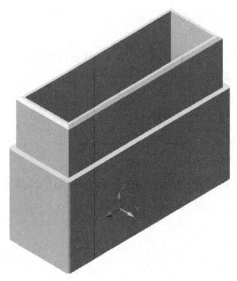

图 10 - 10　印泥盒体

视图→着色→体着色

命令：_shademode

当前模式：二维线框

输入选项［二维线框（2D）/三维线框（3D）/消隐（H）/平面着色（F）/体着色（G）/带边框平面着色（L）/带边框体着色（O）］＜二维线框＞：_g

(12)保存(存盘)

文件→保存

命令：_qsave

10.1.4　印泥盒盖(打印 1 件)

完成后如图 10 - 12 所示。

(1)创建文件

文件→新建

另存为 stamplid.dwg

(2)东北等轴测(转换视角)

视图→三维视图→东北等轴测

命令：_ - view

输入选项［? /分类（C）/图层状态（A）/正交（O）/删除（D）/恢复（R）/保存（S）/UCS（U）/窗口（W）］：_neiso

正在重生成模型。

（3）长方体（生成盒盖外形）

绘图→三维实体→长方体

命令：_box

指定长方体的角点或［中心点（CE）］＜0,0,0＞：－19,－7,0

指定角点或［立方体（C）/长度（L）］：19,7,22

（4）抽壳（生成内腔，如图 10－11 所示）

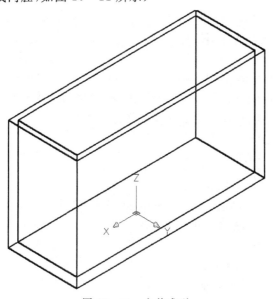

图 10－11　盒盖成型

修改→实体编辑→抽壳

命令：_solidedit

实体编辑自动检查：　SOLIDCHECK＝1

输入实体编辑选项［面（F）/边（E）/体（B）/放弃（U）/退出（X）］＜退出＞：
_body

输入体编辑选项

［压印（I）/分割实体（P）/抽壳（S）/清除（L）/检查（C）/放弃（U）/退出（X）］
＜退出＞：_shell

选择三维实体：

删除面或［放弃（U）/添加（A）/全部（ALL）］：找到一个面,已删除 1 个。

删除面或［放弃（U）/添加（A）/全部（ALL）］：

输入抽壳偏移距离：1

已开始实体校验。

已完成实体校验。

(5) 圆角(外侧四边倒圆角,操作时可旋转视图选取目标)

修改→圆角

命令:_fillet

当前设置:模式 = 修剪,半径 = 0.0

选择第一个对象或[放弃(U)/多段线(P)/半径(R)/修剪(T)/多个(M)]:

输入圆角半径:0.5

选择边或[链(C)/半径(R)]:

已拾取到边。

选择边或[链(C)/半径(R)]:

选择边或[链(C)/半径(R)]:'_3dorbit 按 ESC 或 ENTER

键退出,或者单击鼠标右键显示快捷菜单。

正在重生成模型。

正在恢复执行 FILLET 命令。

选择边或[链(C)/半径(R)]:

选择边或[链(C)/半径(R)]:'_3dorbit 按 ESC 或 ENTER

键退出,或者单击鼠标右键显示快捷菜单。

正在重生成模型。

正在恢复执行 FILLET 命令。

选择边或[链(C)/半径(R)]:

选择边或[链(C)/半径(R)]:

已选定 4 个边用于圆角。

(6) 圆角(底端四个边倒圆角)

修改→圆角

命令:_fillet

当前设置:模式 = 修剪,半径 = 0.5

选择第一个对象或[放弃(U)/多段线(P)/半径(R)/修剪(T)/多个(M)]:

输入圆角半径 <0.5>:

选择边或[链(C)/半径(R)]:

已拾取到边。

选择边或[链(C)/半径(R)]:

选择边或[链(C)/半径(R)]:'_3dorbit 按 ESC 或 ENTER

键退出,或者单击鼠标右键显示快捷菜单。

正在重生成模型。

正在恢复执行 FILLET 命令。

选择边或[链(C)/半径(R)]：

选择边或[链(C)/半径(R)]：

选择边或[链(C)/半径(R)]：

已选定 4 个边用于圆角。

（7）体着色（赋予实体色彩，如图 10 - 12 所示）

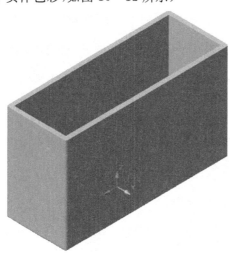

图 10 - 12　印泥盒盖

视图→着色→体着色

命令：_shademode 当前模式：二维线框

输入选项

[二维线框(2D)/三维线框(3D)/消隐(H)/平面着色(F)/体着色(G)/带边框平面着色(L)/带边框体着色(O)]＜二维线框＞：_g

（8）保存（存盘）

文件→保存

命令：_qsave

10.1.5　印泥（打印 1 件）

完成后如图 10 - 13 所示。

（1）创建文件

文件→新建

另存为 stampinkpad. dwg

（2）东北等轴测（转换视角）

视图→三维视图→东北等轴测

命令：_ – view

输入选项［? /分类（C）/图层状态（A）/正交（O）/删除（D）/恢复（R）/保存（S）/UCS（U）/窗口（W）］：_neiso

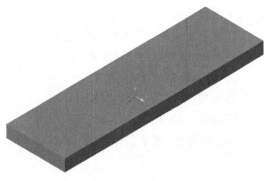

图 10 - 13　印泥

正在重生成模型。

（3）长方体（生成印泥）

绘图→三维实体→长方体

命令：_box

指定长方体的角点或［中心点（CE）］＜0,0,0＞：－17,－5,0

指定角点或［立方体（C）/长度（L）］：17,5,2

（4）体着色（赋予实体色彩）

视图→着色→体着色

命令：_shademode

当前模式：二维线框

输入选项［二维线框（2D）/三维线框（3D）/消隐（H）/平面着色（F）/体着色（G）/带边框平面着色（L）/带边框体着色（O）］＜二维线框＞：_g

（5）保存（存盘）

文件→保存

命令：_qsave

10.2　五角星雕像

五角星雕像组合由五角星像、雕像塔台与雕像塔台基座组成，如图 10 - 14 所示。

10.2.1　五角星像（打印 1 件）

完成后如图 10 - 18 所示。

（1）创建文件

文件→新建

另存为 statuepentagram. dwg

（2）正多边形（绘制正五边形）

绘图→正多边形

命令：_polygon 输入边的数目＜4＞：5

指定正多边形的中心点或［边（E）］：0,0

输入选项［内接于圆（I）/外切于圆（C）］＜I＞：

指定圆的半径：10

（3）直线（五边形五个角点隔一个点分别相连，构成五角星）

绘图→直线

命令：_line 指定第一点：　＜对象捕捉 开＞

指定下一点或［放弃（U）］：

指定下一点或［放弃（U）］：

指定下一点或［闭合（C）/放弃（U）］：

指定下一点或［闭合（C）/放弃（U）］：

指定下一点或［闭合（C）/放弃（U）］：

指定下一点或［闭合（C）/放弃（U）］：

（4）删除（删去五边形）

图 10 - 14　五角星雕像

修改→删除

命令：_erase

选择对象：找到 1 个

（5）剪切（剪去五角星图形内中间连线，构成单一封闭图形。如图 10 - 15 所示）

修改→剪切

命令：_trim

当前设置：投影＝UCS,边＝无

选择剪切边...

选择对象或＜全部选择＞：　找到 1 个

选择对象：找到 1 个,总计 2 个

选择对象：找到 1 个,总计 3 个

选择对象：找到 1 个,总计 4 个

选择对象：找到 1 个,总计 5 个

选择对象：

选择要修剪的对象,或按住 Shift 键选择要延伸的对象,或

图 10 - 15　五角星

［栏选（F）/窗交（C）/投影（P）/边（E）/删除（R）/放弃（U）］：

选择要修剪的对象，或按住 Shift 键选择要延伸的对象，或［栏选（F）/窗交（C）/投影（P）/边（E）/删除（R）/放弃（U）］：

选择要修剪的对象，或按住 Shift 键选择要延伸的对象，或［栏选（F）/窗交（C）/投影（P）/边（E）/删除（R）/放弃（U）］：

选择要修剪的对象，或按住 Shift 键选择要延伸的对象，或［栏选（F）/窗交（C）/投影（P）/边（E）/删除（R）/放弃（U）］：

选择要修剪的对象，或按住 Shift 键选择要延伸的对象，或［栏选（F）/窗交（C）/投影（P）/边（E）/删除（R）/放弃（U）］：

选择要修剪的对象，或按住 Shift 键选择要延伸的对象，或［栏选（F）/窗交（C）/投影（P）/边（E）/删除（R）/放弃（U）］：

（6）面域（构建面域）

绘图→面域

命令：_region

选择对象：指定对角点：找到 10 个

选择对象：

已提取 1 个环。

已创建 1 个面域。

（7）拉伸（拉伸赋予厚度）

绘图→实体→拉伸

命令：_extrude

当前线框密度：ISOLINES＝4

选择对象：找到 1 个

选择对象：找到 1 个，总计 2 个

选择对象：

指定拉伸高度或［路径（P）］：6

指定拉伸的倾斜角度 ＜0＞：

（8）圆（画出外圈圆）

绘图→圆

命令：_circle 指定圆的圆心或［三点（3P）/两点（2P）/相切、相切、半径（T）］：0,0

指定圆的半径或［直径（D）］：10.5

（9）面域（将外圈内区域构成面域）

绘图→面域

命令：_region

选择对象：找到 1 个

选择对象：

已提取 1 个环。

已创建 1 个面域。

(10) 拉伸（构成外圈圆柱）

绘图→实体→拉伸

命令：_extrude

当前线框密度：ISOLINES＝4

选择对象：找到 1 个

选择对象：

指定拉伸高度或［路径(P)］：6

指定拉伸的倾斜角度 ＜0＞：

(11) 长方体（构建插条）

绘图→实体→长方体

命令：_box

指定长方体的角点或［中心点(CE)］＜0,0,0＞：－3，－14.5,2

指定角点或［立方体(C)/长度(L)］：3,0,4

(12)并集（将外圈圆柱与插条合并，如图 10-16 所示）

修改→实体编辑→并集

命令：_union

选择对象：找到 1 个

选择对象：找到 1 个,总计 2 个

(13) 圆（画出内圈圆）

绘图→圆

命令：_circle 指定圆的圆心或［三点(3P)/两点(2P)/相切、相切、半径(T)］：0,0

指定圆的半径或［直径(D)］＜10.5＞：9.5

(14) 面域（将内圈内区域构成面域）

绘图→面域

命令：_region

选择对象：找到 1 个

选择对象：

已提取 1 个环。

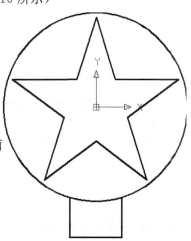

图 10-16　外圈圆柱与插条合并

已创建 1 个面域。

(15) 拉伸(构成内圈圆柱)

绘图→实体→拉伸

命令：_extrude

当前线框密度：ISOLINES＝4

选择对象：找到 1 个

选择对象：

指定拉伸高度或[路径(P)]：6

指定拉伸的倾斜角度 ＜0＞：

(16)差集(外圈实体减去内圈实体,构成圆环。如图 10-17 所示)

修改→实体编辑→差集

命令：_subtract 选择要从中减去的实体或面域…

选择对象：找到 1 个

选择对象：

选择要减去的实体或面域 …

选择对象：找到 1 个

(17)并集(将圆环与五角星合并)

修改→实体编辑→并集

命令：_union

选择对象：找到 1 个

选择对象：找到 1 个,总计 2 个

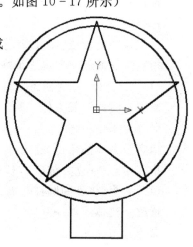

图 10-17　构成圆环

(18) 东北等轴测(转换视角)

视图→三维视图→东南等轴测

命令：_-view 输入选项

[? /分类(C)/图层状态(A)/正交(O)/删除(D)/恢复(R)/保存(S)/UCS(U)/窗口(W)]：_seiso

正在重生成模型。

(19) 体着色(赋予实体色彩,如图 10-18 所示)

视图→着色→体着色

命令：_shademode 当前模式：二维线框

输入选项

[二维线框(2D)/三维线框(3D)/消隐(H)/平面着色(F)/体着色(G)/带边框平面着色(L)/带边框体着色(O)] ＜二维线框＞：_g

（20）保存（存盘）

文件→保存

命令：_qsave

10.2.2　雕像塔台（打印 1 件）

完成后如图 10 - 21 所示。

（1）创建文件

文件→新建

另存为 statuetower. dwg

（2）东北等轴测（转换视角）

视图→三维视图→东北等轴测

命令：_ - view 输入选项

［? /分类（C）/图层状态（A）/正交（O）/删除（D）/恢复（R）/保存（S）/UCS（U）/窗口（W）］：_neiso

正在重生成模型。

（3）圆锥体（构建塔台初始外形）

绘图→实体→圆锥体

命令：_cone

当前线框密度：ISOLINES=4

指定圆锥体底面的中心点或［椭圆（E）］＜0,0,0＞：

指定圆锥体底面的半径或［直径（D）］：10

指定圆锥体高度或［顶点（A）］：120

（4）截切（切断保留下段，如图 10 - 19 所示）

绘图→实体→截切

命令：_slice

选择对象：找到 1 个

选择对象：

指定切面上的第一个点，依照［对象（O）/Z 轴（Z）/视图（V）/XY 平面（XY）/YZ 平面（YZ）/ZX 平面（ZX）/三点（3）］＜三点＞：0,0,60

指定平面上的第二个点：0,10,60

指定平面上的第三个点：10,0,60

在要保留的一侧指定点或［保留两侧（B）］：

（5）截切（四周切边保留中段，如图 10 - 20 所示）

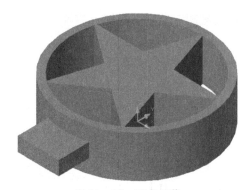

图 10 - 18　五角星像

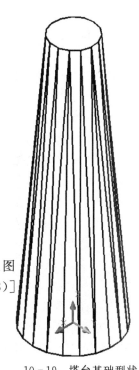

10 - 19　塔台基础型状

绘图→实体→截切

命令：_slice

选择对象：找到 1 个

选择对象：

指定切面上的第一个点，依照[对象(O)/Z 轴(Z)/视图(V)/XY 平面(XY)/YZ 平面(YZ)/ZX 平面(ZX)/三点(3)]＜三点＞：−6,0,0

指定平面上的第二个点：−6,10,0

指定平面上的第三个点：−6,0,30

在要保留的一侧指定点或[保留两侧(B)]：

命令:SLICE

选择对象：找到 1 个

选择对象：

指定切面上的第一个点，依照[对象(O)/Z 轴(Z)/视图(V)/XY 平面(XY)/YZ 平面(YZ)/ZX 平面(ZX)/三点(3)]＜三点＞：6,0,0

指定平面上的第二个点：6,10,0

指定平面上的第三个点：6,0,30

在要保留的一侧指定点或[保留两侧(B)]：

命令:SLICE

选择对象：找到 1 个

选择对象：

指定切面上的第一个点，依照[对象(O)/Z 轴(Z)/视图(V)/XY 平面(XY)/YZ 平面(YZ)/ZX 平面(ZX)/三点(3)]＜三点＞：0,6,0

指定平面上的第二个点：10,6,0

指定平面上的第三个点：0,6,30

在要保留的一侧指定点或[保留两侧(B)]：

命令:SLICE

选择对象：找到 1 个

选择对象：

指定切面上的第一个点，依照[对象(O)/Z 轴(Z)/视图(V)/XY 平面(XY)/YZ 平面(YZ)/ZX 平面(ZX)/三点(3)]＜三点＞：0,−6,0

指定平面上的第二个点：10,−6,0

指定平面上的第三个点：0,−6,30

图 10-20   四周切边

在要保留的一侧指定点或［保留两侧（B）］：

（6）长方体（顶部开槽区域）

绘图→实体→长方体

命令：_box

指定长方体的角点或［中心点（CE）］＜0,0,0＞：－3,－1,56

指定角点或［立方体（C）/长度（L）］：3,1,60

（7）差集（开槽）

修改→实体编辑→差集

命令：_subtract 选择要从中减去的实体或面域…

选择对象：找到 1 个

选择对象：

选择要减去的实体或面域…

选择对象：找到 1 个

（8）仰视（转换视角）

视图→三维视图→仰视

命令：_－view

输入选项［？/分类（C）/图层状态（A）/正交（O）/删除（D）/恢复（R）/保存（S）/UCS（U）/窗口（W）］：_bottom

正在重生成模型。

（9）抽壳（内部挖空）

修改→实体编辑→抽壳

命令：_solidedit

实体编辑自动检查：　SOLIDCHECK＝1

输入实体编辑选项［面（F）/边（E）/体（B）/放弃（U）/退出（X）］＜退出＞：_body

输入体编辑选项

［压印（I）/分割实体（P）/抽壳（S）/清除（L）/检查（C）/放弃（U）/退出（X）］＜退出＞：_shell

选择三维实体：

删除面或［放弃（U）/添加（A）/全部（ALL）］：找到一个面,已删除 1 个。

删除面或［放弃（U）/添加（A）/全部（ALL）］：

输入抽壳偏移距离：2

已开始实体校验。

已完成实体校验。

（10）俯视（转换视角）

视图→三维视图→俯视

命令：_ - view

输入选项[？/分类（C）/图层状态（A）/正交（O）/删除（D）/恢复（R）/保存（S）/UCS（U）/窗口（W）]：_top

正在重生成模型。

（11）体着色（赋予实体色彩）

视图→着色→体着色

命令：_shademode

当前模式：二维线框

输入选项[二维线框（2D）/三维线框（3D）/消隐（H）/平面着色（F）/体着色（G）/带边框平面着色（L）/带边框体着色（O）]＜二维线框＞：_g

（12）东北等轴测（转换视角。如图 10 - 21 所示）

视图→三维视图→东北等轴测

命令：_ - view

输入选项[？/分类（C）/图层状态（A）/正交（O）/删除（D）/恢复（R）/保存（S）/UCS（U）/窗口（W）]：_neiso

正在重生成模型。

（13）保存（存盘）

文件→保存

命令：_qsave

图 10 - 21　雕像塔台

10.2.3　雕像塔台基座（打印 1 件）

完成后如图 10 - 23 所示。

（1）创建文件

文件→新建

另存为 statuebase. dwg

（2）东北等轴测（转换视角）

视图→三维视图→东北等轴测

命令：_ - view 输入选项

[？/分类（C）/图层状态（A）/正交（O）/删除（D）/恢复（R）/保存（S）/UCS（U）/窗口（W）]：_neiso

正在重生成模型。

（3）圆柱体（构建基座外形）

绘图→实体→圆柱体

命令：_cylinder

当前线框密度：ISOLINES＝4

指定圆柱体底面的中心点或[椭圆(E)]＜0,0,0＞：

指定圆柱体底面的半径或[直径(D)]：10

指定圆柱体高度或[另一个圆心(C)]：6

(4)圆角(顶面边沿做圆角,如图 10-22 所示)

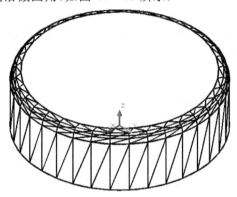

图 10-22　顶面倒圆角

修改→圆角

命令：_fillet

当前设置：模式 ＝ 修剪,半径 ＝ 0.0

选择第一个对象或[放弃(U)/多段线(P)/半径(R)/修剪(T)/多个(M)]：

输入圆角半径：1

选择边或[链(C)/半径(R)]：

已选定 1 个边用于圆角。

(5) 抽壳(下底抽壳。操作时利用三维动态观察器转换视角,使其露出底面)

修改→实体编辑→抽壳

命令：_solidedit

实体编辑自动检查： SOLIDCHECK＝1

输入实体编辑选项[面(F)/边(E)/体(B)/放弃(U)/退出(X)]＜退出＞：
_body

输入体编辑选项[压印(I)/分割实体(P)/抽壳(S)/清除(L)/检查(C)/放弃
(U)/退出(X)]＜退出＞：_shell

选择三维实体：

删除面或[放弃(U)/添加(A)/全部(ALL)]：找到一个面，已删除 1 个。

删除面或[放弃(U)/添加(A)/全部(ALL)]：

输入抽壳偏移距离：2

已开始实体校验。

已完成实体校验。

(6)东北等轴测(转换视角)

视图→三维视图→东北等轴测

命令：_- view

输入选项[？/分类(C)/图层状态(A)/正交(O)/删除(D)/恢复(R)/保存(S)/UCS(U)/窗口(W)]：_neiso

正在重生成模型。

(7)长方体(构建塔台安装槽区域)

绘图→实体→长方体

命令：_box

指定长方体的角点或[中心点(CE)]<0,0,0>：−6,−6,5

指定角点或[立方体(C)/长度(L)]：6,6,6

(8)差集(顶部开槽)

修改→实体编辑→差集

命令：_subtract

选择要从中减去的实体或面域...

选择对象：找到 1 个

选择对象：

选择要减去的实体或面域...

选择对象：找到 1 个

(9)体着色(赋予实体色彩，如图 10-23 所示)

视图→着色→体着色

命令：_shademode 当前模式：二维线框

输入选项[二维线框(2D)/三维线框(3D)/消隐(H)/平面着色(F)/体着色(G)/带边框平面着色(L)/带边框体着色(O)]<二维线框>：_g

(10)保存(存盘)

文件→保存

命令：_qsave

图 10 - 23　雕像塔台基座

第11章 生活用品

本章通过制作一组生活用品组件,学习造型的方法和技巧。用 3D 打印后可直接装配。

11.1 折叠茶杯

折叠茶杯组合由茶杯套件、茶杯盒体与茶杯盒盖组成,如图 11 - 1 所示。

图 11 - 1 折叠茶杯

11.1.1 茶杯套件(打印 1 套)

完成后如图 11 - 4 所示。

(1) 创建文件

文件→新建

另存为 cupbody. dwg

(2) 圆(绘制拉伸截面图形)

绘图→圆

命令:_circle

指定圆的圆心或[三点(3P)/两点(2P)/相切、相切、半径(T)]:0,0

指定圆的半径或[直径(D)]:15

(3) 面域(构成面域)

绘图→面域

命令：_region

选择对象：找到 1 个

选择对象：

已提取 1 个环。

已创建 1 个面域。

（4）拉伸（拉伸成圆台型）

绘图→实体→拉伸

命令：_extrude

当前线框密度：ISOLINES＝4

选择对象：指定对角点：找到 1 个

选择对象：

指定拉伸高度或［路径（P）］：63

指定拉伸的倾斜角度 ＜0＞：－10

（5）抽壳（制成杯状）

修改→实体编辑→抽壳

命令：_solidedit

实体编辑自动检查：　SOLIDCHECK＝1

输入实体编辑选项［面（F）/边（E）/体（B）/放弃（U）/退出（X）］＜退出＞：_body

输入体编辑选项

［压印（I）/分割实体（P）/抽壳（S）/清除（L）/检查（C）/放弃（U）/退出（X）］＜退出＞：_shell

选择三维实体：

删除面或［放弃（U）/添加（A）/全部（ALL）］：找到一个面,已删除 1 个。

删除面或［放弃（U）/添加（A）/全部（ALL）］：

输入抽壳偏移距离：1

已开始实体校验。

已完成实体校验。

（6）复制（复制至 3 件分别放置）

修改→复制

命令：_copy

选择对象：找到 1 个

选择对象：

指定基点或［位移（D）］＜位移＞：0,0,0

指定第二个点或 <使用第一个点作为位移>：50,0,0

指定第二个点或[退出(E)/放弃(U)] <退出>：0,50,0

(7)东南等轴测(转换视角,如图 11-2 所示)

视图→三维视图→东南等轴测

命令：_-view

输入选项[? /分类(C)/图层状态(A)/正交
(O)/删除(D)/恢复(R)/保存(S)/UCS(U)/窗口
(W)]：_seiso

正在重生成模型。

(8)截切(选择一件截切保留下段)

绘图→实体→截切

命令：_slice

选择对象：找到 1 个

选择对象：

指定切面上的第一个点,依照[对象(O)/Z 轴
(Z)/视图(V)/XY 平面(XY)/YZ 平面(YZ)/ZX 平
面(ZX)/三点(3)] <三点>：0,0,23

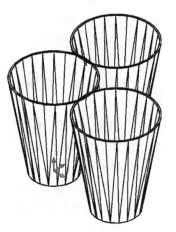

图 11-2　复制至 3 件

指定平面上的第二个点：10,0,23

指定平面上的第三个点：0,10,23

在要保留的一侧指定点或[保留两侧(B)]：

(9)截切(选择第二件截切)

绘图→实体→截切

命令：_slice

选择对象：找到 1 个

选择对象：

指定切面上的第一个点,依照[对象(O)/Z 轴(Z)/视图(V)/XY 平面(XY)/
YZ 平面(YZ)/ZX 平面(ZX)/三点(3)] <三点>：50,0,40

指定平面上的第二个点：60,0,40

指定平面上的第三个点：50,10,40

在要保留的一侧指定点或[保留两侧(B)]：b

(10)删除(删除下段)

修改→删除

命令：_erase

选择对象：找到 1 个

(11)东北等轴测(转换视角)

视图→三维视图→东北等轴测

命令：_- view 输入选项

[? /分类(C)/图层状态(A)/正交(O)/删除(D)/恢复(R)/保存(S)/UCS(U)/窗口(W)]：_neiso

正在重生成模型。

(12)截切(选择第三件做第一次截切)

绘图→实体→截切

命令：_slice

选择对象：找到 1 个

选择对象：

指定切面上的第一个点,依照[对象(O)/Z 轴(Z)/视图(V)/XY 平面(XY)/YZ 平面(YZ)/ZX 平面(ZX)/三点(3)]<三点>：0,50,20

指定平面上的第二个点：0,60,20

指定平面上的第三个点：20,50,20

在要保留的一侧指定点或[保留两侧(B)]：b

(13)删除(删除下段)

修改→删除

命令：_erase

选择对象：找到 1 个

(14)截切(选择第三件做第二次截切)

绘图→实体→截切

命令：_slice

选择对象：找到 1 个

选择对象：

指定切面上的第一个点,依照[对象(O)/Z 轴(Z)/视图(V)/XY 平面(XY)/YZ 平面(YZ)/ZX 平面(ZX)/三点(3)]<三点>：0,50,43

指定平面上的第二个点：0,60,43

指定平面上的第三个点：10,50,43

在要保留的一侧指定点或[保留两侧(B)]：b

(15)删除(删除上段,如图 11-3 所示)

修改→删除

命令：_erase

选择对象：找到 1 个

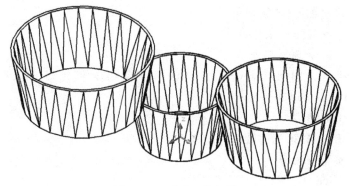

图 11-3　形成 3 件杯段

(16) 移动(分别移动第二及第三件杯段至第一件杯段所在 XY 平面)

修改→移动

命令：_move

选择对象：找到 1 个

选择对象：

指定基点或[位移(D)] <位移>：0,50,20

指定第二个点或 <使用第一个点作为位移>：0,50,0

命令：_move

选择对象：找到 1 个

选择对象：

指定基点或[位移(D)] <位移>：50,0,40

指定第二个点或 <使用第一个点作为位移>：50,0,0

(17) 倒角(对最小杯段件底部外沿做倒角)

修改→倒角

命令：_chamfer

("修剪"模式) 当前倒角距离 1 = 0.0,距离 2 = 0.0

选择第一条直线或[放弃(U)/多段线(P)/距离(D)/角度(A)/修剪(T)/方式(E)/多个(M)]：

基面选择...

输入曲面选择选项[下一个(N)/当前(OK)] <当前>：

指定基面的倒角距离：0.2

指定其他曲面的倒角距离 <0.2>：

选择边或[环(L)]：选择边或[环(L)]：

(18) 圆角(对最大杯段件顶端外沿做圆角)

修改→圆角

命令：_fillet

当前设置：模式 = 修剪，半径 = 0.0

选择第一个对象或[放弃(U)/多段线(P)/半径(R)/修剪(T)/多个(M)]：

输入圆角半径：0.2

选择边或[链(C)/半径(R)]：

已拾取到边。

选择边或[链(C)/半径(R)]：

已选定 1 个边用于圆角。

(19)体着色(赋予实体色彩，如图 11-4 所示)

图 11-4　茶杯套件

视图→着色→体着色

命令：_shademode

当前模式：二维线框

输入选项[二维线框(2D)/三维线框(3D)/消隐(H)/平面着色(F)/体着色(G)/带边框平面着色(L)/带边框体着色(O)]<二维线框>：_g

(20)保存(存盘)

文件→保存

命令：_qsave

以上三段杯体在一个文件内，为方便 3D 打印，可将文件打开，删除其中两个，保留一个，分别另存为 cupbody1.dwg，cupbody2.dwg 和 cupbody3.dwg。

11.1.2　茶杯盒体(打印 1 件)

完成后如图 11-6 所示。

(1)创建文件

文件→新建

另存为 cupbox.dwg

(2) 圆(绘制拉伸截面图形)

绘图→圆

命令：_circle

指定圆的圆心或[三点(3P)/两点(2P)/相切、相切、半径(T)]：0,0

指定圆的半径或[直径(D)]：30

(3)面域(构成面域)

绘图→面域

命令：_region

选择对象：找到 1 个

选择对象：

已提取 1 个环。

已创建 1 个面域。

(4)拉伸(拉伸成圆柱型)

绘图→实体→拉伸

命令：_extrude

当前线框密度：ISOLINES＝4

选择对象：找到 1 个

选择对象：

指定拉伸高度或[路径(P)]：18

指定拉伸的倾斜角度 ＜0＞：

(5) 抽壳(制成空腔)

修改→实体编辑→抽壳

命令：_solidedit

实体编辑自动检查： SOLIDCHECK＝1

输入实体编辑选项[面(F)/边(E)/体(B)/放弃(U)/退出(X)] ＜退出＞：
_body

输入体编辑选项

[压印(I)/分割实体(P)/抽壳(S)/清除(L)/检查(C)/放弃(U)/退出(X)]
＜退出＞：_shell

选择三维实体：

删除面或[放弃(U)/添加(A)/全部(ALL)]：找到一个面,已删除 1 个。

删除面或[放弃(U)/添加(A)/全部(ALL)]:

输入抽壳偏移距离:2

已开始实体校验。

已完成实体校验。

(6) 圆(绘制盒体上端拉伸截面图形)

绘图→圆

命令:_circle

指定圆的圆心或[三点(3P)/两点(2P)/相切、相切、半径(T)]:0,0,18

指定圆的半径或[直径(D)]<30.0>:29

(7)面域(构成面域)

绘图→面域

命令:_region

选择对象:找到 1 个

选择对象:

已提取 1 个环。

已创建 1 个面域。

(8)拉伸(拉伸成圆柱型)

绘图→实体→拉伸

命令:_extrude

当前线框密度:ISOLINES=4

选择对象:找到 1 个

选择对象:

指定拉伸高度或[路径(P)]:8

指定拉伸的倾斜角度 <0>:

(9)圆(绘制盒体上端空腔截面图形)

绘图→圆

命令:_circle

指定圆的圆心或[三点(3P)/两点(2P)/相切、相切、半径(T)]:0,0,18

指定圆的半径或[直径(D)]<29.0>:28

(10)面域(构成面域)

绘图→面域

命令:_region

选择对象:找到 1 个

选择对象:

已提取 1 个环。

已创建 1 个面域。

(11)拉伸(拉伸成圆柱型)

绘图→实体→拉伸

命令：_extrude

当前线框密度：ISOLINES＝4

选择对象：找到 1 个

选择对象：

指定拉伸高度或[路径(P)]：8

指定拉伸的倾斜角度 <0>：

(12)差集(开出空腔)

修改→实体编辑→差集

命令：_subtract

选择要从中减去的实体或面域...

选择对象：找到 1 个

选择对象：

选择要减去的实体或面域 ...

选择对象：找到 1 个

(13)东北等轴测(转换视角,如图 11-5 所示)

视图→三维视图→东北等轴测

命令：_-view

输入选项[? /分类(C)/图层状态(A)/正交(O)/删除(D)/恢复(R)/保存(S)/UCS(U)/窗口(W)]：_neiso

正在重生成模型。

(14)并集(盒体上段与下段合并)

修改→实体编辑→并集

命令：_union

选择对象：找到 1 个

选择对象：找到 1 个,总计 2 个

(15)倒角(对上外沿做倒角)

修改→倒角

命令：_chamfer

("修剪"模式)当前倒角距离 1 ＝ 0.0,距离 2 ＝ 0.0

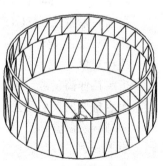

图 11-5　上下两段成型

选择第一条直线或[放弃(U)/多段线(P)/距离(D)/角度(A)/修剪(T)/方式(E)/多个(M)]：

基面选择...

输入曲面选择选项[下一个(N)/当前(OK)]＜当前＞：

指定基面的倒角距离：0.5

指定其他曲面的倒角距离 ＜0.2＞：0.5

选择边或[环(L)]：选择边或[环(L)]：

(16)圆角(对下外沿做圆角)

修改→圆角

命令：_fillet

当前设置：模式 = 修剪，半径 = 0.0

选择第一个对象或[放弃(U)/多段线(P)/半径(R)/修剪(T)/多个(M)]：

输入圆角半径：0.2

选择边或[链(C)/半径(R)]：

已拾取到边。

选择边或[链(C)/半径(R)]：

已选定 1 个边用于圆角。

(17)体着色(赋予实体色彩，如图 11-6 所示)

视图→着色→体着色

命令：_shademode 当前模式：二维线框

输入选项

[二维线框(2D)/三维线框(3D)/消隐(H)/平面着色(F)/体着色(G)/带边框平面着色(L)/带边框体着色(O)]＜二维线框＞：_g

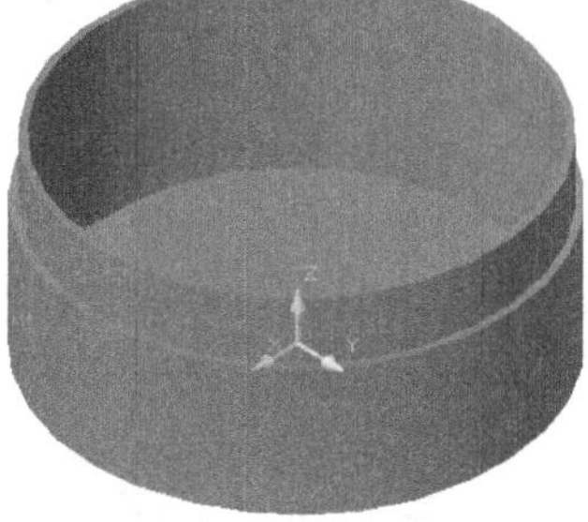

(18)保存(存盘)

文件→保存

命令：_qsave

图 11-6　茶杯盒体

11.1.3　茶杯盒盖(打印 1 件)

完成后如图 11-8 所示。

(1)创建文件

文件→新建

另存为 cupboxlid.dwg

(2)圆(绘制拉伸截面图形)

绘图→圆

命令：_circle 指定圆的圆心或[三点(3P)/两点(2P)/相切、相切、半径(T)]：0,0

指定圆的半径或[直径(D)]：30

(3)面域(构成面域)

绘图→面域

命令：_region

选择对象：找到 1 个

选择对象：

已提取 1 个环。

已创建 1 个面域。

(4)拉伸(拉伸成圆柱型)

绘图→实体→拉伸

命令：_extrude

当前线框密度：ISOLINES＝4

选择对象：找到 1 个

选择对象：

指定拉伸高度或[路径(P)]：10

指定拉伸的倾斜角度 ＜0＞：

(5) 抽壳(制成空腔)

修改→实体编辑→抽壳

命令：_solidedit

实体编辑自动检查：　SOLIDCHECK＝1

输入实体编辑选项[面(F)/边(E)/体(B)/放弃(U)/退出(X)] ＜退出＞：_body

输入体编辑选项

[压印(I)/分割实体(P)/抽壳(S)/清除(L)/检查(C)/放弃(U)/退出(X)] ＜退出＞：_shell

选择三维实体：

删除面或[放弃(U)/添加(A)/全部(ALL)]：找到一个面,已删除 1 个。

删除面或[放弃(U)/添加(A)/全部(ALL)]：

输入抽壳偏移距离：1

已开始实体校验。

已完成实体校验。

（6）东北等轴测（转换视角，如图 11-7 所示）

视图→三维视图→东北等轴测

命令：_- view

输入选项［? /分类（C）/图层状态（A）/
正交（O）/删除（D）/恢复（R）/保存（S）/UCS
（U）/窗口（W）］：_neiso

正在重生成模型。

（7）倒角（对上内沿做倒角）

修改→倒角

命令：_chamfer

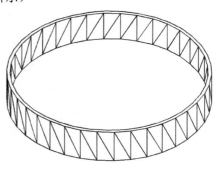

图 11-7 盒盖成型

（"修剪"模式）当前倒角距离 1 = 0.0,
距离 2 = 0.0

选择第一条直线或［放弃（U）/多段线（P）/距离（D）/角度（A）/修剪（T）/方式
（E）/多个（M）］：

基面选择...

输入曲面选择选项［下一个（N）/当前（OK）］＜当前＞：

指定基面的倒角距离：0.2

指定其他曲面的倒角距离 ＜0.2＞：

选择边或［环（L）］：选择边或［环（L）］：

（8）圆角（对下外沿做圆角）

修改→圆角

命令：_fillet

当前设置：模式 = 修剪,半径 = 0.0

选择第一个对象或［放弃（U）/多段线（P）/半径（R）/修剪（T）/多个（M）］：

输入圆角半径：0.3

选择边或［链（C）/半径（R）］：

已拾取到边。

选择边或［链（C）/半径（R）］：

已选定 1 个边用于圆角。

（9）体着色（赋予实体色彩,如图 11-8 所示）

（10）视图→着色→体着色

命令：_shademode 当前模式：二维线框

输入选项

［二维线框（2D）/三维线框（3D）/消隐（H）/平面着色（F）/体着色（G）/带边框

图 11-8 茶杯盒盖

平面着色(L)/带边框体着色(O)]＜二维线框＞：_g

(10)保存(存盘)

文件➜保存

命令：_qsave

11.2 花 瓶

花瓶组合由花瓶体与花瓶底座组成,如图 11-9 所示。

11.2.1 花瓶体(打印 1 件)

完成后如图 11-14 所示。

(1)创建文件

文件➜新建

另存为 vase.dwg

(2)直线(绘制旋转轴线、花瓶底面轮廓和花瓶顶面轮廓)

绘图➜直线

命令：_line 指定第一点：0,0

指定下一点或[放弃(U)]：0,15

LINE 指定第一点：－4,0

指定下一点或[放弃(U)]：0,0

LINE 指定第一点：－3,15

指定下一点或[放弃(U)]：0,15

(3)样条曲线(绘制侧面花瓶轮廓,如图 11-10 所示)

图 11-9 花 瓶

绘图→样条曲线

命令：_spline

指定第一个点或[对象(O)]：−4,0

指定下一点：−5,4

指定下一点或[闭合(C)/拟合公差(F)]＜起点切向＞：−1.5,9

指定下一点或[闭合(C)/拟合公差(F)]＜起点切向＞：−1.5,(10) 5

指定下一点或[闭合(C)/拟合公差(F)]＜起点切向＞：−1.5,12

指定下一点或[闭合(C)/拟合公差(F)]＜起点切向＞：−2.5,14.5

指定下一点或[闭合(C)/拟合公差(F)]＜起点切向＞：−3,15

指定下一点或[闭合(C)/拟合公差(F)]＜起点切向＞：

指定起点切向：

指定端点切向：

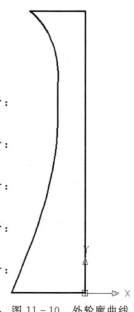

图 11-10　外轮廓曲线

(4)偏移(将样条曲线向轴线方向偏移生成一条新曲线)

修改→偏移

命令：_offset

当前设置：删除源=否　图层=源　OFFSETGAPTYPE=0

指定偏移距离或[通过(T)/删除(E)/图层(L)]＜0.5＞:0.5

选择要偏移的对象,或[退出(E)/放弃(U)]＜退出＞：

指定要偏移的那一侧上的点,或[退出(E)/多个(M)/放弃(U)]＜退出＞：

(5)偏移(将底面轮廓线向上偏移生成一条新直线)

修改→偏移

命令：_offset

当前设置：删除源=否　图层=源　OFFSETGAPTYPE=0

指定偏移距离或[通过(T)/删除(E)/图层(L)]＜0.5＞：

选择要偏移的对象,或[退出(E)/放弃(U)]＜退出＞：

指定要偏移的那一侧上的点,或[退出(E)/多个(M)/放弃(U)]＜退出＞：

(6)修剪(将两条线左下角与左上角多余部分剪去)

修改→修剪

命令：_trim

当前设置:投影=UCS,边=无

选择剪切边...

选择对象或 <全部选择>: 找到 1 个

选择对象:找到 1 个,总计 2 个

选择对象:找到 1 个,总计 3 个

选择对象:

选择要修剪的对象,或按住 Shift 键选择要延伸的对象,或[栏选(F)/窗交(C)/投影(P)/边(E)/删除(R)/放弃(U)]:

选择要修剪的对象,或按住 Shift 键选择要延伸的对象,或[栏选(F)/窗交(C)/投影(P)/边(E)/删除(R)/放弃(U)]:

选择要修剪的对象,或按住 Shift 键选择要延伸的对象,或[栏选(F)/窗交(C)/投影(P)/边(E)/删除(R)/放弃(U)]:

选择要修剪的对象,或按住 Shift 键选择要延伸的对象,或[栏选(F)/窗交(C)/投影(P)/边(E)/删除(R)/放弃(U)]:

(7)直线(画线与新偏移生成的两条线构成封闭图形,如图 11-11 所示)

绘图→直线

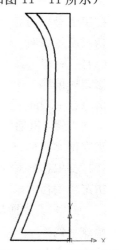

命令:_line 指定第一点:0,0.5

指定下一点或[放弃(U)]:0,15

指定下一点或[放弃(U)]:(点选新偏移的样条曲线与顶面轮廓线的交点)

指定下一点或[闭合(C)/放弃(U)]:

(8)面域(选择底面轮廓线、顶面轮廓线、原始样条曲线,构成面域)

绘图→面域

命令:_region

选择对象:找到 1 个

选择对象:找到 1 个,总计 2 个

选择对象:找到 1 个,总计 3 个

选择对象:找到 1 个,总计 4 个

选择对象:

已提取 1 个环。

已创建 1 个面域。

图 11-11 内外轮廓曲线

(9)旋转(旋转形成花瓶外形)

绘图→实体→旋转

命令：_revolve

当前线框密度：ISOLINES＝4

选择对象：找到 1 个

选择对象：

指定旋转轴的起点或

定义轴依照[对象(O)/X 轴(X)/Y 轴(Y)]：y

指定旋转角度 <360>：

(10)面域(选择偏移生成的两条线、新画的两条线,构成面域)

绘图→面域

命令：_region

选择对象：找到 1 个

选择对象：找到 1 个,总计 2 个

选择对象：找到 1 个,总计 3 个

选择对象：指定对角点：找到 1 个,总计 4 个

选择对象：

已提取 1 个环。

已创建 1 个面域。

(11)旋转(旋转形成花瓶内腔区域,如图 11－12 所示)

绘图→实体→旋转

命令：_revolve

当前线框密度：ISOLINES＝4

选择对象：找到 1 个

选择对象：

指定旋转轴的起点或

定义轴依照[对象(O)/X 轴(X)/Y 轴(Y)]：y

指定旋转角度 <360>：

(12)西北等轴测(转换视角)

视图→三维视图→西北等轴测

命令：_ view

输入选项[? /分类(C)/图层状态(A)/正交(O)/删除
(D)/恢复(R)/保存(S)/UCS(U)/窗口(W)]：_nwiso

正在重生成模型。

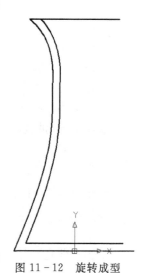

图 11－12　旋转成型

(13)差集(外形实体减去内腔区域实体,如图 11－13 所示)

修改→实体编辑→差集

命令：_subtract 选择要从中减去的实体或面域...

选择对象：找到 1 个

选择对象：

选择要减去的实体或面域 ...

选择对象：找到 1 个

（14）圆角（顶端外沿倒圆角）

修改→圆角

命令：_fillet

当前设置：模式 = 修剪，半径 = 0.0

选择第一个对象或［放弃（U）/多段线（P）/半径（R）/修剪（T）/多个（M）]：

输入圆角半径：0.1

选择边或［链（C）/半径（R）]：

已拾取到边。

选择边或［链（C）/半径（R）]：

已选定 1 个边用于圆角。

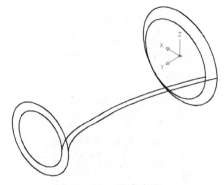

图 11 - 13　形成内腔

（15）圆角（顶端内沿倒圆角）

修改→圆角

命令：_fillet

当前设置：模式 = 修剪，半径 = 0.1

选择第一个对象或［放弃（U）/多段线（P）/半径（R）/修剪（T）/多个（M）]：

输入圆角半径 ＜0.1＞：1

选择边或［链（C）/半径（R）]：

已拾取到边。

选择边或［链（C）/半径（R）]：

已选定 1 个边用于圆角。

（16）体着色（赋予实体色彩，如图 11 - 14 所示）

视图→着色→体着色

命令：_shademode 当前模式：二维线框

输入选项［二维线框（2D）/三维线框（3D）/消隐（H）/平面着色（F）/体着色（G）/带边框平面着色（L）/带边框体着色（O）]＜二维线框＞：_g

图 11 - 14　花瓶体

(17)保存(存盘)

文件→保存

命令：_qsave

11.2.2　花瓶底座(打印 1 件)

完成后如图 11-17 所示。

(1)创建文件

文件→新建

另存为 vasebase.dwg

(2) 东北等轴测(转换视角)

视图→三维视图→东北等轴测

命令：_-view 输入选项

［? /分类(C)/图层状态(A)/正交(O)/删除(D)/恢复(R)/保存(S)/UCS(U)/窗口(W)］：_neiso

正在重生成模型。

(3)圆锥体(构建支架初始外形)

绘图→实体→圆锥体

命令：_cone

当前线框密度：ISOLINES=4

指定圆锥体底面的中心点或［椭圆(E)］<0,0,0>：

指定圆锥体底面的半径或［直径(D)］：10

指定圆锥体高度或［顶点(A)］：120

(4)截切(切断保留下段)

绘图→实体→截切

命令：_slice

选择对象：找到 1 个

选择对象：

指定切面上的第一个点,依照［对象(O)/Z 轴(Z)/视图(V)/XY 平面(XY)/YZ 平面(YZ)/ZX 平面(ZX)/三点(3)］<三点>：0,0,50

指定平面上的第二个点：0,10,50

指定平面上的第三个点：10,0,50

在要保留的一侧指定点或［保留两侧(B)］：

(5) 仰视(转换视角)

视图→三维视图→仰视

命令：_- view 输入选项

[? /分类(C)/图层状态(A)/正交(O)/删除(D)/恢复(R)/保存(S)/UCS(U)/窗口(W)]：_bottom

正在重生成模型。

(6) 抽壳(内部挖空,如图 11 - 15 所示)

修改→实体编辑→抽壳

命令：_solidedit

实体编辑自动检查： SOLIDCHECK=1

输入实体编辑选项[面(F)/边(E)/体(B)/放弃(U)/退出(X)]<退出>：_body

输入体编辑选项

[压印(I)/分割实体(P)/抽壳(S)/清除(L)/检查(C)/放弃(U)/退出(X)]<退出>：_shell

选择三维实体：

删除面或[放弃(U)/添加(A)/全部(ALL)]：找到一个面,已删除 1 个。

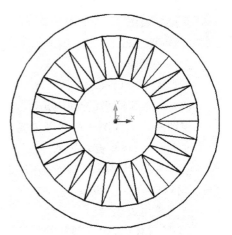

图 11 - 15　内部挖空

删除面或[放弃(U)/添加(A)/全部(ALL)]：

输入抽壳偏移距离：2

已开始实体校验。

已完成实体校验。

(7)主视(转换视角)

视图→三维视图→主视

命令：_- view

输入选项：[? /分类(C)/图层状态(A)/正交(O)/删除(D)/恢复(R)/保存(S)/UCS(U)/窗口(W)]：_front

正在重生成模型。

(8)圆柱体(构建前后挖空区域)

绘图→实体→圆柱体

命令：_cylinder

当前线框密度：ISOLINES=4

指定圆柱体底面的中心点或[椭圆(E)]<0,0,0>：0,0,-10

指定圆柱体底面的半径或[直径(D)]：6

指定圆柱体高度或[另一个圆心(C)]：20

命令：CYLINDER

当前线框密度：ISOLINES＝4

指定圆柱体底面的中心点或[椭圆(E)]＜0,0,0＞：0,20,－10

指定圆柱体底面的半径或[直径(D)]：5

指定圆柱体高度或[另一个圆心(C)]：20

命令：CYLINDER

当前线框密度：ISOLINES＝4

指定圆柱体底面的中心点或[椭圆(E)]＜0,0,0＞：0,40,－10

指定圆柱体底面的半径或[直径(D)]：4

指定圆柱体高度或[另一个圆心(C)]：20

(9)差集(挖空,如图 11－16 所示)

修改→实体编辑→差集

命令：_subtract 选择要从中减去的实体或面域...

选择对象：找到 1 个

选择对象：

选择要减去的实体或面域 ...

选择对象：找到 1 个

选择对象：找到 1 个,总计 2 个

选择对象：找到 1 个,总计 3 个

(10)左视(转换视角)

视图→三维视图→左视

命令：_－view

输入选项[? /分类(C)/图层状态(A)/正交(O)/删除
(D)/恢复(R)/保存(S)/UCS(U)/窗口(W)]：_left

正在重生成模型。

(11)圆柱体(构建左右挖空区域)

绘图→实体→圆柱体

命令：_cylinder

当前线框密度：ISOLINES＝4

指定圆柱体底面的中心点或[椭圆(E)]＜0,0,0＞：0,0,－10

指定圆柱体底面的半径或[直径(D)]：6

指定圆柱体高度或[另一个圆心(C)]：20

命令：CYLINDER

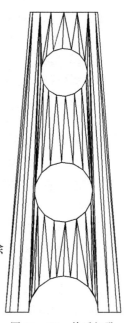

图 11－16　前后切孔

当前线框密度：ISOLINES＝4

指定圆柱体底面的中心点或[椭圆(E)]＜0,0,0＞：0,20,−10

指定圆柱体底面的半径或[直径(D)]：5

指定圆柱体高度或[另一个圆心(C)]：20

命令：CYLINDER

当前线框密度：ISOLINES＝4

指定圆柱体底面的中心点或[椭圆(E)]＜0,0,0＞：0,40,−10

指定圆柱体底面的半径或[直径(D)]：4

指定圆柱体高度或[另一个圆心(C)]：20

(12)差集(挖空)

修改→实体编辑→差集

命令：_subtract

选择要从中减去的实体或面域...

选择对象：找到 1 个

选择对象：

选择要减去的实体或面域 ...

选择对象：找到 1 个

选择对象：找到 1 个,总计 2 个

选择对象：找到 1 个,总计 3 个

(13)俯视(转换视角)

视图→三维视图→俯视

命令：_–view

输入选项[？/分类(C)/图层状态(A)/正交(O)/删除(D)/恢复(R)/保存(S)/UCS(U)/窗口(W)]：_top

正在重生成模型。

(14)圆柱体(构建台面)

绘图→实体→圆柱体

命令：_cylinder

当前线框密度：ISOLINES＝4

指定圆柱体底面的中心点或[椭圆(E)]＜0,0,0＞：0,0,48

指定圆柱体底面的半径或[直径(D)]：8

指定圆柱体高度或[另一个圆心(C)]：3

(15)东北等轴测(转换视角)

视图→三维视图→东北等轴测

命令：_ - view 输入选项

［?／分类(C)／图层状态(A)／正交(O)／删除(D)／恢复(R)／保存(S)／UCS
(U)／窗口(W)］：_neiso

正在重生成模型。

(16) 并集(将台面与支座架合并)

修改→实体编辑→并集

命令：_union

选择对象：找到 1 个

选择对象：找到 1 个,总计 2 个

(17) 圆角(将顶端台面倒圆角)

修改→圆角

命令：_fillet

当前设置：模式 = 修剪,半径 = 0.0

选择第一个对象或［放弃(U)／多段线(P)／半径(R)／修剪(T)／多个(M)］：

输入圆角半径：0.5

选择边或［链(C)／半径(R)］：

已拾取到边。

选择边或［链(C)／半径(R)］：

已选定 1 个边用于圆角。

(18) 体着色(赋予实体色彩,如图 11 - 17 所示)

视图→着色→体着色

命令：_shademode 当前模式：二维线框

输入选项

［二维线框(2D)／三维线框(3D)／消隐(H)／平面着
色(F)／体着色(G)／带边框平面着色(L)／带边框体着色
(O)］＜二维线框＞：_g

(19) 保存(存盘)

文件→保存

命令：_qsave

11.3　石英挂钟

图 11 - 17　花瓶底座

石英挂钟由钟体、钟面、挂钟音箱、挂钟分针、挂钟
时针、挂钟秒针、挂钟中轴与挂钟时间标点组成,如图

11 - 18 所示。

图 11 - 18　石英挂钟

11.3.1　钟体(打印 1 件)

完成后如图 11 - 23 所示。

(1)创建文件

文件→新建

另存为 clockbody. dwg

(2)矩形(绘制钟体截面图形)

绘图→矩形

命令：_rectang

指定第一个角点或[倒角(C)/标高(E)/圆角(F)/厚度(T)/宽度(W)]：-20,0

指定另一个角点或[面积(A)/尺寸(D)/旋转(R)]：20,50

(3)面域(构成面域)

绘图→面域

命令：_region

选择对象：找到 1 个

选择对象：

已提取 1 个环。

已创建 1 个面域。

(4)拉伸(拉伸成体)

绘图→实体→拉伸

命令：_extrude

当前线框密度：ISOLINES=4

选择对象：找到 1 个

选择对象：

指定拉伸高度或[路径(P)]：4

指定拉伸的倾斜角度 <0>：

(5) 圆(构建挂环截面图形)

绘图→圆

命令：_circle

指定圆的圆心或[三点(3P)/两点(2P)/相切、相切、半径(T)]：0,55

指定圆的半径或[直径(D)]：3

(6) 直线(连接到钟体区域)

绘图→直线

命令：_line 指定第一点：-3,55

指定下一点或[放弃(U)]：-3,50

指定下一点或[放弃(U)]：3,50

指定下一点或[闭合(C)/放弃(U)]：3,55

(7)修剪(剪去圆的下半部分,与直线组构成封闭图形,如图 11-19 所示)

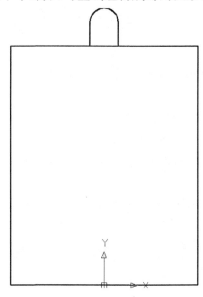

图 11-19　形成挂环截面

修改→修剪

命令：_trim

当前设置:投影＝UCS,边＝无

选择剪切边...

选择对象或＜全部选择＞: 找到 1 个

选择对象:找到 1 个,总计 2 个

选择对象:

选择要修剪的对象,或按住 Shift 键选择要延伸的对象,或[栏选(F)/窗交(C)/投影(P)/边(E)/删除(R)/放弃(U)]:

选择要修剪的对象,或按住 Shift 键选择要延伸的对象,或[栏选(F)/窗交(C)/投影(P)/边(E)/删除(R)/放弃(U)]:

(8)面域(构成面域)

绘图→面域

命令:_region

选择对象:找到 1 个

选择对象:找到 1 个,总计 2 个

选择对象:找到 1 个,总计 3 个

选择对象:找到 1 个,总计 4 个

选择对象:

已提取 1 个环。

已创建 1 个面域。

(9)拉伸(拉伸成挂环体外形)

绘图→实体→拉伸

命令:_extrude

当前线框密度: ISOLINES＝4

选择对象:找到 1 个

选择对象:

指定拉伸高度或[路径(P)]:2

指定拉伸的倾斜角度 ＜0＞:

(10)圆(绘制圆孔图形)

绘图→圆

命令:_circle

指定圆的圆心或[三点(3P)/两点(2P)/相切、相切、半径(T)]:0,55

指定圆的半径或[直径(D)]＜3.0＞:1.5

(11)面域(将圆孔图形构成面域)

绘图→面域

命令：_region

选择对象：找到 1 个

选择对象：

已提取 1 个环。

已创建 1 个面域。

(12)拉伸（将圆孔面域拉伸成圆柱体）

绘图→实体→拉伸

命令：_extrude

当前线框密度：ISOLINES＝4

选择对象：找到 1 个

选择对象：

指定拉伸高度或［路径（P）］：2

指定拉伸的倾斜角度 ＜0＞：

(13)差集（挂环体挖孔）

修改→实体编辑→差集

命令：_subtract

选择要从中减去的实体或面域…

选择对象：找到 1 个

选择对象：

选择要减去的实体或面域 …

选择对象：找到 1 个

(14) 并集（钟体与挂环体合并）

修改→实体编辑→并集

命令：_union

选择对象：找到 1 个

选择对象：找到 1 个,总计 2 个

(15) 轴测（转换视角）

视图→三维实体→东北等轴测

命令：_﹣view

输入选项［？/分类（C）/图层状态（A）/正交（O）/删除（D）/恢复（R）/保存
（S）/UCS（U）/窗口（W）］：_neiso

正在重生成模型。

(16) 圆角（钟体四周倒圆角）

修改→圆角

命令：_fillet

当前设置：模式 ＝ 修剪，半径 ＝ 0.0

选择第一个对象或［放弃(U)/多段线(P)/半径(R)/修剪(T)/多个(M)］：

输入圆角半径：5

选择边或［链(C)/半径(R)］：

选择边或［链(C)/半径(R)］：

选择边或［链(C)/半径(R)］：

选择边或［链(C)/半径(R)］：

已选定 4 个边用于圆角。

(17)圆角(钟体与挂环体连接处倒圆角)

修改→圆角

命令：_fillet

当前设置：模式 ＝ 修剪，半径 ＝ 5.0

选择第一个对象或［放弃(U)/多段线(P)/半径(R)/修剪(T)/多个(M)］：

输入圆角半径 ＜5.0＞：4

选择边或［链(C)/半径(R)］：

选择边或［链(C)/半径(R)］：

已选定 2 个边用于圆角。

(18) 抽壳(钟体正面抽壳,如图 11-20 所示)

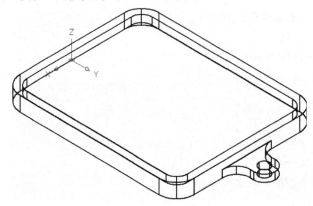

图 11-20　倒圆角及抽壳

修改→实体编辑→抽壳

命令：_solidedit

实体编辑自动检查：　SOLIDCHECK＝1

输入实体编辑选项［面(F)/边(E)/体(B)/放弃(U)/退出(X)］＜退出＞：

_body

输入体编辑选项

[压印(I)/分割实体(P)/抽壳(S)/清除(L)/检查(C)/放弃(U)/退出(X)]
<退出>：_shell

选择三维实体：

删除面或[放弃(U)/添加(A)/全部(ALL)]：找到一个面,已删除 1 个。

删除面或[放弃(U)/添加(A)/全部(ALL)]：

输入抽壳偏移距离：2

已开始实体校验。

已完成实体校验。

(19)长方体(设置分区隔条)

绘图→实体→长方体

命令：_box

指定长方体的角点或[中心点(CE)]<0,0,0>：-18,12,2

指定角点或[立方体(C)/长度(L)]：18,10,4

(20)并集(将钟体与隔条合并)

修改→实体编辑→并集

命令：_union

选择对象：找到 1 个

选择对象：找到 1 个,总计 2 个

(21) 圆角(将隔条上下面与钟体连接处倒圆角,如图 11-21 所示)

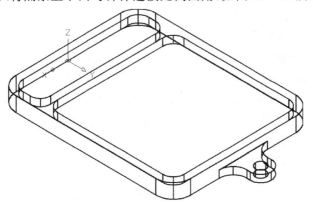

图 11-21 隔条与钟体连接处倒圆角

修改→圆角

命令：_fillet

当前设置：模式 ＝ 修剪,半径 ＝ 4.0

选择第一个对象或[放弃(U)/多段线(P)/半径(R)/修剪(T)/多个(M)]:

输入圆角半径 ＜4.0＞:3

选择边或[链(C)/半径(R)]:

选择边或[链(C)/半径(R)]:

选择边或[链(C)/半径(R)]:

选择边或[链(C)/半径(R)]:

已选定 4 个边用于圆角。

(22) 圆柱体(构建中心孔圆柱形)

绘图→实体→圆柱体

命令:_cylinder

当前线框密度:ISOLINES＝4

指定圆柱体底面的中心点或[椭圆(E)]＜0,0,0＞:0,30,0

指定圆柱体底面的半径或[直径(D)]:1

指定圆柱体高度或[另一个圆心(C)]:2

(23) 差集(钟体中心开孔)

修改→实体编辑→差集

命令:_subtract 选择要从中减去的实体或面域...

选择对象:找到 1 个

选择对象:

选择要减去的实体或面域 ..

选择对象:找到 1 个

(24) 俯视(转换视角)

视图→三维实体→俯视

命令:_-view

输入选项[?/分类(C)/图层状态(A)/正交(O)/删除(D)/恢复(R)/保存(S)/UCS(U)/窗口(W)]:_top

正在重生成模型。

(25) 圆(绘制钟点标示插孔区域)

绘图→圆

命令:_circle

指定圆的圆心或[三点(3P)/两点(2P)/相切、相切、半径(T)]:−16,30

指定圆的半径或[直径(D)]:0.5

命令:CIRCLE

指定圆的圆心或［三点(3P)/两点(2P)/相切、相切、半径(T)］：16,30

指定圆的半径或［直径(D)］＜0.5＞：0.5

命令：CIRCLE

指定圆的圆心或［三点(3P)/两点(2P)/相切、相切、半径(T)］：0,14

指定圆的半径或［直径(D)］＜0.5＞：0.5

命令：CIRCLE

指定圆的圆心或［三点(3P)/两点(2P)/相切、相切、半径(T)］：0,46

指定圆的半径或［直径(D)］＜0.5＞：

(26) 面域(构成面域)

绘图→面域

命令：_region

选择对象：找到 1 个

选择对象：找到 1 个,总计 2 个

选择对象：找到 1 个,总计 3 个

选择对象：找到 1 个,总计 4 个

选择对象：

已提取 4 个环。

已创建 4 个面域。

(27) 拉伸(拉伸成圆柱体)

绘图→实体→拉伸

命令：_extrude

当前线框密度：ISOLINES＝4

选择对象：找到 1 个

选择对象：找到 1 个,总计 2 个

选择对象：找到 1 个,总计 3 个

选择对象：找到 1 个,总计 4 个

选择对象：

指定拉伸高度或［路径(P)］：2

指定拉伸的倾斜角度 ＜0＞：

(28) 差集(挖出四个小孔,如图 11－22 所示)

修改→实体编辑→差集

命令：_subtract

选择要从中减去的实体或面域...

选择对象：找到 1 个

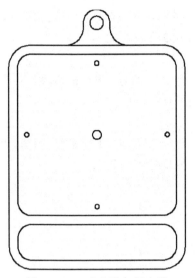

图 11-22　中心孔与标点孔

选择对象：

选择要减去的实体或面域…

选择对象：找到 1 个

选择对象：找到 1 个,总计 2 个

选择对象：找到 1 个,总计 3 个

选择对象：找到 1 个,总计 4 个

(29) 东北等轴测(转换视角)

视图→三维实体→东北等轴测

命令：_- view

输入选项[? /分类(C)/图层状态(A)/正交(O)/删除(D)/恢复(R)/保存(S)/UCS(U)/窗口(W)]：_neiso

正在重生成模型。

(30) 体着色(赋予实体色彩,如图 11-23 所示)

视图→着色→体着色

命令：_shademode

当前模式：二维线框

输入选项[二维线框(2D)/三维线框(3D)/消隐(H)/平面着色(F)/体着色(G)/带边框平面着色(L)/带边框体着色(O)] <二维线框>：_g

图 11-23　钟体

(31) 保存(存盘)

文件➜保存

命令：_qsave

11.3.2　钟面(打印 1 件)

完成后如图 11-25 所示。

(1)创建文件

文件➜新建

另存为 clockface. dwg

(2)矩形(绘制钟面截面图形)

绘图➜矩形

命令：_rectang

指定第一个角点或[倒角(C)/标高(E)/圆角(F)/厚度(T)/宽度(W)]：—
18,0

指定另一个角点或[面积(A)/尺寸(D)/旋转(R)]：18,36

(3)面域(构成面域)

绘图➜面域

命令：_region

选择对象：找到 1 个

选择对象：

已提取 1 个环。

已创建 1 个面域。

(4)拉伸(拉伸成体)

绘图➜实体➜拉伸

命令：_extrude

当前线框密度：ISOLINES＝4

选择对象：找到 1 个

选择对象：

指定拉伸高度或［路径(P)］：1

指定拉伸的倾斜角度 ＜0＞：

(5) 圆(绘制圆孔图形)

绘图→圆

命令：_circle

指定圆的圆心或［三点(3P)/两点(2P)/相切、相切、半径(T)］：0,18

指定圆的半径或［直径(D)］：1

(6) 面域(构成面域)

绘图→面域

命令：_region

选择对象：找到 1 个

选择对象：

已提取 1 个环。

已创建 1 个面域。

(7)拉伸(拉伸成圆柱体)

绘图→实体→拉伸

命令：_extrude

当前线框密度：ISOLINES：4

选择对象：找到 1 个

选择对象：

指定拉伸高度或［路径(P)］：1

指定拉伸的倾斜角度 ＜0＞：

(8)差集(钟面中心挖孔)

修改→实体编辑→差集

命令：_subtract

选择要从中减去的实体或面域…

选择对象：找到 1 个

选择对象：

选择要减去的实体或面域…

选择对象：找到 1 个

（9）圆（绘制钟点标示插孔区域）

绘图→圆

命令：_circle

指定圆的圆心或[三点(3P)/两点(2P)/相切、相切、半径(T)]：−16,18

指定圆的半径或[直径(D)]<16.0>：0.5

命令：CIRCLE

指定圆的圆心或[三点(3P)/两点(2P)/相切、相切、半径(T)]：16,18

指定圆的半径或[直径(D)]<0.5>：

命令：CIRCLE

指定圆的圆心或[三点(3P)/两点(2P)/相切、相切、半径(T)]：0,2

指定圆的半径或[直径(D)]<0.5>：

命令：CIRCLE

指定圆的圆心或[三点(3P)/两点(2P)/相切、相切、半径(T)]：0,34

指定圆的半径或[直径(D)]<0.5>：

(10)面域（将插孔区域构成面域）

绘图→面域

命令：_region

选择对象：找到 1 个

选择对象：找到 1 个,总计 2 个

选择对象：找到 1 个,总计 3 个

选择对象：找到 1 个,总计 4 个

选择对象：

已提取 4 个环。

已创建 4 个面域。

(11)拉伸（拉伸成圆柱体）

绘图→实体→拉伸

命令：_extrude

当前线框密度：ISOLINES＝4

选择对象：找到 1 个

选择对象：找到 1 个,总计 2 个

选择对象：找到 1 个,总计 3 个

选择对象：找到 1 个,总计 4 个

选择对象：

指定拉伸高度或[路径(P)]：1

指定拉伸的倾斜角度 <0>:

(12)差集(挖出四个小孔,如图 11 - 24 所示)

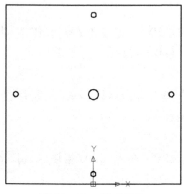

图 11 - 24　钟面开孔

修改→实体编辑→差集

命令:_subtract

选择要从中减去的实体或面域...

选择对象:找到 1 个

选择对象:

选择要减去的实体或面域...

选择对象:找到 1 个

选择对象:找到 1 个,总计 2 个

选择对象:找到 1 个,总计 3 个

选择对象:找到 1 个,总计 4 个

(13)东北等轴测(转换视角)

视图→三维实体→东北等轴测

命令:_ - view

输入选项[? /分类(C)/图层状态(A)/正交(O)/删除(D)/恢复(R)/保存(S)/UCS(U)/窗口(W)]:_neiso

正在重生成模型。

(14)圆角(钟面四侧边角倒圆角)

修改→圆角

命令:_fillet

当前设置:模式 = 修剪,半径 = 0.0

选择第一个对象或[放弃(U)/多段线(P)/半径(R)/修剪(T)/多个(M)]:

输入圆角半径：3

选择边或[链(C)/半径(R)]：

选择边或[链(C)/半径(R)]：

选择边或[链(C)/半径(R)]：

选择边或[链(C)/半径(R)]：

已选定 4 个边用于圆角。

(15) 体着色(赋予实体色彩,如图 11-25 所示)

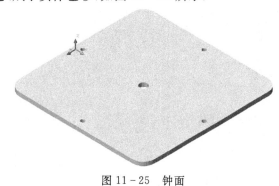

图 11-25　钟面

视图→着色→体着色

命令：_shademode

当前模式：二维线框

输入选项[二维线框(2D)/三维线框(3D)/消隐(H)/平面着色(F)/体着色(G)/带边框平面着色(L)/带边框体着色(O)]<二维线框>：_g

(16) 保存(存盘)

文件→保存

命令：_qsave

11.3.3　挂钟音箱(打印 1 件)

完成后如图 11-27 所示。

(1)创建文件

文件→新建

另存为 clockspeaker.dwg

(2)矩形(绘制挂钟音箱截面图形)

绘图→矩形

命令：_rectang

指定第一个角点或[倒角(C)/标高(E)/圆角(F)/厚度(T)/宽度(W)]：−18,0

指定另一个角点或[面积(A)/尺寸(D)/旋转(R)]：18,8

(3)面域(构成面域)

绘图→面域

命令：_region

选择对象：找到 1 个

选择对象：

已提取 1 个环。

已创建 1 个面域。

(4)拉伸(拉伸成体)

绘图→实体→拉伸

命令：_extrude

当前线框密度：ISOLINES＝4

选择对象：找到 1 个

选择对象：

指定拉伸高度或[路径(P)]：2

指定拉伸的倾斜角度 ＜0＞：

(5) 矩形(绘制音孔图形)

绘图→矩形

命令：_rectang

指定第一个角点或[倒角(C)/标高(E)/圆角(F)/厚度(T)/宽度(W)]：−14,2

指定另一个角点或[面积(A)/尺寸(D)/旋转(R)]：14,3

命令：RECTANG

指定第一个角点或[倒角(C)/标高(E)/圆角(F)/厚度(T)/宽度(W)]：−14,5

指定另一个角点或[面积(A)/尺寸(D)/旋转(R)]：14,6

(6) 面域(构成面域)

绘图→面域

命令：_region

选择对象：找到 1 个

选择对象：找到 1 个,总计 2 个

选择对象：

已提取 2 个环。

已创建 2 个面域。

(7)拉伸(拉伸音孔形体)

绘图→实体→拉伸

命令：_extrude

当前线框密度：ISOLINES＝4

选择对象：找到 1 个

选择对象：找到 1 个,总计 2 个

选择对象：

指定拉伸高度或[路径(P)]：2

指定拉伸的倾斜角度 ＜0＞：

(8)差集(开出两个音孔,如图 11－26 所示)

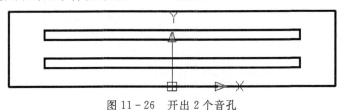

图 11－26　开出 2 个音孔

修改→实体编辑→差集

命令：_subtract

选择要从中减去的实体或面域...

选择对象：找到 1 个

选择对象：

选择要减去的实体或面域 ...

选择对象：找到 1 个

选择对象：找到 1 个,总计 2 个

(9)东北等轴测(转换视角)

视图→三维实体→东北等轴测

命令：_- view

输入选项[？/分类(C)/图层状态(A)/正交(O)/删除(D)/恢复(R)/保存
(S)/UCS(U)/窗口(W)]：_neiso

正在重生成模型。

(10)圆角(四侧边角倒圆角)

修改→圆角

命令：_fillet

当前设置：模式 = 修剪,半径 = 0.0

选择第一个对象或[放弃(U)/多段线(P)/半径(R)/修剪(T)/多个(M)]：

输入圆角半径：3

选择边或[链(C)/半径(R)]：

选择边或[链(C)/半径(R)]：

选择边或[链(C)/半径(R)]：

选择边或[链(C)/半径(R)]：

已选定 4 个边用于圆角。

(11)体着色(赋予实体色彩,如图 11-27 所示)

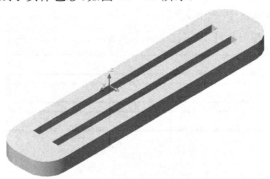

图 11-27　挂钟音箱

视图→着色→体着色

命令：_shademode

当前模式：二维线框图

输入选项[二维线框(2D)/三维线框(3D)/消隐(H)/平面着色(F)/体着色(G)/带边框平面着色(L)/带边框体着色(O)] ＜二维线框＞：_g

(12)保存(存盘)

文件→保存

命令：_qsave

11.3.4　挂钟时针(打印 1 件)

完成后如图 11-29 所示。

(1)创建文件

文件→新建

另存为 clockhourhand. dwg

(2)圆(绘制时针根部图形)

绘图→圆

命令：_circle

指定圆的圆心或［三点(3P)/两点(2P)/相切、相切、半径(T)］：0,0

指定圆的半径或［直径(D)］：2

（3）直线(绘制分针图形。选择切点时打开运行捕捉,分别捕捉到左右两个圆的切点)

绘图→直线

命令：_line

指定第一点：0,13

指定下一点或［放弃(U)］：_tan 到

指定下一点或［放弃(U)］：

命令：_line 指定第一点：0,13

指定下一点或［放弃(U)］：_tan 到

指定下一点或［放弃(U)］：

（4）修剪(剪去圆的上部分,使其与直线构成单一封闭图形。如图 11-28 所示)

修改→修剪

命令：_trim

当前设置:投影＝UCS,边＝无

选择剪切边...

选择对象或 ＜全部选择＞： 找到 1 个

选择对象：找到 1 个,总计 2 个

选择对象：

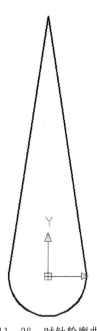

图 11-28　时针轮廓曲线

选择要修剪的对象,或按住 Shift 键选择要延伸的对象,或［栏选(F)/窗交(C)/投影(P)/边(E)/删除(R)/放弃(U)］：

选择要修剪的对象,或按住 Shift 键选择要延伸的对象,或［栏选(F)/窗交(C)/投影(P)/边(E)/删除(R)/放弃(U)］：

（5）面域(构成面域)

绘图→面域

命令：_region

选择对象：找到 1 个

选择对象：找到 1 个,总计 2 个

选择对象：找到 1 个,总计 3 个

选择对象：

已提取 1 个环。

已创建 1 个面域。

(6) 拉伸(拉伸成时针外形)

绘图→实体→拉伸

命令：_extrude

当前线框密度：ISOLINES＝4

选择对象：找到 1 个

选择对象：

指定拉伸高度或[路径(P)]：0.5

指定拉伸的倾斜角度 ＜0＞：

(7)圆(绘制时针连接孔图形)

绘图→圆

命令：_circle

指定圆的圆心或[三点(3P)/两点(2P)/相切、相切、半径(T)]：0,0

指定圆的半径或[直径(D)] ＜2.0＞：1

(8)面域(构成面域)

绘图→面域

命令：_region

选择对象：找到 1 个

选择对象：

已提取 1 个环。

已创建 1 个面域。

(9)拉伸(拉伸成孔区域圆柱)

绘图→实体→拉伸

命令：_extrude

当前线框密度：ISOLINES＝4

选择对象：找到 1 个

选择对象：

指定拉伸高度或[路径(P)]：0.5

指定拉伸的倾斜角度 ＜0＞：

(10)差集(开孔)

修改→实体编辑→差集

命令：_subtract

选择要从中减去的实体或面域…

选择对象：找到 1 个

选择对象：

选择要减去的实体或面域…

选择对象：找到 1 个

(11)东北等轴测(转换视角)

视图→三维实体→东北等轴测

命令：_- view

输入选项[?/分类(C)/图层状态(A)/正交(O)/删除(D)/恢复(R)/保存(S)/UCS(U)/窗口(W)]：_neiso

正在重生成模型。

(12)体着色(赋予实体色彩,如图 11 - 29 所示)

视图→着色→体着色

命令：_shademode

当前模式：二维线框

输入选项[二维线框(2D)/三维线框(3D)/消隐(H)/平面着色(F)/体着色(G)/带边框平面着色(L)/带边框体着色(O)]<二维线框>：_g

图 11 - 29　挂钟时针

(13)保存(存盘)

文件→保存

命令：_qsave

11.3.5　挂钟分针(打印 1 件)

完成后如图 11 - 31 所示。

(1)创建文件

文件→新建

另存为 clockminutehand. dwg

(2)圆(绘制分针根部图形)

绘图→圆

命令：_circle

指定圆的圆心或[三点(3P)/两点(2P)/相切、相切、半径(T)]：0,0

指定圆的半径或[直径(D)]：2

(3)直线(绘制分针图形。选择切点时打开运行捕捉,分别捕捉到左右两个圆的切点。如图 11 - 30 所示)

绘图→直线

命令：_line

指定第一点：0,16

指定下一点或[放弃(U)]：_tan 到

指定下一点或[放弃(U)]：

命令：_line 指定第一点：0,16

指定下一点或[放弃(U)]：_tan 到

指定下一点或[放弃(U)]：

(4)修剪(剪去圆的上部分,使其与直线构成单一封闭图形)

修改→修剪

命令：_trim

当前设置:投影＝UCS,边＝无

选择剪切边...

选择对象或 ＜全部选择＞： 找到 1 个

选择对象：找到 1 个,总计 2 个

选择对象：

选择要修剪的对象,或按住 Shift 键选择要延伸的对象,或[栏选(F)/窗交(C)/投影(P)/边(E)/删除(R)/放弃(U)]：

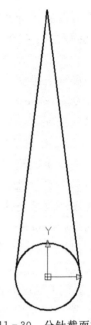

图 11-30　分针截面构图

选择要修剪的对象,或按住 Shift 键选择要延伸的对象,或[栏选(F)/窗交(C)/投影(P)/边(E)/删除(R)/放弃(U)]：

(5) 面域(构成面域)

绘图→面域

命令：_region

选择对象：找到 1 个

选择对象：找到 1 个,总计 2 个

选择对象：找到 1 个,总计 3 个

选择对象：

已提取 1 个环。

已创建 1 个面域。

(6) 拉伸(拉伸成分针外形)

绘图→实体→拉伸

命令：_extrude

当前线框密度：ISOLINES＝4

选择对象：找到 1 个

选择对象：

指定拉伸高度或［路径（P）］：0.5

指定拉伸的倾斜角度 ＜0＞：

（7）圆（绘制分针连接孔图形）

绘图→圆

命令：_circle

指定圆的圆心或［三点（3P）/两点（2P）/相切、相切、半径（T）］：0,0

指定圆的半径或［直径（D）］＜2.0＞：1

（8）面域（构成面域）

绘图→面域

命令：_region

选择对象：找到 1 个

选择对象：

已提取 1 个环。

已创建 1 个面域。

（9）拉伸（拉伸成孔区域圆柱）

绘图→实体→拉伸

命令：_extrude

当前线框密度：ISOLINES＝4

选择对象：找到 1 个

选择对象：

指定拉伸高度或［路径（P）］：0.5

指定拉伸的倾斜角度 ＜0＞：

（10）差集（开孔）

修改→实体编辑→差集

命令：_subtract

选择要从中减去的实体或面域…

选择对象：找到 1 个

选择对象：

选择要减去的实体或面域…

选择对象：找到 1 个

（11）东北等轴测（转换视角）

视图→三维实体→东北等轴测

命令：_- view

输入选项[？/分类（C）/图层状态（A）/正交（O）/删除（D）/恢复（R）/保存（S）/UCS（U）/窗口（W）]：_neiso

正在重生成模型。

（12）体着色（赋予实体色彩，如图 11-31 所示）

视图→着色→体着色

命令：_shademode

当前模式：二维线框

输入选项[二维线框（2D）/三维线框（3D）/消隐（H）/平面着色（F）/体着色（G）/带边框平面着色（L）/带边框体着色（O）]＜二维线框＞：_g

图 11-31　挂钟分针

（13）保存（存盘）

文件→保存

命令：_qsave

11.3.6　挂钟秒针（打印 1 件）

完成后如图 11-33 所示。

（1）创建文件

文件→新建

另存为 clocksecondhand.dwg

（2）圆（绘制秒针根部图形）

绘图→圆

命令：_circle

指定圆的圆心或[三点（3P）/两点（2P）/相切、相切、半径（T）]：0,0

指定圆的半径或[直径（D）]：2

（3）直线（绘制秒针图形）

绘图→直线

命令：_line

指定第一点：0,14.5

指定下一点或[放弃（U）]：-1,0

指定下一点或[放弃（U）]：

命令：LINE

指定第一点：0,14.5

指定下一点或[放弃（U）]：1,0

指定下一点或[放弃(U)]:

命令:LINE

指定第一点: −1,0

指定下一点或[放弃(U)]: −1,−4

指定下一点或[放弃(U)]: 1,−4

指定下一点或[闭合(C)/放弃(U)]: 1,0

(4)修剪(剪去多余部分,使其构成单一封闭图形,如图 11−32 所示)

修改→修剪

命令:_trim

当前设置:投影=UCS,边=无

选择剪切边...

选择对象或 <全部选择>: 找到 1 个

选择对象:找到 1 个,总计 2 个

选择对象:找到 1 个,总计 3 个

选择对象:找到 1 个,总计 4 个

选择对象:找到 1 个,总计 5 个

选择对象:

选择要修剪的对象,或按住 Shift 键选择要延伸的
对象,或[栏选(F)/窗交(C)/投影(P)/边(E)/删除(R)/
放弃(U)]:

选择要修剪的对象,或按住 Shift 键选择要延伸的
对象,或[栏选(F)/窗交(C)/投影(P)/边(E)/删除(R)/
放弃(U)]:

选择要修剪的对象,或按住 Shift 键选择要延伸的
对象,或[栏选(F)/窗交(C)/投影(P)/边(E)/删除(R)/
放弃(U)]:

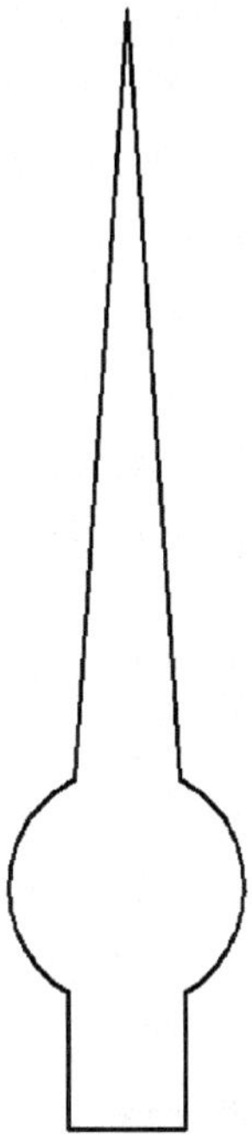

图 11−32　秒针截面构图

选择要修剪的对象,或按住 Shift 键选择要延伸的对象,或[栏选(F)/窗交
(C)/投影(P)/边(E)/删除(R)/放弃(U)]:

选择要修剪的对象,或按住 Shift 键选择要延伸的对象,或[栏选(F)/窗交
(C)/投影(P)/边(E)/删除(R)/放弃(U)]:

选择要修剪的对象,或按住 Shift 键选择要延伸的对象,或[栏选(F)/窗交
(C)/投影(P)/边(E)/删除(R)/放弃(U)]:

选择要修剪的对象,或按住 Shift 键选择要延伸的对象,或[栏选(F)/窗交
(C)/投影(P)/边(E)/删除(R)/放弃(U)]:

（5）面域（构成面域）

绘图→面域

命令：_region

选择对象：找到 1 个

选择对象：找到 1 个,总计 2 个

选择对象：找到 1 个,总计 3 个

选择对象：找到 1 个,总计 4 个

选择对象：找到 1 个,总计 5 个

选择对象：找到 1 个,总计 6 个

选择对象：找到 1 个,总计 7 个

选择对象：

已提取 1 个环。

已创建 1 个面域。

（6）拉伸（拉伸成秒针形体）

绘图→实体→拉伸

命令：_extrude

当前线框密度：ISOLINES＝4

选择对象：找到 1 个

选择对象：

指定拉伸高度或［路径(P)］：0.5

指定拉伸的倾斜角度 ＜0＞：

（7）圆（绘制秒针连接孔图形）

绘图→圆

命令：_circle

指定圆的圆心或［三点(3P)/两点(2P)/相切、相切、半径(T)］：0,0

指定圆的半径或［直径(D)］＜2.0＞：1

（8）面域（构成面域）

绘图→面域

命令：_region

选择对象：找到 1 个

选择对象：

已提取 1 个环。

已创建 1 个面域。

（9）拉伸（拉伸成孔区域圆柱）

绘图→实体→拉伸

命令：_extrude

当前线框密度：ISOLINES＝4

选择对象：找到 1 个

选择对象：

指定拉伸高度或[路径(P)]：0.5

指定拉伸的倾斜角度 ＜0＞：

(10)差集(秒针形体开孔)

修改→实体编辑→差集

命令：_subtract 选择要从中减去的实体或面域...

选择对象：找到 1 个

选择对象：

选择要减去的实体或面域 ...

选择对象：找到 1 个

(11)东北等轴测(转换视角)

视图→三维实体→东北等轴测

命令：_- view

输入选项[？/分类(C)/图层状态(A)/正交(O)/删除(D)/恢复(R)/保存(S)/UCS(U)/窗口(W)]：_neiso

正在重生成模型。

(12)体着色(赋予实体色彩,如图 11-33 所示)

图 11-33 挂钟秒针

视图→着色→体着色

命令：_shademode

当前模式：二维线框

输入选项[二维线框(2D)/三维线框(3D)/消隐(H)/平面着色(F)/体着色

(G)/带边框平面着色(L)/带边框体着色(O)]＜二维线框＞：_g

(13)保存(存盘)

文件→保存

命令：_qsave

11.3.7　挂钟中轴(打印1件)

完成后如图11-35所示。

(1)创建文件

文件→新建

另存为 clockaxis.dwg

(2)圆柱体(生成销轴)

绘图→实体→圆柱体

命令：_cylinder

当前线框密度：ISOLINES=4

指定圆柱体底面的中心点或[椭圆(E)]＜0,0,0＞：

指定圆柱体底面的半径或[直径(D)]：1

指定圆柱体高度或[另一个圆心(C)]：4.5

(3)圆柱体(生成销轴顶端盖板,如图11-34所示)

绘图→实体→圆柱体

命令：_cylinder

当前线框密度：ISOLINES=4

指定圆柱体底面的中心点或[椭圆(E)]
＜0,0,0＞：0,0,4.5

指定圆柱体底面的半径或[直径(D)]：2

指定圆柱体高度或[另一个圆心(C)]：1

(4)东北等轴测(转换视角)

视图→三维实体→东北等轴测

命令：_- view

输入选项[？/分类(C)/图层状态(A)/正
交(O)/删除(D)/恢复(R)/保存(S)/UCS(U)/
窗口(W)]：_neiso

正在重生成模型。

(5)并集(销轴与盖板合并成一体)

修改→实体编辑→并集

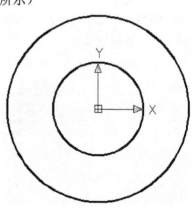

图11-34　销轴与盖板成型

命令：_union

选择对象：找到 1 个

选择对象：找到 1 个,总计 2 个

(6)倒角(销轴底端做倒角)

修改→倒角

命令：_chamfer

("修剪"模式)当前倒角距离 1 ＝ 0.0,距离 2 ＝ 0.0

选择第一条直线或[放弃(U)/多段线(P)/距离(D)/角度(A)/修剪(T)/方式(E)/多个(M)]：

基面选择...

输入曲面选择选项[下一个(N)/当前(OK)]＜当前＞：

指定基面的倒角距离：0.2

指定其他曲面的倒角距离 ＜0.2＞：

选择边或[环(L)]：选择边或[环(L)]：

(7)体着色(赋予实体色彩,如图 11 - 35 所示)

视图→着色→体着色

命令：_shademode

当前模式：二维线框

输入选项[二维线框(2D)/三维线框(3D)/消隐(H)/平面着色(F)/体着色(G)/带边框平面着色(L)/带边框体着色(O)]＜二维线框＞：_g

(8)保存(存盘)

文件→保存

命令：_qsave

图 11 - 35　挂钟中轴

11.3.8　挂钟时间标点(打印 4 件)

完成后如图 11 - 37 所示。

(1)创建文件

文件→新建

另存为 clockpunctuation. dwg

(2)东北等轴测(转换视角)

视图→三维实体→东北等轴测

命令：_- view

输入选项[? /分类(C)/图层状态(A)/正交(O)/删除(D)/恢复(R)/保存

(S)/UCS(U)/窗口(W)〕：_neiso

　　正在重生成模型。

　　(3)球体(生成标点锥形)

　　绘图→实体→球体

　　命令：_sphere

　　当前线框密度：ISOLINES＝4

　　指定球体球心 ＜0,0,0＞：

　　指定球体半径或〔直径(D)〕：1

　　(4)截切(上下分成两部分)

　　绘图→实体→截切

　　命令：_slice

　　选择对象：找到 1 个

　　选择对象：

　　指定切面上的第一个点,依照〔对象(O)/Z 轴(Z)/视图(V)/XY 平面(XY)/YZ 平面(YZ)/ZX 平面(ZX)/三点(3)〕＜三点＞：xy

　　指定 XY 平面上的点 ＜0,0,0＞：

　　在要保留的一侧指定点或〔保留两侧(B)〕：b

　　(5)删除(删除下半球,如图 11－36 所示)

　　修改→删除

　　命令：_erase

　　选择对象：找到 1 个

　　(6)圆柱体(生成销轴)

　　绘图→实体→圆柱体

　　命令：_cylinder

　　当前线框密度：ISOLINES＝4

　　指定圆柱体底面的中心点或〔椭圆(E)〕＜0,0,0＞：

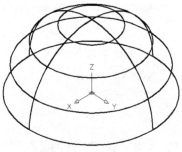

图 11－36　保留半球

　　指定圆柱体底面的半径或〔直径(D)〕：0.5

　　指定圆柱体高度或〔另一个圆心(C)〕：－3

　　(7)并集(销轴与标点上半球合并成一体)

　　修改→实体编辑→并集

　　命令：_union

　　选择对象：找到 1 个

　　选择对象：找到 1 个,总计 2 个

（8）倒角（销轴底端做倒角）

修改→倒角

命令：_chamfer

（"修剪"模式）当前倒角距离 1 ＝ 0.0,距离 2 ＝ 0.0

选择第一条直线或［放弃（U）/多段线（P）/距离（D）/角度（A）/修剪（T）/方式（E）/多个（M）]:

基面选择...

输入曲面选择选项［下一个（N）/当前（OK）]＜当前＞:

指定基面的倒角距离：0.2

指定其他曲面的倒角距离 ＜0.2＞:

选择边或［环（L）]:选择边或［环（L）]:

（9）截切（顶端半球部削平,防止干涉分针）

绘图→实体→截切

命令：_slice

选择对象：找到 1 个

选择对象：

指定切面上的第一个点,依照［对象（O）/Z 轴（Z）/视图（V）/XY 平面（XY）/YZ 平面（YZ）/ZX

平面（ZX）/三点（3）]＜三点＞:0,0,0.4

指定平面上的第二个点：0,1,0.4

指定平面上的第三个点：1,0,0.4

在要保留的一侧指定点或［保留两侧（B）]:

（10）体着色（赋予实体色彩,如图 11 - 37 所示）

视图→着色→体着色

命令：_shademode

当前模式：二维线框

输入选项［二维线框（2D）/三维线框（3D）/消隐（H）/平面着色（F）/体着色（G）/带边框平面着色（L）/带边框体着色（O）]＜二维线框＞:_g

（11）保存（存盘）

文件→保存

命令：_qsave

图 11 - 37　挂钟时间标点

第 12 章　交通运输及设施

本章通过制作一组交通运输及设施组件，学习造型的方法和技巧。用 3D 打印后可直接装配。

12.1　小推车

小推车组合由推车车体、推车车轮、车把与小铲组成，如图 12-1 所示。

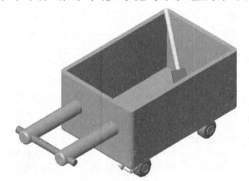

图 12-1　小推车

12.1.1　推车车体(打印 1 件)

完成后如图 12-8 所示。

(1)创建文件

文件→新建

另存为 cartbody.dwg

(2)长方体(制作车箱外形)

绘图→实体→长方体

命令：_box

指定长方体的角点或[中心点(CE)]＜0,0,0＞：

指定角点或[立方体(C)/长度(L)]：30,20,14

(3)抽壳(制作车箱内腔)

修改→实体编辑→抽壳

命令：_solidedit

实体编辑自动检查：　SOLIDCHECK=1

输入实体编辑选项［面（F）/边（E）/体（B）/放弃（U）/退出（X）］＜退出＞：_body

输入体编辑选项

［压印（I）/分割实体（P）/抽壳（S）/清除（L）/检查（C）/放弃（U）/退出（X）］＜退出＞：_shell

选择三维实体：

删除面或［放弃（U）/添加（A）/全部（ALL）］：找到一个面,已删除 1 个。

删除面或［放弃（U）/添加（A）/全部（ALL）］：

输入抽壳偏移距离：1

已开始实体校验。

已完成实体校验。

（4）东北等轴测（转换视角,便于做切角操作）

视图→三维视图→东北等轴测

命令：_‐view

输入选项［? /分类（C）/图层状态（A）/正交（O）/删除（D）/恢复（R）/保存（S）/UCS（U）/窗口（W）］：_neiso

正在重生成模型。

（5）圆角（给车厢外部倒圆角,分别选择底面与四个侧面的边角。如图 12 - 2 所示）

修改→圆角

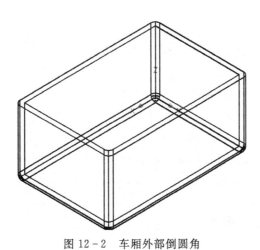

图 12 - 2　车厢外部倒圆角

命令：_fillet

当前设置：模式 = 修剪，半径 = 0.0

选择第一个对象或［放弃（U）/多段线（P）/半径（R）/修剪（T）/多个（M）］：

输入圆角半径：1

选择边或［链（C）/半径（R）］：

选择边或［链（C）/半径（R）］：

选择边或［链（C）/半径（R）］：

选择边或［链（C）/半径（R）］：

选择边或［链（C）/半径（R）］：

选择边或［链（C）/半径（R）］：

选择边或［链（C）/半径（R）］：

选择边或［链（C）/半径（R）］：

已选定 8 个边用于圆角。

（6）主视（转换视角）

视图→三维视图→主视

命令：_- view

输入选项［？/分类（C）/图层状态（A）/正交（O）/删除（D）/恢复（R）/保存（S）/UCS（U）/窗口（W）］：_front

正在重生成模型。

（7）圆柱体（制作轴）

绘图→实体→圆柱体

命令：_cylinder

当前线框密度：ISOLINES＝4

指定圆柱体底面的中心点或［椭圆（E）］＜0,0,0＞：6,－3,－2

指定圆柱体底面的半径或［直径（D）］：1

指定圆柱体高度或［另一个圆心（C）］：－16

（8）长方体（制作轴架，如图 12－3 所示）

绘图→实体→长方体

命令：_box

指定长方体的角点或［中心点（CE）］＜0,0,0＞：5,－3,－4

指定角点或［立方体（C）/长度（L）］：7,0,－16

（9）俯视（转换视角）

视图→三维视图→俯视

命令：_- view

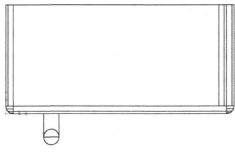

图 12 - 3　制作轴与轴架

输入选项[? /分类（C）/图层状态（A）/正交（O）/删除（D）/恢复（R）/保存（S）/UCS（U）/窗口（W）]：_top

正在重生成模型。

（10）东北等轴测（转换视角）

视图→三维视图→东北等轴测

命令：_- view

输入选项[? /分类（C）/图层状态（A）/正交（O）/删除（D）/恢复（R）/保存（S）/UCS（U）/窗口（W）]：_neiso

正在重生成模型。

（11）并集（将轴与轴架合并）

修改→实体编辑→并集

命令：_union

选择对象：指定对角点：找到 1 个

选择对象：找到 1 个,总计 2 个。

（12）圆角（给轴架倒圆角,分别选择四个侧面的边角）

修改→圆角

命令：_fillet

当前设置：模式 = 修剪,半径 = 1.0

选择第一个对象或[放弃（U）/多段线（P）/半径（R）/修剪（T）/多个（M）]：

输入圆角半径 <1.0>：0.5

选择边或[链（C）/半径（R）]：

已拾取到边。

选择边或[链（C）/半径（R）]：

选择边或[链（C）/半径（R）]：

选择边或[链（C）/半径（R）]：

选择边或［链（C）/半径（R）］：

已选定 4 个边用于圆角。

（13）倒角（给轴做倒角，分别选取两端角边）

修改→倒角

命令：_chamfer

（"修剪"模式）当前倒角距离 1 = 0.0,距离 2 = 0.0

选择第一条直线或［放弃（U）/多段线（P）/距离（D）/角度（A）/修剪（T）/方式（E）/多个（M）］：

基面选择...

指定基面的倒角距离：0.2

指定其他曲面的倒角距离 ＜0.2＞：

选择边或［环（L）］：选择边或［环（L）］：选择边或［环（L）］：

（14）复制（复制至 2 个轴架）

修改→复制

命令：_copy

选择对象：找到 1 个

选择对象：

指定基点或［位移（D）］＜位移＞：　18,0,0

指定第二个点或 ＜使用第一个点作为位移＞：

（15）并集（将小车车厢与轴架合体合并，如图 12 - 4 所示）

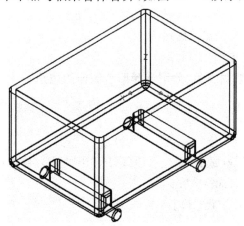

图 12 - 4　合并箱体与轴架

修改→实体编辑→并集

命令：_union

选择对象：找到 1 个

选择对象：找到 1 个,总计 2 个

选择对象：找到 1 个,总计 3 个。

(16)左视(转换视角,便于制作把手连接)

视图→三维视图→左视

命令：_ - view

输入选项[? /分类(C)/图层状态(A)/正交(O)/删除(D)/恢复(R)/保存(S)/UCS(U)/窗口(W)]：_left

正在重生成模型。

(17)圆柱体(制作把手连接)

绘图→实体→圆柱体

命令：_cylinder

当前线框密度：ISOLINES＝4

指定圆柱体底面的中心点或[椭圆(E)]＜0,0,0＞：－5,8,0

指定圆柱体底面的半径或[直径(D)]：1.5

指定圆柱体高度或[另一个圆心(C)]：15

(18)复制(复制至 2 个把手连接,如图 12－5 所示)

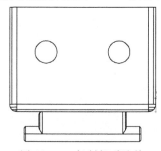

图 12－5　复制把手连接

修改→复制

命令：_copy

选择对象：找到 1 个

选择对象：

指定基点或[位移(D)]＜位移＞：　－10,0,0

指定第二个点或 ＜使用第一个点作为位移＞：

(19)西南等轴测(转换视角)

视图→三维视图→西南等轴测

命令：_-view

输入选项[？/分类（C）/图层状态（A）/正交（O）/删除（D）/恢复（R）/保存（S）/UCS（U）/窗口（W）]：_swiso

正在重生成模型。

（20）并集（合并把手连接，如图 12-6 所示）

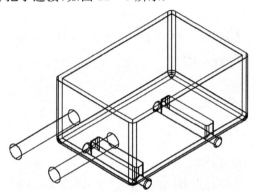

图 12-6　合并把手连接

修改→实体编辑→并集

命令：_union

选择对象：找到 1 个

选择对象：找到 1 个，总计 2 个

选择对象：找到 1 个，总计 3 个

（21）圆角（给把手联接做圆角）

修改→圆角

命令：_fillet

当前设置：模式 = 修剪，半径 = 0.5

选择第一个对象或[放弃（U）/多段线（P）/半径（R）/修剪（T）/多个（M）]：

输入圆角半径 <0.5>：

选择边或[链（C）/半径（R）]：

已拾取到边。

选择边或[链（C）/半径（R）]：

选择边或[链（C）/半径（R）]：

已选定 2 个边用于圆角。

（22）主视（转换视角）

视图→三维视图→主视

命令：_ - view

输入选项[? /分类（C）/图层状态（A）/正交（O）/删除（D）/恢复（R）/保存（S）/UCS（U）/窗口（W）]：_front

正在重生成模型。

（23）圆柱体（把手连接上开孔区域）

绘图→实体→圆柱体

命令：_cylinder

当前线框密度：ISOLINES＝4

指定圆柱体底面的中心点或[椭圆（E）]＜0,0,0＞：－13.5,8,0

指定圆柱体底面的半径或[直径（D）]：0.75

指定圆柱体高度或[另一个圆心（C）]：－20

（24）差集（将把手连接开孔，如图 12－7 所示）

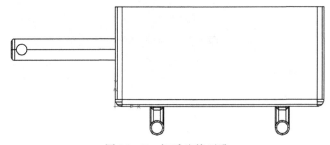

图 12－7　把手连接开孔

修改→实体编辑→差集

命令：_subtract 选择要从中减去的实体或面域...

选择对象：找到 1 个

选择对象：

选择要减去的实体或面域...

选择对象：找到 1 个

（25）俯视（转换视角）

视图→三维视图→俯视

命令：_ - view

输入选项[? /分类（C）/图层状态（A）/正交（O）/删除（D）/恢复（R）/保存（S）/UCS（U）/窗口（W）]：_top

正在重生成模型。

（26）西南等轴测（转换视角）

视图→三维视图→西南等轴测

命令：_– view

输入选项［？/分类（C）/图层状态（A）/正交（O）/删除（D）/恢复（R）/保存（S）/UCS（U）/窗口（W）］：_swiso

正在重生成模型。

（27）体着色（赋予实体色彩，如图 12 - 8 所示）

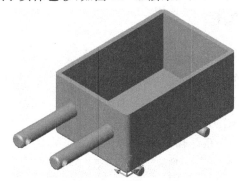

图 12 - 8　推车车体

视图→着色→体着色

命令：_shademode

当前模式：二维线框

输入选项［二维线框（2D）/三维线框（3D）/消隐（H）/平面着色（F）/体着色（G）/带边框平面着色（L）/带边框体着色（O）］＜二维线框＞：_g

（28）保存（存盘）

文件→保存

命令：_qsave

12.1.2　推车车轮（打印 4 件）

完成后如图 12 - 10 所示。

（1）创建文件

文件→新建

另存为 cartwheel. dwg

（2）圆柱体（制作车轮主体）

绘图→实体→圆柱体

命令：_cylinder

当前线框密度：ISOLINES＝4

指定圆柱体底面的中心点或[椭圆(E)]<0,0,0>：

指定圆柱体底面的半径或[直径(D)]：2

指定圆柱体高度或[另一个圆心(C)]：2

(3)圆柱体(制作车轮轴孔。如图 12 - 9 所示)

绘图→实体→圆柱体

命令：_cylinder

当前线框密度：ISOLINES＝4

指定圆柱体底面的中心点或[椭圆(E)]<0,0,0>：

指定圆柱体底面的半径或[直径(D)]：1

指定圆柱体高度或[另一个圆心(C)]：2

(4)东北等轴测(转换视角)

视图→三维视图→东北等轴测

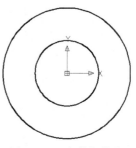

图 12 - 9　车轮与轴孔

命令：_ - view

输入选项[? /分类(C)/图层状态(A)/正交(O)/删除(D)/恢复(R)/保存(S)/UCS(U)/窗口(W)]：_neiso

正在重生成模型。

(5)差集(将车轮开轴孔)

修改→实体编辑→差集

命令：_subtract 选择要从中减去的实体或面域...

选择对象：找到 1 个

选择对象：

选择要减去的实体或面域...

选择对象：找到 1 个

(6)圆角(给车轮外沿做圆角)

修改→圆角

命令：_fillet

当前设置：模式 ＝ 修剪,半径 ＝ 0.0

选择第一个对象或[放弃(U)/多段线(P)/半径(R)/修剪(T)/多个(M)]：

输入圆角半径：0.5

选择边或[链(C)/半径(R)]：

已拾取到边。

选择边或[链(C)/半径(R)]：

选择边或[链(C)/半径(R)]：

已选定 2 个边用于圆角。

(7)体着色(赋予实体色彩,如图12-10所示)

视图→着色→体着色

命令:_shademode

当前模式:二维线框

输入选项[二维线框(2D)/三维线框(3D)/消隐(H)/平面着色(F)/体着色(G)/带边框平面着色(L)/带边框体着色(O)]<二维线框>:_g

(8)保存(存盘)

文件→保存

命令:_qsave

图12-10　推车车轮

12.1.3　车把(打印1件)

完成后如图12-12所示。

(1)创建文件

文件→新建

另存为carthandle.dwg

(2)圆柱体(制作车把主体,如图12-11所示)

绘图→实体→圆柱体

命令:_cylinder

当前线框密度:ISOLINES=4

指定圆柱体底面的中心点或[椭圆(E)]<0,0,0>:

指定圆柱体底面的半径或[直径(D)]:0.75

指定圆柱体高度或[另一个圆心(C)]:16

(3)东北等轴测(转换视角,便于做切角操作)

视图→三维视图→东北等轴测

命令:_-view

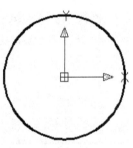

图12-11　车把主体

输入选项[?/分类(C)/图层状态(A)/正交(O)/删除(D)/恢复(R)/保存(S)/UCS(U)/窗口(W)]:_neiso

正在重生成模型。

(4)圆角(给车把两端做圆角)

修改→圆角

命令:_fillet

当前设置:模式 = 修剪,半径 = 0.0

选择第一个对象或[放弃(U)/多段线(P)/半径(R)/修剪(T)/多个(M)]:

输入圆角半径：0.2

选择边或［链(C)/半径(R)］：

已拾取到边。

选择边或［链(C)/半径(R)］：

选择边或［链(C)/半径(R)］：

已选定 2 个边用于圆角。

(5)体着色(赋予实体色彩)

视图→着色→体着色

命令：_shademode

当前模式：二维线框

输入选项［二维线框(2D)/三维线框(3D)/消隐(H)/平面着色(F)/体着色(G)/带边框平面着色(L)/带边框体着色(O)］＜二维线框＞：_g

(6)动态观察(转换视角,如图 12-12 所示)

视图→三维动态观察器

命令：'_3dorbit

按 ESC 或 ENTER 键退出,或者单击鼠标右键显示快捷菜单。

正在重生成模型。

(7)保存(存盘)

文件→保存

命令：_qsave

图 12-12　把手

12.1.4　小铲(打印 1 件)

完成后如图 12-15 所示。

(1)创建文件

文件→新建

另存为 cartshovel.dwg

(2)长方体(制作小铲主体)

绘图→实体→长方体

命令：_box

指定长方体的角点或［中心点(CE)］＜0,0,0＞：

指定角点或［立方体(C)/长度(L)］：4,3,0.5

(3)东北等轴测(转换视角,便于做切角操作)

视图→三维视图→东北等轴测

命令：_－view

输入选项[？/分类（C）/图层状态（A）/正交（O）/删除（D）/恢复（R）/保存（S）/UCS（U）/窗口（W）]：_neiso

正在重生成模型。

（4）圆角（给小铲前端做大圆角）

修改→圆角

命令：_fillet

当前设置：模式 = 修剪，半径 = 0.0

选择第一个对象或[放弃（U）/多段线（P）/半径（R）/修剪（T）/多个（M）]：

输入圆角半径：1.3

选择边或[链（C）/半径（R）]：

已拾取到边。

选择边或[链（C）/半径（R）]：

选择边或[链（C）/半径（R）]：

已选定 2 个边用于圆角。

（5）圆角（给小铲后端做小圆角，如图 12-13 所示）

修改→圆角

命令：_fillet

当前设置：模式＝修剪，半径＝1.3

选择第一个对象或[放弃（U）/多段线（P）/半径（R）/修剪（T）/多个（M）]：

输入圆角半径 <1.3>：0.2

选择边或[链（C）/半径（R）]：

已拾取到边。

选择边或[链（C）/半径（R）]：

选择边或[链（C）/半径（R）]：

已选定 2 个边用于圆角。

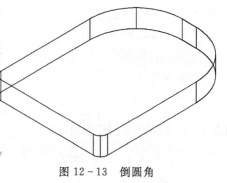

图 12-13　倒圆角

（6）右视（转换视角，便于制作铲把）

视图→三维视图→右视

命令：_－view

输入选项[？/分类（C）/图层状态（A）/正交（O）/删除（D）/恢复（R）/保存（S）/UCS（U）/窗口（W）]：_right

正在重生成模型

（7）圆柱体（制作铲把，如图 12-14 所示）

绘图→实体→圆柱体

命令：_cylinder

当前线框密度：ISOLINES＝4

指定圆柱体底面的中心点或[椭圆(E)]＜0,

0,0＞：1.5,0.25,4

图 12-14　制作铲把

指定圆柱体底面的半径或[直径(D)]：0.5

指定圆柱体高度或[另一个圆心(C)]：12

(8)东北等轴测(转换视角,便于做切角操作)

视图→三维视图→东北等轴测

命令：_-view

输入选项[? /分类(C)/图层状态(A)/正交(O)/删除(D)/恢复(R)/保存(S)/UCS(U)/窗口(W)]：_neiso

正在重生成模型。

(9)圆角(给铲把后端做圆角)

修改→圆角

命令：_fillet

当前设置：模式 = 修剪,半径 = 0.2

选择第一个对象或[放弃(U)/多段线(P)/半径(R)/修剪(T)/多个(M)]：

输入圆角半径 ＜0.2＞：

选择边或[链(C)/半径(R)]：

选择边或[链(C)/半径(R)]：

已选定 1 个边用于圆角。

(10)并集(合并铲把与铲体)

修改→实体编辑→并集

命令：_union

选择对象：找到 1 个

选择对象：找到 1 个,总计 2 个

(11)体着色(赋予实体色彩)

视图→着色→体着色

命令：_shademode

当前模式：二维线框

输入选项[二维线框(2D)/三维线框(3D)/消隐(H)/平面着色(F)/体着色(G)/带边框平面着色(L)/带边框体着色(O)]＜二维线框＞：_g

(12)面着色(对铲把赋予别种颜色,如图 12-15 所示)

修改→实体编辑→面着色

命令：_solidedit

实体编辑自动检查： SOLIDCHECK
＝1

输入实体编辑选项［面（F）/边（E）/体
（B）/放弃（U）/退出（X）］＜退出＞：_face

输入面编辑选项

［拉伸（E）/移动（M）/旋转（R）/偏移
（O）/倾斜（T）/删除（D）/复制（C）/着色
（L）/放弃（U）/退出（X）］＜退出＞：_color

图12-15　小铲

选择面或［放弃（U）/删除（R）］：找到一个面。

选择面或［放弃（U）/删除（R）/全部（ALL）］：找到一个面。

选择面或［放弃（U）/删除（R）/全部（ALL）］：找到两个面。

(13)保存(存盘)

文件→保存

命令：_qsave

12.2　红绿灯

红绿灯组合由灯体、连接块、支撑杆、基座与灯罩组成，
如图12-16所示。

12.2.1　灯体(打印1件)

完成后如图12-23所示。

(1)创建文件

文件→新建

另存为 trafficlightbody.dwg

(2)东北等轴测(转换视角)

视图→三维实体→东北等轴测

命令：_-view

图12-16　红绿灯

输入选项［? /分类（C）/图层状态（A）/正交（O）/删除（D）/恢复（R）/保存
（S）/UCS（U）/窗口（W）］：_neiso

正在重生成模型。

(3)圆柱体(构成灯体雏形)

绘图→实体→圆柱体

命令：_cylinder

当前线框密度：ISOLINES＝4

指定圆柱体底面的中心点或［椭圆（E）］＜0,0,0＞：

指定圆柱体底面的半径或［直径（D）］：6

指定圆柱体高度或［另一个圆心（C）］：25

（4）抽壳（制成筒状，如图 12 - 17 所示）

修改→实体编辑→抽壳

命令：_solidedit

实体编辑自动检查：　SOLIDCHECK＝1

输入实体编辑选项［面（F）/边（E）/体（B）/放弃（U）/退出（X）］＜退出＞：_body

输入体编辑选项

［压印（I）/分割实体（P）/抽壳（S）/清除（L）/检查（C）/放弃（U）/退出（X）］＜退出＞：_shell

图 12 - 17　制成筒状

选择三维实体：

删除面或［放弃（U）/添加（A）/全部（ALL）］：找到一个面，已删除 1 个。

删除面或［放弃（U）/添加（A）/全部（ALL）］：

输入抽壳偏移距离：2

已开始实体校验。

已完成实体校验。

（5）圆柱体（制作挖空区域形体，如图 12 - 18 所示）

绘图→实体→圆柱体

命令：_cylinder

当前线框密度：ISOLINES＝4

指定圆柱体底面的中心点或［椭圆（E）］＜0,0,0＞：0,0,18

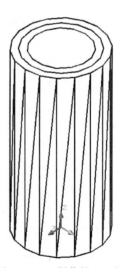

图 12 - 18　制作挖空区域

指定圆柱体底面的半径或［直径（D）］：5

指定圆柱体高度或［另一个圆心（C）］：7

（6）差集（开出顶端大圆柱孔，如图 12 - 19 所示）

修改→实体编辑→差集

命令：_subtract

选择要从中减去的实体或面域…

选择对象：找到 1 个

选择对象：

选择要减去的实体或面域...

选择对象：找到 1 个

(7)截切（分割成两部分，均保留）

修改→实体→截切

命令：_slice

选择对象：找到 1 个

选择对象：

指定切面上的第一个点，依照［对象(O)/Z 轴(Z)/视图(V)/XY 平面(XY)/YZ 平面(YZ)/ZX

平面(ZX)/三点(3)］＜三点＞：0,0,20

指定平面上的第二个点：0,10,20

指定平面上的第三个点：10,0,20

在要保留的一侧指定点或［保留两侧(B)］：b

(8)截切（对上段截切，保留 y 负方向一侧的实体，如图 12－20 所示）

修改→实体→截切

命令：_slice

选择对象：找到 1 个

选择对象：

指定切面上的第一个点，依照［对象(O)/Z 轴(Z)/视图(V)/XY 平面(XY)/YZ 平面(YZ)/ZX 平面(ZX)/三点(3)］

＜三点＞：zx

指定 ZX 平面上的点 ＜0,0,0＞：

在要保留的一侧指定点或［保留两侧(B)］：

(9)并集（将下段与上段保留部分合并）

修改→实体编辑→并集

命令：_union

选择对象：找到 1 个

选择对象：找到 1 个，总计 2 个

(10)圆角（将上段筒壁 x 向边沿倒圆角，如图 12－21 所示）

修改→圆角

命令：_fillet

当前设置：模式 ＝ 修剪，半径 ＝ 0.0

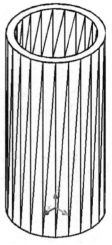

图 12－19　挖空

图 12－20　上段截切

选择第一个对象或[放弃(U)/多段线(P)/半径(R)/修剪(T)/多个(M)]:

输入圆角半径:5

选择边或[链(C)/半径(R)]:

选择边或[链(C)/半径(R)]:

已选定 2 个边用于圆角。

(11)复制(并排复制至 3 个)

修改→复制

命令:_copy

选择对象:找到 1 个

选择对象:

指定基点或[位移(D)]<位移>:　0,0,0

指定第二个点或 <使用第一个点作为位移>:15,0,0

指定第二个点或[退出(E)/放弃(U)]<退出>:　30,0,0

(12)长方体(制作连接板)

绘图→实体→长方体

命令:_box

指定长方体的角点或[中心点(CE)]<0,0,0>:30,6,0

指定角点或[立方体(C)/长度(L)]:-12,-6,2

(13)并集(将 3 个灯筒与连接板合并,如图 12-22 所示)

修改→实体编辑→并集

图 12-21　筒壁圆角

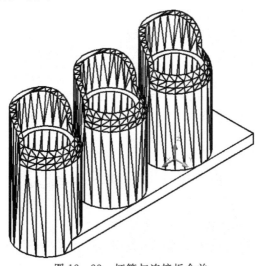

图 12-22　灯筒与连接板合并

命令：_union

选择对象：找到 1 个

选择对象：找到 1 个,总计 2 个

选择对象：找到 1 个,总计 3 个

选择对象：找到 1 个,总计 4 个

(14)长方体(连接板切角区域)

绘图→实体→长方体

命令：_box

指定长方体的角点或[中心点(CE)]<0,0,0>：-8,6,0

指定角点或[立方体(C)/长度(L)]：-12,3,2

命令：BOX

指定长方体的角点或[中心点(CE)]<0,0,0>：-8,-6,0

指定角点或[立方体(C)/长度(L)]：-12,-3,2

(15)差集(两端切角)

修改→实体编辑→差集

命令：_subtract

选择要从中减去的实体或面域...

选择对象：找到 1 个

选择对象：

选择要减去的实体或面域...

选择对象：找到 1 个

选择对象：找到 1 个,总计 2 个

(16)倒角(对剩余端面四个边沿做倒角)

修改→倒角

命令：_chamfer

("修剪"模式) 当前倒角距离 1 = 0.0,距离 2 = 0.0

选择第一条直线或[放弃(U)/多段线(P)/距离(D)/角度(A)/修剪(T)/方式(E)/多个(M)]：

基面选择...

输入曲面选择选项[下一个(N)/当前(OK)]<当前>：

指定基面的倒角距离：0.3

指定其他曲面的倒角距离 <0.3>：

选择边或[环(L)]：选择边或[环(L)]：选择边或[环(L)]：选择边或[环(L)]：

选择边或[环(L)]：

(17)体着色(赋予实体颜色，如图 12-23 所示)

视图→着色→体着色

命令：_shademode

当前模式：二维线框

输入选项[二维线框(2D)/三维线框(3D)/消隐(H)/平面着色(F)/体着色(G)/带边框平面着色(L)/带边框体着色(O)]＜二维线框＞：_g

(18)保存(存盘)

文件→保存

命令：_qsave

图 12-23 灯体

12.2.2 连接块(打印 1 件)

完成后如图 12-26 所示。

(1)创建文件

文件→新建

另存为 trafficconnection. dwg

(2)东北等轴测(转换视角)

视图→三维实体→东北等轴测

命令：_- view

输入选项[？/分类(C)/图层状态(A)/正交(O)/删除(D)/恢复(R)/保存(S)/UCS(U)/窗口(W)]：_neiso

正在重生成模型。

(3)长方体(制作连接块主体)

绘图→实体→长方体

命令：_box

指定长方体的角点或[中心点(CE)]＜0,0,0＞：

指定角点或[立方体(C)/长度(L)]：4,6,12

(4)长方体(制作切槽区域)

绘图→实体→长方体

命令：_box

指定长方体的角点或[中心点(CE)]＜0,0,0＞：0,2,3

指定角点或[立方体(C)/长度(L)]：4,4,9

(5)差集(连接块主体切槽，如图 12-24 所示)

修改→实体编辑→差集

命令：_subtract

选择要从中减去的实体或面域...

选择对象：找到 1 个

选择对象：

选择要减去的实体或面域...

选择对象：找到 1 个

(6)长方体(制作卡块)

绘图→实体→长方体

命令：_box

指定长方体的角点或[中心点(CE)]＜0,0,0＞：

0,2,0

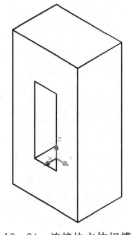

图 12-24 连接块主体切槽

指定角点或[立方体(C)/长度(L)]：4,4,-2

(7)并集(卡块与主体合并,如图 12-25 所示)

修改→实体编辑→并集

命令：_union

选择对象：找到 1 个

选择对象：找到 1 个,总计 2 个

(8)圆柱体(制作销轴)

绘图→实体→圆柱体

命令：_cylinder

当前线框密度：ISOLINES=4

指定圆柱体底面的中心点或[椭圆(E)]＜0,0,

0＞：2,3,-2

指定圆柱体底面的半径或[直径(D)]：1.5

指定圆柱体高度或[另一个圆心(C)]：-5

(9)并集(合并销轴)

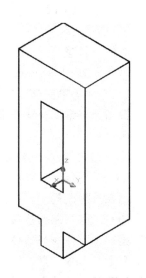

图 12-25 卡块与主体合并

修改→实体编辑→并集

命令：_union

选择对象：找到 1 个

选择对象：找到 1 个,总计 2 个

(10)倒角(销轴下端倒角)

修改→倒角

命令：_chamfer

（"修剪"模式）当前倒角距离 1 ＝ 0.0,距离 2 ＝ 0.0

选择第一条直线或［放弃（U）/多段线（P）/距离（D）/角度（A）/修剪（T）/方式（E）/多个（M）］:

基面选择...

输入曲面选择选项［下一个（N）/当前（OK）］＜当前＞:

指定基面的倒角距离：0.3

指定其他曲面的倒角距离 ＜0.3＞:

选择边或［环（L）］:选择边或［环（L）］:

（11）圆角（连接块上端面及侧面做圆角）

修改→圆角

命令：_fillet

当前设置：模式 ＝ 修剪,半径 ＝ 0.0

选择第一个对象或［放弃（U）/多段线（P）/半径（R）/修剪（T）/多个（M）］:

输入圆角半径：0.5

选择边或［链（C）/半径（R）］:

选择边或［链（C）/半径（R）］:

选择边或［链（C）/半径（R）］:

选择边或［链（C）/半径（R）］:

选择边或［链（C）/半径（R）］:

选择边或［链（C）/半径（R）］:

选择边或［链（C）/半径（R）］:

选择边或［链（C）/半径（R）］:

已选定 8 个边用于圆角。

（12）体着色（赋予实体颜色,如图 12-26 所示）

视图→着色→体着色

命令：_shademode

当前模式：二维线框

输入选项［二维线框（2D）/三维线框（3D）/消隐（H）/平面着色（F）/体着色（G）/带边框平面着色（L）/带边框体着色（O）］＜二维线框＞:_g

（13）保存（存盘）

文件→保存

命令：_qsave

图 12-26　连接块

12.2.3　支撑杆(打印 1 件)

完成后如图 12 - 28 所示。

(1)创建文件

文件→新建

另存为 trafficsupport. dwg

(2)东北等轴测(转换视角)

视图→三维实体→东北等轴测

命令：_ - view

输入选项[? /分类(C)/图层状态(A)/正交(O)/删除(D)/恢复(R)/保存(S)/UCS(U)/窗口(W)]：_neiso

正在重生成模型。

(3)圆柱体(制作支撑杆主体)

绘图→实体→圆柱体

命令：_cylinder

当前线框密度：ISOLINES=4

指定圆柱体底面的中心点或[椭圆(E)] <0,0,0>：

指定圆柱体底面的半径或[直径(D)]：3

指定圆柱体高度或[另一个圆心(C)]：100

(4)圆柱体(制作支撑杆空心区域)

绘图→实体→圆柱体

命令：_cylinder

当前线框密度：ISOLINES=4

指定圆柱体底面的中心点或[椭圆(E)] <0,0,0>：

指定圆柱体底面的半径或[直径(D)]：1. 5

指定圆柱体高度或[另一个圆心(C)]：100

(5)差集(形成筒状)

修改→实体编辑→差集

命令：_subtract

选择要从中减去的实体或面域...

选择对象：找到 1 个

选择对象：

选择要减去的实体或面域 ...

选择对象：找到 1 个

（6）长方体（制作上端切槽区域）

绘图→实体→长方体

命令：_box

指定长方体的角点或［中心点（CE）］＜0,0,0＞：10,−1,97.5

指定角点或［立方体（C）/长度（L）］：−10,1,100

（7）差集（上端切槽，如图 12 − 27 所示）

修改→实体编辑→差集

命令：_subtract

选择要从中减去的实体或面域...

选择对象：找到 1 个

选择对象：

选择要减去的实体或面域...

选择对象：找到 1 个

（8）长方体（制作下端切槽区域）

绘图→实体→长方体

命令：_box

指定长方体的角点或［中心点（CE）］＜0,0,0＞：10,−1,0

指定角点或［立方体（C）/长度（L）］：−10,1,2

（9）差集（下端切槽）

修改→实体编辑→差集

命令：_subtract

选择要从中减去的实体或面域...

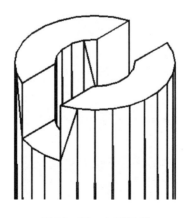

图 12 − 27　上端切槽

选择对象：找到 1 个

选择对象：

选择要减去的实体或面域...

选择对象：找到 1 个

(10)体着色(赋予实体颜色)

视图→着色→体着色

命令：_shademode

当前模式：二维线框

输入选项[二维线框(2D)/三维线框(3D)/消隐(H)/平面着色(F)/体着色(G)/带边框平面着色(L)/带边框体着色(O)]＜二维线框＞：_g

(11)动态观察(转换视角,如图 12－28 所示)

图 12－28　支撑杆

视图→三维动态观察器

命令：'_3dorbit

按 ESC 或 ENTER 键退出,或者单击鼠标右键显示快捷菜单。

正在重生成模型。

(12)保存(存盘)

文件→保存

命令：_qsave

12.2.4　基座(打印 1 件)

完成后如图 12－31 所示。

(1)创建文件

文件→新建

另存为 trafficbase.dwg

(2)东北等轴测(转换视角)

视图→三维实体→东北等轴测

命令：_ - view

输入选项[？/分类（C）/图层状态（A）/正交（O）/删除（D）/恢复（R）/保存（S）/UCS（U）/窗口（W）]：_neiso

正在重生成模型。

（3）长方体（制作基座主体）

绘图→实体→长方体

命令：_box

指定长方体的角点或[中心点（CE）]＜0,0,0＞：

指定角点或[立方体（C）/长度（L）]：20,20,10

（4）抽壳（下底抽壳，操作过程采用三维动态观察器转换视角以选择下底面）

修改→实体编辑→抽壳

命令：_solidedit

实体编辑自动检查： SOLIDCHECK＝1

输入实体编辑选项[面（F）/边（E）/体（B）/放弃（U）/退出（X）]＜退出＞：_body

输入体编辑选项

[压印（I）/分割实体（P）/抽壳（S）/清除（L）/检查（C）/放弃（U）/退出（X）]＜退出＞：_shell

选择三维实体：

删除面或[放弃（U）/添加（A）/全部（ALL）]：'_3dorbit 按 ESC 或 ENTER 键退出，或者单击鼠标右键显示快捷菜单。

正在重生成模型。

正在恢复执行 SOLIDEDIT 命令。

删除面或[放弃（U）/添加（A）/全部（ALL）]：找到一个面，已删除 1 个。

删除面或[放弃（U）/添加（A）/全部（ALL）]：

输入抽壳偏移距离：2

已开始实体校验。

已完成实体校验。

（5）东北等轴测（转换视角）

视图→三维实体→东北等轴测

命令：_ - view

输入选项[？/分类（C）/图层状态（A）/正交（O）/删除（D）/恢复（R）/保存（S）/UCS（U）/窗口（W）]：_neiso

正在重生成模型。

(6)圆柱体(制作支撑杆安装套筒外形)

绘图→实体→圆柱体

命令：_cylinder

当前线框密度：ISOLINES＝4

指定圆柱体底面的中心点或[椭圆(E)]＜0,0,0＞：10,10,0

指定圆柱体底面的半径或[直径(D)]：5

指定圆柱体高度或[另一个圆心(C)]：10

(7)并集(合并基座主体与套筒实体,如图 12－29 所示)

修改→实体编辑→并集

命令：_union

选择对象：找到 1 个

选择对象：找到 1 个,总计 2 个

(8)长方体(制作加强筋)

绘图→实体→长方体

命令：_box

指定长方体的角点或[中心点(CE)]

＜0,0,0＞：9,0,0

指定角点或[立方体(C)/长度(L)]：

11,20,2

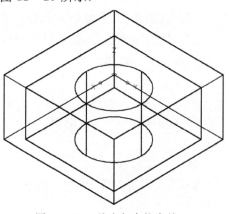

图 12－29　基座与套筒合并

(9)并集(合并基座与加强筋)

修改→实体编辑→并集

命令：_union

选择对象：找到 1 个

选择对象：找到 1 个,总计 2 个

(10)圆柱体(制作支撑杆安装套筒内腔区域)

绘图→实体→圆柱体

命令：_cylinder

当前线框密度：ISOLINES＝4

指定圆柱体底面的中心点或[椭圆(E)]＜0,0,0＞：10,10,0

指定圆柱体底面的半径或[直径(D)]：3

指定圆柱体高度或[另一个圆心(C)]：10

(11)差集(切出内孔,如图 12－30 所示)

修改→实体编辑→差集

命令：_subtract

选择要从中减去的实体或面域…

选择对象：找到 1 个

选择对象：

选择要减去的实体或面域…

选择对象：找到 1 个

(12)长方体(制作另一方向加强筋)

绘图→实体→长方体

命令：_box

指定长方体的角点或[中心点(CE)]＜0,0,0＞：0,9,0

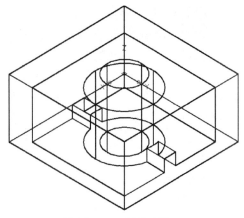

图 12-30　切出内孔

指定角点或[立方体(C)/长度(L)]：20,11,2

(13)并集(合并基座与加强筋)

修改→实体编辑→并集

命令：_union

选择对象：找到 1 个

选择对象：找到 1 个,总计 2 个

(14)圆角(将顶面及四个侧面做圆角)

修改→圆角

命令：_fillet

当前设置：模式 ＝ 修剪,半径 ＝ 0.0

选择第一个对象或[放弃(U)/多段线(P)/半径(R)/修剪(T)/多个(M)]：

输入圆角半径：0.5

选择边或[链(C)/半径(R)]：

选择边或[链(C)/半径(R)]：

选择边或[链(C)/半径(R)]：

选择边或[链(C)/半径(R)]：

选择边或[链(C)/半径(R)]：

选择边或[链(C)/半径(R)]：

选择边或[链(C)/半径(R)]：

选择边或[链(C)/半径(R)]：

已选定 8 个边用于圆角。

(15)体着色(赋予实体颜色,如图 12-31 所示)

视图→着色→体着色

命令：_shademode

当前模式：二维线框

输入选项[二维线框(2D)/三维线框(3D)/消隐(H)/平面着色(F)/体着色(G)/带边框平面着色(L)/带边框体着色(O)]＜二维线框＞：_g

(16)保存(存盘)

文件→保存

命令：_qsave

图 12-31　基座

12.2.5　灯罩(打印1套)

完成后如图 12-40 所示。

(1)创建文件

文件→新建

另存为 trafficchimney.dwg

(2)圆(制作灯罩旋转图形)

绘图→圆

命令：_circle

指定圆的圆心或[三点(3P)/两点(2P)/相切、相切、半径(T)]：0,0

指定圆的半径或[直径(D)]：15

(3)直线(制作灯罩旋转图形,如图 12-32 所示)

绘图→直线

命令：_line

指定第一点：0,15

指定下一点或[放弃(U)]：0,0

指定下一点或[放弃(U)]：5,0

指定下一点或[闭合(C)/放弃(U)]：5,15

(4)直线(制作灯罩旋转图形。第一点选取为以上最后画的直线与圆的交点处,如图 12-33 所示)

绘图→直线

命令：_line

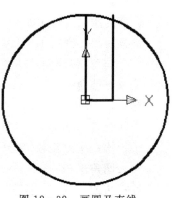

图 12-32　画圆及直线

指定第一点:

指定下一点或[放弃(U)]: @—5,0

(5)偏移(将上述直线向下偏移生成另一条直线,如图 12 - 34 所示)

修改→偏移

命令: _offset

当前设置:删除源＝否 图层＝源 OFF-SETGAPTYPE＝0

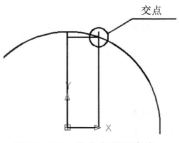

图 12 - 33 从交点处画直线

指定偏移距离或[通过(T)/删除(E)/图层(L)]＜通过＞: 2

选择要偏移的对象,或[退出(E)/放弃(U)]＜退出＞:

指定要偏移的那一侧上的点,或[退出(E)/多个(M)/放弃(U)]＜退出＞:

选择要偏移的对象,或[退出(E)/放弃(U)]＜退出＞:

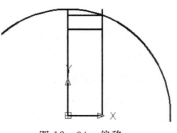

图 12 - 34 偏移

(6)删除(将偏移的原始直线删除,并同时删除从(0,0)到(5,0)的连线。如图 12 - 35 所示)

修改→删除

命令: _erase

选择对象:找到 1 个

选择对象:找到 1 个,总计 2 个

选择对象:

(7)修剪(剪除多余线条,形成以两条竖直线、一条水平线及一条圆弧线构成的封闭图形。如图 12 - 36 所示)

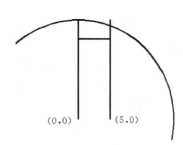

图 12 - 35 删除直线

修改→修剪

命令: _trim

当前设置:投影＝UCS,边＝无

选择剪切边...

选择对象或 ＜全部选择＞: 找到 1 个

选择对象:找到 1 个,总计 2 个

选择对象:找到 1 个,总计 3 个

选择对象:找到 1 个,总计 4 个

选择对象：

选择要修剪的对象，或按住 Shift 键选择要延伸的对象，或[栏选(F)/窗交(C)/投影(P)/边(E)/删除(R)/放弃(U)]：

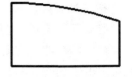

选择要修剪的对象，或按住 Shift 键选择要延伸的对象，或[栏选(F)/窗交(C)/投影(P)/边(E)/删除(R)/放弃(U)]：

选择要修剪的对象，或按住 Shift 键选择要延伸的对象，或[栏选(F)/窗交(C)/投影(P)/边(E)/删除(R)/放弃(U)]：

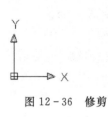

图 12-36　修剪

选择要修剪的对象，或按住 Shift 键选择要延伸的对象，或[栏选(F)/窗交(C)/投影(P)/边(E)/删除(R)/放弃(U)]：

选择要修剪的对象，或按住 Shift 键选择要延伸的对象，或[栏选(F)/窗交(C)/投影(P)/边(E)/删除(R)/放弃(U)]：

(8)移动(以图形左下角为基点，向下移动到坐标原点，如图 12-37 所示)

修改→移动

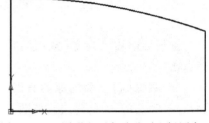

图 12-37　图形左下角移动到坐标原点

命令：_move

选择对象：找到 1 个

选择对象：找到 1 个,总计 2 个

选择对象：找到 1 个,总计 3 个

选择对象：找到 1 个,总计 4 个

选择对象：

指定基点或[位移(D)]＜位移＞：　指定第二个点或＜使用第一个点作为位移＞：0,0

(9)面域(将以上所画图形构成面域)

绘图→面域

命令：_region

选择对象：找到 1 个

选择对象：找到 1 个,总计 2 个

选择对象：找到 1 个,总计 3 个

选择对象：找到 1 个,总计 4 个

选择对象：

已提取 1 个环。

已创建 1 个面域。

（10）旋转（旋转成型，如图 12 - 38 所示）

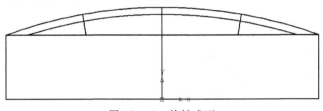

图 12 - 38　旋转成型

绘图→实体→旋转

命令：_revolve

当前线框密度：ISOLINES＝4

选择对象：找到 1 个

选择对象：

指定旋转轴的起点或

定义轴依照［对象（O）/X 轴（X）/Y 轴（Y）］：y

指定旋转角度 ＜360＞：

（11）东北等轴测（转换视角，如图 12 - 39 所示）

视图→三维实体→东北等轴测

命令：_－view

输入选项［? /分类（C）/图层状态（A）/正交
（O）/删除（D）/恢复（R）/保存（S）/UCS（U）/窗口
（W）］：_neiso

正在重生成模型。

（12）复制（复制至 3 个，放在不同位置）

修改→复制

命令：_copy

选择对象：找到 1 个

选择对象：

指定基点或［位移（D）］＜位移＞：　0,0,0

指定第二个点或 ＜使用第一个点作为位移＞：15,0,0

指定第二个点或［退出（E）/放弃（U）］＜退出＞：　0,0,15

（13）体着色

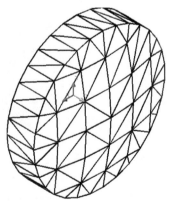

图 12 - 39　转换视角

视图→着色→体着色（将 3 个灯罩分别赋予红色、黄色和绿色实体颜色，如图 12-40 所示）

命令：_shademode 当前模式：二维线框

输入选项

[二维线框(2D)/三维线框(3D)/消隐(H)/平面着色(F)/体着色(G)/带边框平面着色(L)/带边框体着色(O)]<二维线框>：_g

(14)保存(存盘)

文件→保存

命令：_qsave

以上三个灯罩在一个文件内，为方便 3D 打印，可将文件打开，删除其中两个，保留一个，分别另存为 trafficchimney1. dwg、trafficchimney2. dwg 和 trafficchimney3. dwg

图 12-40　灯罩

12.3　集装箱拖车

集装箱拖车组合由集装箱箱体、集装箱门、拖车台板、拖车车轮、轮轴、拖车车头与销轴组成，如图 12-41 所示。

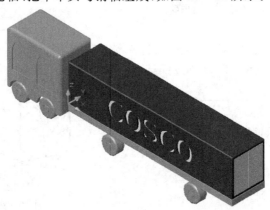

图 12-41　集装箱拖车

12.3.1　集装箱箱体(打印 1 件)

完成后如图 12-49 所示。

(1)创建文件

文件→新建

另存为 containerbody. dwg

(2)矩形(绘制集装箱外型拉伸截面图形)

绘图→矩形

命令：_rectang

指定第一个角点或[倒角(C)/标高(E)/圆角(F)/厚度(T)/宽度(W)]：0,0

指定另一个角点或[面积(A)/尺寸(D)/旋转(R)]：120,26

(3)面域(构成矩形面域,如图 12-42 所示)

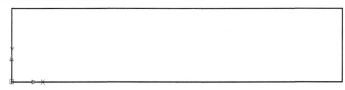

图 12-42 构成矩形面域

绘图→面域

命令：_region

选择对象：找到 1 个

选择对象：已提取 1 个环。

已创建 1 个面域。

(4)插入字体(在此之前先打开一个 Word 文档,插入艺术字"COSCO",字体格式为宋体,字号 80,设置艺术字格式,将高改为 3,宽改为 15,复制至剪切板。按以下位置粘贴后,采用命令"修改→缩放"及"修改→移动"将字体修改成合适大小并摆放在矩形面域中央。如图 12-43 所示)

图 12-43 缩放移动至合适大小位置

编辑—选择性粘贴—AutoCAD 图元

命令：_pastespec

指定插入点：0,0

(5)删除(删去多余重复图形。一般粘贴过来图线有两层,删去一层)

修改→删除

命令：_erase

选择对象：找到 1 个

选择对象：找到 1 个,总计 2 个

选择对象：找到 1 个,总计 3 个

选择对象：找到 1 个,总计 4 个

选择对象：找到 1 个,总计 5 个

选择对象：找到 1 个,总计 6 个

选择对象：找到 1 个,总计 7 个

选择对象：

(6)分解(分解字体)

修改→分解

命令：_explode

命令：_explode

选择对象：找到 1 个

选择对象：找到 1 个,总计 2 个

选择对象：找到 1 个,总计 3 个

选择对象：找到 1 个,总计 4 个

选择对象：找到 1 个,总计 5 个

选择对象：找到 1 个,总计 6 个

选择对象：找到 1 个,总计 7 个

选择对象：

(7)修整字体(将字母"O"内外环修改成单一闭合图形,如图 12-44 所示)

修改→删除及绘图→直线或修改→修剪

(8)面域(将字体图形构成面域。可窗选,窗选时根据修改图形情况不同,以下所列"指定对角点"数据会有不同)

绘图→面域

命令：_region

选择对象：指定对角点：找到 16 个

选择对象：

已提取 5 个环。

已创建 5 个面域。

(9)拉伸(将矩形面域拉伸成集装箱外部实体)

绘图→实体→拉伸

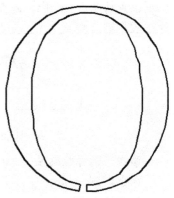

图 12-44　修改成单一闭合图形

命令：_extrude

当前线框密度：ISOLINES＝4

选择对象：找到 1 个

选择对象：

指定拉伸高度或［路径（P）］：－24

指定拉伸的倾斜角度 ＜0＞：

(10)拉伸(将字体图形面域拉伸出厚度)

绘图→实体→拉伸

命令：_extrude

当前线框密度：ISOLINES＝4

选择对象：找到 1 个

选择对象：找到 1 个，总计 2 个

选择对象：找到 1 个，总计 3 个

选择对象：找到 1 个，总计 4 个

选择对象：找到 1 个，总计 5 个

选择对象：

指定拉伸高度或［路径（P）］：－1

指定拉伸的倾斜角度 ＜0＞：0

(11)并集(将 5 个字母实体合并)

修改→实体编辑→并集

命令：_union

选择对象：找到 1 个

选择对象：找到 1 个，总计 2 个

选择对象：找到 1 个，总计 3 个

选择对象：找到 1 个，总计 4 个

选择对象：找到 1 个，总计 5 个

(12)西南等轴测(转换视角，如图 12－45 所示)

视图→三维视图→西南等轴测

命令：_- view

输入选项［? /分类（C）/图层状态（A）/正交（O）/删除（D）/恢复（R）/保存（S）/UCS（U）/窗口（W）］：_swiso

正在重生成模型。

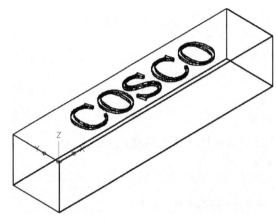

图 12-45　西南等轴测

(13)三维旋转(将箱体及字体转换放置角度,如图 12-46 所示)

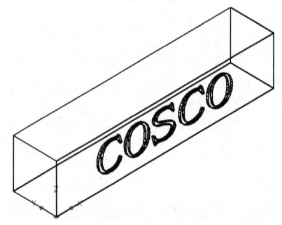

图 12-46　三维旋转

修改→三维操作—三维旋转

命令:_rotate3d

当前正向角度: ANGDIR=逆时针 ANGBASE=0

选择对象:找到 1 个

选择对象:找到 1 个,总计 2 个

选择对象:

指定轴上的第一个点或定义轴依据

[对象(O)/最近的(L)/视图(V)/X 轴(X)/Y 轴(Y)/Z 轴(Z)/两点(2)]:x

指定 X 轴上的点 <0,0,0>:

指定旋转角度或[参照(R)]：90

(14)东南等轴测(转换视角)

视图→三维视图→东南等轴测

命令：_- view

输入选项[? /分类(C)/图层状态(A)/正交(O)/删除(D)/恢复(R)/保存(S)/UCS(U)/窗口(W)]：_seiso

正在重生成模型。

(15)抽壳(制作空腔,选择箱体右端面)

修改→实体编辑→抽壳

命令：_solidedit

实体编辑自动检查：　SOLIDCHECK＝1

输入实体编辑选项[面(F)/边(E)/体(B)/放弃(U)/退出(X)]＜退出＞：_body

输入体编辑选项

[压印(I)/分割实体(P)/抽壳(S)/清除(L)/检查(C)/放弃(U)/退出(X)]＜退出＞：_shell

选择三维实体：

删除面或[放弃(U)/添加(A)/全部(ALL)]：找到一个面,已删除 1 个。

删除面或[放弃(U)/添加(A)/全部(ALL)]：

输入抽壳偏移距离：3

已开始实体校验。

已完成实体校验。

(16)差集(箱体上开出字体凹槽,如图 12-47 所示)

修改→实体编辑→差集

命令：_subtract

选择要从中减去的实体或面域...

选择对象：找到 1 个

选择对象：

选择要减去的实体或面域 ...

选择对象：找到 1 个

选择对象：

(17)长方体(制作门框区域)

绘图→实体→长方体

命令：_box

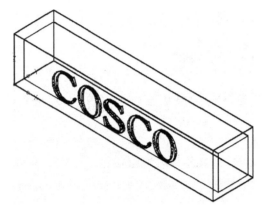

图 12-47 抽壳并开出字体凹槽

指定长方体的角点或[中心点(CE)]<0,0,0>:118,1.5,1.5

指定角点或[立方体(C)/长度(L)]:120,22.5,24.5

(18) 差集(箱体上开出装门空间,如图 12-48 所示)

修改→实体编辑→差集

命令:_subtract

选择要从中减去的实体或面域...

选择对象:找到 1 个

选择对象:

选择要减去的实体或面域...

选择对象:找到 1 个

图 12-48 开出装门空间

选择对象:

(19) 圆角(箱体外部各边沿倒圆角。操作时可打开三维动态观察器转换角度,以便对边角进行选择)

修改→圆角

命令:_fillet

当前设置:模式 = 修剪,半径 = 0.0

选择第一个对象或[放弃(U)/多段线(P)/半径(R)/修剪(T)/多个(M)]:

输入圆角半径:0.5

选择边或[链(C)/半径(R)]:

选择边或[链(C)/半径(R)]:

选择边或[链(C)/半径(R)]:

选择边或[链(C)/半径(R)]:

选择边或[链(C)/半径(R)]:

选择边或[链(C)/半径(R)]:

选择边或[链(C)/半径(R)]:

选择边或[链(C)/半径(R)]:

选择边或[链(C)/半径(R)]:

选择边或[链(C)/半径(R)]:

选择边或[链(C)/半径(R)]:

选择边或[链(C)/半径(R)]:

已选定 12 个边用于圆角。

(20)体着色(赋予实体色彩)

视图→着色→体着色

命令：_shademode

当前模式：二维线框

输入选项[二维线框(2D)/三维线框(3D)/消隐(H)/平面着色(F)/体着色(G)/带边框平面着色(L)/带边框体着色(O)]<二维线框>：_g

(21)着色面(将内凹字体面赋予别的颜色,如图 12-49 所示)

图 12-49　集装箱箱体

修改→实体编辑→着色面

命令：_solidedit

实体编辑自动检查：　SOLIDCHECK=1

输入实体编辑选项[面(F)/边(E)/体(B)/放弃(U)/退出(X)]<退出>：_face

输入面编辑选项

[拉伸(E)/移动(M)/旋转(R)/偏移(O)/倾斜(T)/删除(D)/复制(C)/着色

(L)/放弃(U)/退出(X)] ＜退出＞：_color

　　选择面或[放弃(U)/删除(R)]：找到一个面。

　　选择面或[放弃(U)/删除(R)/全部(ALL)]：

　　输入面编辑选项

　　[拉伸(E)/移动(M)/旋转(R)/偏移(O)/倾斜(T)/删除(D)/复制(C)/着色
(L)/放弃(U)/退出(X)] ＜退出＞：1

　　选择面或[放弃(U)/删除(R)]：找到一个面。

　　选择面或[放弃(U)/删除(R)/全部(ALL)]：

　　输入面编辑选项

　　[拉伸(E)/移动(M)/旋转(R)/偏移(O)/倾斜(T)/删除(D)/复制(C)/着色
(L)/放弃(U)/退出(X)] ＜退出＞：1

　　选择面或[放弃(U)/删除(R)]：找到一个面。

　　选择面或[放弃(U)/删除(R)/全部(ALL)]：

　　输入面编辑选项

　　[拉伸(E)/移动(M)/旋转(R)/偏移(O)/倾斜(T)/删除(D)/复制(C)/着色
(L)/放弃(U)/退出(X)] ＜退出＞：1

　　选择面或[放弃(U)/删除(R)]：找到一个面。

　　选择面或[放弃(U)/删除(R)/全部(ALL)]：

　　输入面编辑选项

　　[拉伸(E)/移动(M)/旋转(R)/偏移(O)/倾斜(T)/删除(D)/复制(C)/着色
(L)/放弃(U)/退出(X)] ＜退出＞：1

　　选择面或[放弃(U)/删除(R)]：找到 1 个面。

　　选择面或[放弃(U)/删除(R)/全部(ALL)]：

　　输入面编辑选项

　　[拉伸(E)/移动(M)/旋转(R)/偏移(O)/倾斜(T)/删除(D)/复制(C)/着色
(L)/放弃(U)/退出(X)] ＜退出＞：x

　　实体编辑自动检查：　SOLIDCHECK＝1

　　输入实体编辑选项[面(F)/边(E)/体(B)/放弃(U)/退出(X)] ＜退出＞：

　　(22) 保存(存盘)

　　文件→保存

　　命令：_qsave

12.3.2　集装箱门(打印 1 件)

　　完成后如图 12-52 所示。

(1)创建文件

文件→新建

另存为 containerdoor.dwg

(2)东南等轴测(转换视角)

视图→三维实体→东南等轴测

命令：_- view

输入选项[? /分类(C)/图层状态(A)/正交(O)/删除

(D)/恢复(R)/保存(S)/UCS(U)/窗口(W)]：_seiso

正在重生成模型。

(3)长方体(制作门外形,如图 12-50 所示)

绘图→实体→长方体

命令：_box

指定长方体的角点或[中心点(CE)]＜0,0,0＞：

指定角点或[立方体(C)/长度(L)]：2,21,23

(4)圆柱体(制作门中间沟槽,如图 12-51 所示)

绘图→实体→圆柱体

命令：_cylinder

当前线框密度：ISOLINES＝4

指定圆柱体底面的中心点或[椭圆(E)]＜0,0,0＞：

2,10.5,0

指定圆柱体底面的半径或[直径(D)]：0.1

指定圆柱体高度或[另一个圆心(C)]：23

(5)差集(开出沟槽)

修改→实体编辑→差集

命令：_subtract

选择要从中减去的实体或面域...

选择对象：找到 1 个

选择对象：

选择要减去的实体或面域...

选择对象：找到 1 个

(6)圆角(各边沿倒圆角)

修改→圆角

命令：_fillet

当前设置：模式 ＝ 修剪,半径 ＝ 0.0

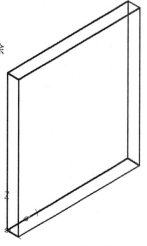

图 12-50　箱门外形

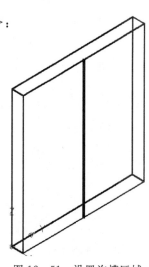

图 12-51　设置沟槽区域

选择第一个对象或[放弃(U)/多段线(P)/半径(R)/修剪(T)/多个(M)]：

输入圆角半径：0.1

选择边或[链(C)/半径(R)]：

选择边或[链(C)/半径(R)]：

选择边或[链(C)/半径(R)]：

选择边或[链(C)/半径(R)]：

选择边或[链(C)/半径(R)]：

选择边或[链(C)/半径(R)]：

选择边或[链(C)/半径(R)]：

选择边或[链(C)/半径(R)]：

选择边或[链(C)/半径(R)]：

选择边或[链(C)/半径(R)]：

选择边或[链(C)/半径(R)]：

选择边或[链(C)/半径(R)]：

选择边或[链(C)/半径(R)]：

选择边或[链(C)/半径(R)]：

已选定 14 个边用于圆角。

(7)体着色(赋予实体色彩,如图 12 - 52 所示)

视图→着色→体着色

命令：_shademode

当前模式：二维线框

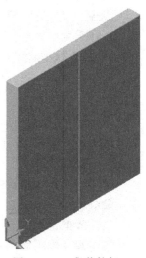

图 12 - 52　集装箱门

输入选项[二维线框(2D)/三维线框(3D)/消隐(H)/平面着色(F)/体着色(G)/带边框平面着色(L)/带边框体着色(O)] <二维线框>：_g

(8)保存(存盘)

文件→保存

命令：_qsave

12.3.3　拖车台板 (打印 1 件)

完成后如图 12 - 59 所示。

(1)创建文件

文件→新建

另存为 trailerbedplate. dwg

(2)东南等轴测(转换视角)

视图→三维实体→东南等轴测

命令：_- view

输入选项[?/分类(C)/图层状态(A)/正交(O)/删除(D)/恢复(R)/保存(S)/UCS(U)/窗口(W)]：_seiso

正在重生成模型。

(3)长方体(制作台板外形,如图 12-53 所示)

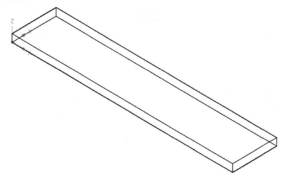

图 12-53　台板外形

绘图→实体→长方体

命令：_box

指定长方体的角点或[中心点(CE)]<0,0,0>：

指定角点或[立方体(C)/长度(L)]：120,24,4

(4)主视(转换视角)

视图→三维实体→主视

命令：_- view

输入选项[?/分类(C)/图层状态(A)/正交(O)/删除(D)/恢复(R)/保存(S)/UCS(U)/窗口(W)]：_front

正在重生成模型。

(5)圆柱体(制作轮轴)

绘图→实体→圆柱体

命令：_cylinder

当前线框密度：ISOLINES=4

指定圆柱体底面的中心点或[椭圆(E)]<0,0,0>：30,-7,0

指定圆柱体底面的半径或[直径(D)]：2

指定圆柱体高度或[另一个圆心(C)]：-24

(6)倒角(对轮轴一端作倒角)

修改→倒角

命令：_chamfer

("修剪"模式) 当前倒角距离 1 = 0.0,距离 2 = 0.0

选择第一条直线或[放弃(U)/多段线(P)/距离(D)/角度(A)/修剪(T)/方式(E)/多个(M)]：

基面选择...

输入曲面选择选项[下一个(N)/当前(OK)]＜当前＞：

指定基面的倒角距离：0.2

指定其他曲面的倒角距离 ＜0.2＞：

(7)后视(转换视角)

视图→三维实体→东北等轴测

命令：_- view

输入选项[? /分类(C)/图层状态(A)/正交(O)/删除(D)/恢复(R)/保存(S)/UCS(U)/窗口(W)]：_neiso

正在重生成模型。

(8)倒角(对轮轴另一端作倒角,如图 12 - 54 所示)

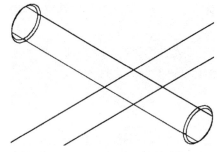

图 12 - 54　轮轴两端倒角

修改→倒角

命令：_chamfer

("修剪"模式) 当前倒角距离 1 = 0.2,距离 2 = 0.2

选择第一条直线或[放弃(U)/多段线(P)/距离(D)/角度(A)/修剪(T)/方式(E)/多个(M)]：

基面选择...

输入曲面选择选项[下一个(N)/当前(OK)]＜当前＞：

指定基面的倒角距离 ＜0.2＞：

指定其他曲面的倒角距离 ＜0.2＞：

(9)俯视图(转换视角)

视图→三维实体→俯视

命令：_ - view

输入选项[? /分类（C）/图层状态（A）/正交（O）/删除（D）/恢复（R）/保存（S）/UCS（U）/窗口（W）]：_top

正在重生成模型。

（10）东南等轴测（转换视角）

视图→三维实体→东南等轴测

命令：_ - view

输入选项[? /分类（C）/图层状态（A）/正交（O）/删除（D）/恢复（R）/保存（S）/UCS（U）/窗口（W）]：_seiso

正在重生成模型。

（11）长方体（制作轮轴连接板，如图 12 - 55 所示）

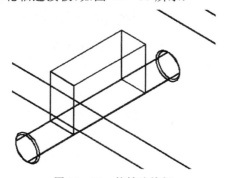

图 12 - 55　轮轴连接板

绘图→实体→长方体

命令：_box

指定长方体的角点或[中心点（CE）] ＜0,0,0＞：28,6,－7

指定角点或[立方体（C）/长度（L）]：32,18,0

（12）并集（轮轴与轮轴连接板合并）

修改→实体编辑→并集

命令：_union

选择对象：找到 1 个

选择对象：找到 1 个,总计 2 个

（13）复制（复制至 2 件）

修改→复制

命令：_copy

选择对象：找到 1 个

选择对象：

指定基点或［位移(D)］＜位移＞：　d

指定位移 ＜0.0，0.0，0.0＞：　@60,0,0

(14)并集(将台板与 2 个轮轴组合合并,如图 12-56 所示)

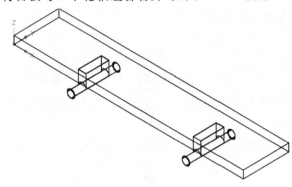

图 12-56　台板轮轴合并

修改→实体编辑→并集

命令：_union

选择对象：找到 1 个

选择对象：找到 1 个,总计 2 个

选择对象：找到 1 个,总计 3 个

(15)圆角(台板各个边沿倒圆角)

修改→圆角

命令：_fillet

当前设置：模式 ＝ 修剪,半径 ＝ 0.0

选择第一个对象或［放弃(U)/多段线(P)/半径(R)/修剪(T)/多个(M)］：

输入圆角半径：0.2

选择边或［链(C)/半径(R)］：

选择边或［链(C)/半径(R)］：

选择边或［链(C)/半径(R)］：

选择边或［链(C)/半径(R)］：

选择边或［链(C)/半径(R)］：

选择边或［链(C)/半径(R)］：

选择边或［链(C)/半径(R)］：

选择边或［链(C)/半径(R)］：

选择边或[链(C)/半径(R)]：

选择边或[链(C)/半径(R)]：

选择边或[链(C)/半径(R)]：

选择边或[链(C)/半径(R)]：

已选定 12 个边用于圆角。

(16)长方体(制作与拖车头连接体)

绘图→实体→长方体

命令：_box

指定长方体的角点或[中心点(CE)]<0,0,0>：0,10,1

指定角点或[立方体(C)/长度(L)]：−3,14,3

(17)圆柱体(制作与拖车头连接体)

绘图→实体→圆柱体

命令：_cylinder

当前线框密度：ISOLINES=4

指定圆柱体底面的中心点或[椭圆(E)]<0,0,0>：−3,12,1

指定圆柱体底面的半径或[直径(D)]：2

指定圆柱体高度或[另一个圆心(C)]：2

(18)并集(将台板与挂钩连接部分合并,如图 12−57 所示)

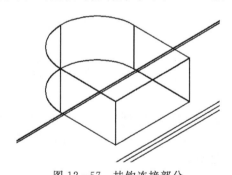

图 12−57　挂钩连接部分

修改→实体编辑→并集

命令：_union

选择对象：找到 1 个

选择对象：找到 1 个,总计 2 个

选择对象：找到 1 个,总计 3 个

(19)圆柱体(制作销轴孔区域)

绘图→实体→圆柱体

命令：_cylinder

当前线框密度：ISOLINES=4

指定圆柱体底面的中心点或[椭圆(E)]＜0,0,0＞：−3,12,1

指定圆柱体底面的半径或[直径(D)]：1

指定圆柱体高度或[另一个圆心(C)]：2

(20)差集(开出销轴孔,如图12−58所示)

修改→实体编辑→差集

命令：_subtract

选择要从中减去的实体或面域…

选择对象：找到 1 个

选择对象：

选择要减去的实体或面域…

选择对象：找到 1 个

(21)西南等轴测(转换视角)

视图→三维实体→西南等轴测

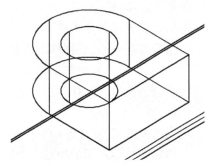

图12−58　挂钩开孔

命令：_−view 输入选项

[？/分类(C)/图层状态(A)/正交(O)/删除(D)/恢复(R)/保存(S)/UCS(U)/窗口(W)]：_swiso

正在重生成模型。

(22)圆角(将台板与挂钩连接处倒圆角)

修改→圆角

命令：_fillet

当前设置：模式 = 修剪,半径 = 0.2

选择第一个对象或[放弃(U)/多段线(P)/半径(R)/修剪(T)/多个(M)]：

输入圆角半径 ＜0.2＞：2

选择边或[链(C)/半径(R)]：

选择边或[链(C)/半径(R)]：

已选定 2 个边用于圆角。

(23)东南等轴测(转换视角)**视图→三维实体→东南等轴测**

命令：_−view

输入选项[？/分类(C)/图层状态(A)/正交(O)/删除(D)/恢复(R)/保存(S)/UCS(U)/窗口(W)]：_seiso

正在重生成模型。

（24）体着色（赋予实体色彩，如图 12 - 59 所示。）

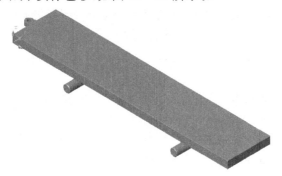

图 12 - 59　拖车台板

视图→着色→体着色

命令：_shademode

当前模式：二维线框

输入选项［二维线框（2D）/三维线框（3D）/消隐（H）/平面着色（F）/体着色
（G）/带边框平面着色（L）/带边框体着色（O）］＜二维线框＞：_g

（25）保存（存盘）

文件→保存

命令：_qsave

12.3.4　拖车车轮（打印 8 件）

完成后如图 12 - 61 所示。

（1）创建文件

文件→新建

另存为 trailerwheels. dwg

（2）东南等轴测（转换视角）

视图→三维视图→东南等轴测

命令：_- view

输入选项［？/分类（C）/图层状态（A）/正交（O）/删除（D）/恢复（R）/保存
（S）/UCS（U）/窗口（W）］：_seiso

正在重生成模型。

（3）圆柱体（制作车轮外形）

绘图→实体→圆柱体

命令：_cylinder

当前线框密度：ISOLINES＝4

指定圆柱体底面的中心点或［椭圆(E)］＜0,0,0＞：

指定圆柱体底面的半径或［直径(D)］：6

指定圆柱体高度或［另一个圆心(C)］：6

(4)圆柱体(制作轮轴孔)

绘图→实体→圆柱体

命令：_cylinder

当前线框密度：ISOLINES＝4

指定圆柱体底面的中心点或［椭圆(E)］＜0,0,0＞：

指定圆柱体底面的半径或［直径(D)］：2

指定圆柱体高度或［另一个圆心(C)］：6

(5)差集(开出轮轴孔,如图 12-60 所示)

修改→实体编辑→差集

命令：_subtract

选择要从中减去的实体或面域…

选择对象：找到 1 个

选择对象：

选择要减去的实体或面域…

选择对象：找到 1 个

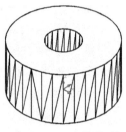

图 12-60　车轮雏形

(6)圆角(车轮两侧面倒圆角)

修改→圆角

命令：_fillet

当前设置：模式 ＝ 修剪,半径 ＝ 0.0

选择第一个对象或［放弃(U)/多段线(P)/半径(R)/修剪(T)/多个(M)］：

输入圆角半径：1

选择边或［链(C)/半径(R)］：

选择边或［链(C)/半径(R)］：

已选定 2 个边用于圆角。

(7)三维旋转(转换摆放角度)

修改→三维操作—三维旋转

命令：_rotate3d

当前正向角度： ANGDIR＝逆时针 ANGBASE＝0

选择对象：找到 1 个

选择对象：

指定轴上的第一个点或定义轴依据

［对象(O)/最近的(L)/视图(V)/X 轴(X)/Y 轴(Y)/Z 轴(Z)/两点(2)］：x

指定 X 轴上的点＜0,0,0＞：

指定旋转角度或［参照(R)］：－90

(8)体着色(赋予实体色彩,如图 12-61 所示)

视图→着色→体着色

命令：_shademode

当前模式：二维线框

输入选项［二维线框(2D)/三维线框(3D)/消隐(H)/

平面着色(F)/体着色(G)/带边框平面着色(L)/带边框

体着色(O)］＜二维线框＞：_g

图 12-61　拖车车轮

(9)保存(存盘)

文件→保存

命令：_qsave

12.3.5　轮轴(打印 2 件)

完成后如图 12-63 所示。

(1)创建文件

文件→新建

另存为 trailershaft. dwg

(2)东南等轴测(转换视角)

视图→三维实体→东南等轴测

命令：_- view

输入选项［? /分类(C)/图层状态(A)/正交(O)/删除(D)/恢复(R)/保存

(S)/UCS(U)/窗口(W)］：_seiso

正在重生成模型。

(3)圆柱体(制作轮轴)

绘图→实体→圆柱体

命令：_cylinder

当前线框密度：ISOLINES＝4

指定圆柱体底面的中心点或［椭圆(E)］＜0,0,0＞：

指定圆柱体底面的半径或［直径(D)］：2

指定圆柱体高度或［另一个圆心(C)］：24

(4)倒角(轴端作倒角,如图 12-62 所示)

修改→倒角

命令：_chamfer

（"修剪"模式）当前倒角距离 1 = 0.0，距离 2 = 0.0

选择第一条直线或［放弃（U）/多段线（P）/距离（D）/角度（A）/修剪（T）/方式（E）/多个（M）］：

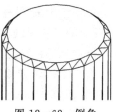

图 12 - 62　倒角

基面选择...

指定基面的倒角距离：0.2

指定其他曲面的倒角距离 <0.2>：

选择边或［环（L）］：选择边或［环（L）］：选择边或［环（L）］：

（5）三维旋转（转换摆放角度）

修改→三维操作—三维旋转

命令：_rotate3d

当前正向角度： ANGDIR＝逆时针 ANGBASE＝0

选择对象：找到 1 个

选择对象：

指定轴上的第一个点或定义轴依据

［对象（O）/最近的（L）/视图（V）/X 轴（X）/Y 轴（Y）/Z 轴（Z）/两点（2）］：x

指定 X 轴上的点 <0,0,0>：

指定旋转角度或［参照（R）］：—90

（6）体着色（赋予实体色彩，如图 12 - 63 所示）

视图→着色→体着色

命令：_shademode

当前模式：二维线框

输入选项［二维线框（2D）/三维线框（3D）/消隐（H）/平面着色（F）/体着色（G）/带边框平面着色（L）/带边框体着色（O）］<二维线框>：_g

图 12 - 63　轮轴

（7）保存（存盘）

文件→保存

命令：_qsave

12.3.6　拖车车头(打印 1 件)

完成后如图 12 - 80 所示。

（1）创建文件

文件→新建

另存为 trailerbody. dwg

(2)圆(绘制车头拉伸截面图形)

绘图→圆

命令：_circle

指定圆的圆心或[三点(3P)/两点(2P)/相切、相切、半径(T)]：0,0

指定圆的半径或[直径(D)]：7

(3)圆(绘制车头拉伸截面图形)

绘图→圆

命令：_circle

指定圆的圆心或[三点(3P)/两点(2P)/
相切、相切、半径(T)]：20,0

指定圆的半径或[直径(D)]<7.0>：7

(4)直线(绘制车头拉伸截面图形,如图
12-64 所示)

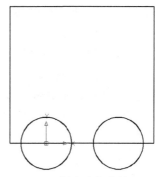

图 12-64　绘制车头拉伸截面图形

绘图→直线

命令：_line

指定第一点：0,0

指定下一点或[放弃(U)]：-10,0

指定下一点或[放弃(U)]：-10,37

指定下一点或[闭合(C)/放弃(U)]：30,37

指定下一点或[闭合(C)/放弃(U)]：30,0

指定下一点或[闭合(C)/放弃(U)]：c

(5)修剪(修剪成主体为矩形下面带有两个半圆缺口的单一封闭图形,如图
12-65所示)

修改→修剪

命令：_trim

当前设置:投影=UCS,边=无

选择剪切边...

选择对象或 <全部选择>： 找到
1 个

选择对象:找到 1 个,总计 2 个

选择对象:找到 1 个,总计 3 个

选择对象:找到 1 个,总计 4 个

图 12-65　修剪成单一封闭图形

选择对象：

选择要修剪的对象，或按住 Shift 键选择要延伸的对象，或［栏选（F）/窗交（C）/投影（P）/边（E）/删除（R）/放弃（U）］：

选择要修剪的对象，或按住 Shift 键选择要延伸的对象，或［栏选（F）/窗交（C）/投影（P）/边（E）/删除（R）/放弃（U）］：

选择要修剪的对象，或按住 Shift 键选择要延伸的对象，或［栏选（F）/窗交（C）/投影（P）/边（E）/删除（R）/放弃（U）］：

选择要修剪的对象，或按住 Shift 键选择要延伸的对象，或［栏选（F）/窗交（C）/投影（P）/边（E）/删除（R）/放弃（U）］：

选择要修剪的对象，或按住 Shift 键选择要延伸的对象，或［栏选（F）/窗交（C）/投影（P）/边（E）/删除（R）/放弃（U）］：

选择要修剪的对象，或按住 Shift 键选择要延伸的对象，或［栏选（F）/窗交（C）/投影（P）/边（E）/删除（R）/放弃（U）］：

（6）面域（构成面域）

绘图→面域

命令：_region

选择对象：找到 1 个

选择对象：找到 1 个，总计 2 个

选择对象：找到 1 个，总计 3 个

选择对象：找到 1 个，总计 4 个

选择对象：找到 1 个，总计 5 个

选择对象：找到 1 个，总计 6 个

选择对象：找到 1 个，总计 7 个

选择对象：找到 1 个，总计 8 个

（7）拉伸（拉伸成体）

绘图→实体→拉伸

命令：_extrude

当前线框密度：ISOLINES＝4

选择对象：找到 1 个

选择对象：

指定拉伸高度或［路径（P）］：－24

指定拉伸的倾斜角度 ＜0＞：

（8）东南等轴测（转换视角，如 12－66 所示）

视图→三维实体→东南等轴测

命令：_– view

输入选项[？/分类(C)/图层状态(A)/正交(O)/删除(D)/恢复(R)/保存(S)/UCS(U)/窗口(W)]：_seiso

正在重生成模型。

(9)圆角(位于车头前上边沿制作大圆角)

修改→圆角

命令：_fillet

当前设置：模式 = 修剪,半径 = 0.0

选择第一个对象或[放弃(U)/多段线(P)/半径(R)/修剪(T)/多个(M)]：

输入圆角半径：5

选择边或[链(C)/半径(R)]：

已选定 1 个边用于圆角。

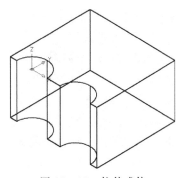

图 12 – 66　拉伸成体

(10)圆角(其余车头上顶面及侧面各边沿做小圆角,如图 12 – 67 所示)

修改→圆角

命令：_fillet

当前设置：模式 = 修剪,半径 = 5.0

选择第一个对象或[放弃(U)/多段线(P)/半径(R)/修剪(T)/多个(M)]：

输入圆角半径 <5.0>：2

选择边或[链(C)/半径(R)]：

选择边或[链(C)/半径(R)]：

选择边或[链(C)/半径(R)]：

选择边或[链(C)/半径(R)]：

选择边或[链(C)/半径(R)]：

选择边或[链(C)/半径(R)]：

选择边或[链(C)/半径(R)]：

已选定 7 个边用于圆角。

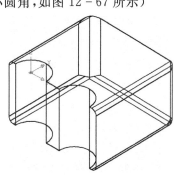

图 12 – 67　各边沿倒圆角

(11)抽壳(选择下底各个面向上抽壳,如图 12 – 68 所示)

修改→实体编辑→抽壳

命令：_solidedit

实体编辑自动检查： SOLIDCHECK=1

输入实体编辑选项[面(F)/边(E)/体(B)/放弃(U)/退出(X)]<退出>：

_body

　　输入体编辑选项

　　[压印(I)/分割实体(P)/抽壳(S)/清除(L)/检查(C)/放弃(U)/退出(X)] <退出>：_shell

　　选择三维实体：

　　删除面或[放弃（U)/添加（A)/全部(ALL)]：找到一个面,已删除 1 个。

　　删除面或[放弃（U)/添加（A)/全部(ALL)]：找到一个面,已删除 1 个。

　　删除面或[放弃（U)/添加（A)/全部(ALL)]：找到一个面,已删除 1 个。

　　删除面或[放弃(U)/添加(A)/全部(ALL)]：找到一个面,已删除 1 个。

　　删除面或[放弃(U)/添加(A)/全部(ALL)]：找到一个面,已删除 1 个。

　　删除面或[放弃(U)/添加(A)/全部(ALL)]：

　　输入抽壳偏移距离：2

　　已开始实体校验。

　　已完成实体校验。

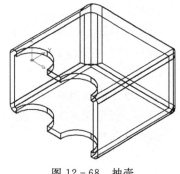

图 12-68　抽壳

　　(12)长方体(制作纵梁以设置主轴支架)

绘图→实体→长方体

命令：_box

　　指定长方体的角点或[中心点(CE)] <0,0,0>：-8,0,-6

　　指定角点或[立方体(C)/长度(L)]：28,4,-18

　　(13)圆柱体(制作主轴支架)

绘图→实体→圆柱体

命令：_cylinder

　　当前线框密度：ISOLINES=4

　　指定圆柱体底面的中心点或[椭圆(E)] <0,0,0>：0,0,-6

　　指定圆柱体底面的半径或[直径(D)]：4

　　指定圆柱体高度或[另一个圆心(C)]：-12

CYLINDER

　　当前线框密度：ISOLINES=4

　　指定圆柱体底面的中心点或[椭圆(E)] <0,0,0>：20,0,-6

　　指定圆柱体底面的半径或[直径(D)]：4

　　指定圆柱体高度或[另一个圆心(C)]：-12

（14）并集（将纵梁与主轴支架及车体合并，如图 12 - 69 所示）

修改→实体编辑→并集

命令：_union

选择对象：找到 1 个

选择对象：找到 1 个，总计 2 个

选择对象：找到 1 个，总计 3 个

选择对象：找到 1 个，总计 4 个

（15）圆柱体（制作主轴孔）

绘图→实体→圆柱体

命令：_cylinder

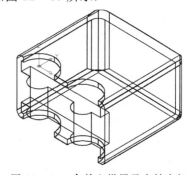

图 12 - 69 合并上纵梁及主轴支架

当前线框密度：ISOLINES＝4

指定圆柱体底面的中心点或[椭圆(E)]＜0,0,0＞：0,0,－6

指定圆柱体底面的半径或[直径(D)]：2

指定圆柱体高度或[另一个圆心(C)]：－12

命令：

CYLINDER

当前线框密度：ISOLINES＝4

指定圆柱体底面的中心点或[椭圆(E)]＜0,0,0＞：20,0,－6

指定圆柱体底面的半径或[直径(D)]：2

指定圆柱体高度或[另一个圆心(C)]：－12

（16）差集（开出主轴孔，如图 12 - 70 所示）

修改→实体编辑→差集

命令：_subtract 选择要从中减去的实体或

面域...

选择对象：找到 1 个

选择对象：

选择要减去的实体或面域 ...

选择对象：找到 1 个

选择对象：找到 1 个，总计 2 个

（17）三维旋转（三维旋转以转换坐标系，如

图 12 - 71 所示）

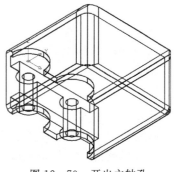

图 12 - 70 开出主轴孔

修改→三维操作—三维旋转

命令：_rotate3d

当前正向角度：　ANGDIR＝逆时针　ANG-BASE＝0

选择对象：找到 1 个

选择对象：

指定轴上的第一个点或定义轴依据

[对象(O)/最近的(L)/视图(V)/X 轴(X)/Y 轴(Y)/Z 轴(Z)/两点(2)]：x

指定 X 轴上的点 <0,0,0>：

指定旋转角度或[参照(R)]：90

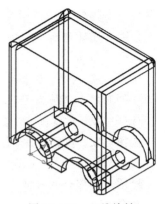

图 12-71　三维旋转

(18)圆柱体(制作连接体)

绘图→实体→圆柱体

命令：_cylinder

当前线框密度：ISOLINES＝4

指定圆柱体底面的中心点或[椭圆(E)] <0,0,0>：33,12,6

指定圆柱体底面的半径或[直径(D)]：2

指定圆柱体高度或[另一个圆心(C)]：6

(19)截切(切去靠近车体的半个圆柱，如图 12-72 所示)

绘图→实体→截切

命令：_slice

选择对象：找到 1 个

选择对象：

指定切面上的第一个点，依照[对象(O)/Z 轴(Z)/视图(V)/XY 平面(XY)/YZ 平面(YZ)/ZX 平面(ZX)/三点(3)] <三点>：33,0,0

指定平面上的第二个点：33,-12,0

指定平面上的第三个点：33,0,6

在要保留的一侧指定点或[保留两侧(B)]：

(20)拉伸面(拉伸圆柱截面至车头体。操作过程使用三维动态观察器以便选择面)

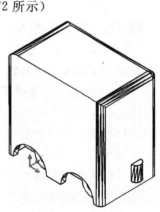

图 12-72　增加半个圆柱

修改→实体编辑→拉伸面

命令：_solidedit

实体编辑自动检查：　SOLIDCHECK＝1

输入实体编辑选项［面（F）/边（E）/体（B）/放弃（U）/退出（X）］＜退出＞：
_face

输入面编辑选项

［拉伸（E）/移动（M）/旋转（R）/偏移（O）/倾斜（T）/删除（D）/复制（C）/着色
（L）/放弃（U）/退出（X）］＜退出＞：_extrude

选择面或［放弃（U）/删除（R）］：'_3dorbit 按 ESC 或 ENTER 键退出，或者单
击鼠标右键显示快捷菜单。

正在重生成模型。

正在恢复执行 SOLIDEDIT 命令。

选择面或［放弃（U）/删除（R）］：找到 1 个面。

选择面或［放弃（U）/删除（R）/全部（ALL）］：

指定拉伸高度或［路径（P）］：3

指定拉伸的倾斜角度 ＜0＞：

已开始实体校验。

已完成实体校验。

（21）东南等轴测（回到原视角，如图 12 - 73 所示）

视图→三维实体→东南等轴测

命令：_- view

输入选项［? /分类（C）/图层状态（A）/正
交（O）/删除（D）/恢复（R）/保存（S）/UCS（U）/
窗口（W）］：_seiso

正在重生成模型。

（22）圆柱体（制作销孔）

绘图→实体→圆柱体

命令：_cylinder

当前线框密度：ISOLINES＝4

指定圆柱体底面的中心点或［椭圆（E）］
＜0,0,0＞：33,12,6

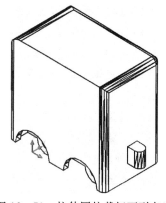

图 12 - 73　拉伸圆柱截切面到车头

指定圆柱体底面的半径或［直径（D）］：1

指定圆柱体高度或［另一个圆心（C）］：6

（23）差集（开出销孔，如图 12 - 74 所示）

修改→实体编辑→差集

命令：_subtract

选择要从中减去的实体或面域…

选择对象：找到 1 个

选择对象：

选择要减去的实体或面域…

选择对象：找到 1 个

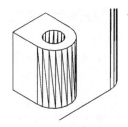

图 12 - 74　开出销孔

(24) 长方体(制作卡槽)

绘图→实体→长方体

命令：_box

指定长方体的角点或[中心点(CE)]＜0,0,0＞：30,10,7.9

指定角点或[立方体(C)/长度(L)]：36,14,10.1

(25) 差集(开出卡槽,如图 12 - 75 所示)

修改→实体编辑→差集

命令：_subtract

选择要从中减去的实体或面域…

选择对象：找到 1 个

选择对象：

选择要减去的实体或面域…

选择对象：找到 1 个

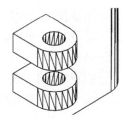

图 12 - 75　开出卡槽

(26) 并集(合并连接体与车体)

修改→实体编辑→并集

命令：_union

选择对象：找到 1 个

选择对象：找到 1 个,总计 2 个

(27) 圆角(将连接体与车体连接处倒圆角,如图 12 - 76 所示)

修改→圆角

命令：_fillet

当前设置：模式 ＝ 修剪,半径 ＝ 5.0

选择第一个对象或[放弃(U)/多段线(P)/半径(R)/修剪(T)/多个(M)]：

输入圆角半径 ＜5.0＞：2

选择边或[链(C)/半径(R)]：

选择边或[链(C)/半径(R)]：

选择边或[链(C)/半径(R)]：

选择边或[链(C)/半径(R)]：

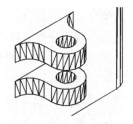

图 12 - 76　倒圆角

已选定 4 个边用于圆角。

（28）长方体（制作车窗）

绘图→实体→长方体

命令：_box

指定长方体的角点或［中心点(CE)］＜0,0,0＞：−5,0,12

指定角点或［立方体(C)/长度(L)］：7,0.5,32

命令：BOX

指定长方体的角点或［中心点(CE)］＜0,0,0＞：25,0,12

指定角点或［立方体(C)/长度(L)］：13,0.5,32

命令：BOX

指定长方体的角点或［中心点(CE)］＜0,0,0＞：−5,24,12

指定角点或［立方体(C)/长度(L)］：7,23.5,32

命令：BOX

指定长方体的角点或［中心点(CE)］＜0,0,0＞：25,24,12

指定角点或［立方体(C)/长度(L)］：13,23.5,32

（29）差集（开出车窗轮廓）

修改→实体编辑→差集

命令：_subtract

选择要从中减去的实体或面域...

选择对象：找到 1 个

选择对象：

选择要减去的实体或面域...

选择对象：找到 1 个

选择对象：找到 1 个,总计 2 个

选择对象：找到 1 个,总计 3 个

选择对象：找到 1 个,总计 4 个

（30）视图放大（以便选择目标）

视图→缩放—窗口

命令：′_zoom

指定窗口的角点,输入比例因子（nX 或 nXP）,或者

［全部(A)/中心(C)/动态(D)/范围(E)/上一个(P)/比例(S)/窗口(W)/对象(O)］＜实时＞：_w

指定第一个角点：指定对角点：

（31）圆角（分别对四个车窗前上角做圆角,如图 12-77 所示）

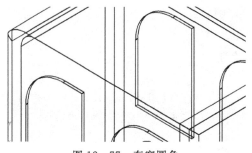

图 12 - 77　车窗圆角

修改→圆角

命令：_fillet

当前设置：模式 = 修剪,半径 = 8.0

选择第一个对象或[放弃(U)/多段线(P)/半径(R)/修剪(T)/多个(M)]：

输入圆角半径 <8.0>：

选择边或[链(C)/半径(R)]：

已选定 1 个边用于圆角。

命令：_fillet

当前设置：模式 = 修剪,半径 = 8.0

选择第一个对象或[放弃(U)/多段线(P)/半径(R)/修剪(T)/多个(M)]：

输入圆角半径 <8.0>：

选择边或[链(C)/半径(R)]：

已选定 1 个边用于圆角。

命令：_fillet

当前设置：模式 = 修剪,半径 = 8.0

选择第一个对象或[放弃(U)/多段线(P)/半径(R)/修剪(T)/多个(M)]：

输入圆角半径 <8.0>：

选择边或[链(C)/半径(R)]：

已选定 1 个边用于圆角。

命令：_fillet

当前设置：模式 = 修剪,半径 = 8.0

选择第一个对象或[放弃(U)/多段线(P)/半径(R)/修剪(T)/多个(M)]：

输入圆角半径 <8.0>：

选择边或[链(C)/半径(R)]：

已选定 1 个边用于圆角。

（32）西南等轴测（转换视角）

视图→三维实体→西南等轴测

命令：_-view

输入选项［？/分类（C）/图层状态（A）/正交（O）/删除（D）/恢复（R）/保存（S）/UCS（U）/窗口（W）］：_swiso

正在重生成模型。

（33）长方体（制作车前风挡玻璃框）

绘图→实体→长方体

命令：_box

指定长方体的角点或［中心点（CE）］<0,0,0>：-10,3,16

指定角点或［立方体（C）/长度（L）］：-6,21,28

（34）差集（开出前风挡玻璃框）

修改→实体编辑→差集

命令：_subtract 选择要从中减去的实体或面域...

选择对象：找到 1 个

选择对象：

选择要减去的实体或面域...

选择对象：找到 1 个

（35）圆角（对风挡玻璃框上角做圆角，如图 12-78 所示）

修改→圆角

命令：_fillet

当前设置：模式 = 修剪,半径 = 8.0

选择第一个对象或［放弃（U）/多段线（P）/半径（R）/修剪（T）/多个（M）］：

输入圆角半径 <8.0>：5

选择边或［链（C）/半径（R）］：

选择边或［链（C）/半径（R）］：

已选定 2 个边用于圆角。

（36）长方体（制作风槽）

绘图→实体→长方体

命令：_box

指定长方体的角点或［中心点（CE）］<0,0,0>：-10,3,12

指定角点或［立方体（C）/长度（L）］：-9,21,11

（37）复制（复制至三个）

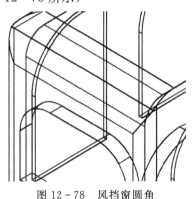

图 12-78　风挡窗圆角

修改→复制

命令：_copy

选择对象：找到 1 个

选择对象：

指定基点或［位移（D）］＜位移＞：　0,0,0

指定第二个点或＜使用第一个点作为位移＞：0,0,－3

指定第二个点或［退出（E）/放弃（U）］＜退出＞：　0,0,－6

指定第二个点或［退出（E）/放弃（U）］＜退出＞：

（38）差集（开出风槽，如图 12 - 79 所示）

修改→实体编辑→差集

命令：_ subtract 选择要从中减去的实体或面域...

选择对象：找到 1 个

选择对象：

选择要减去的实体或面域...

选择对象：找到 1 个

选择对象：找到 1 个，总计 2 个

选择对象：找到 1 个，总计 3 个

（39）东南等轴测（转换视角）

视图→三维实体→东南等轴测

命令：_- view

输入选项［? /分类（C）/图层状态（A）/正交（O）/删除（D）/恢复（R）/保存（S）/UCS（U）/窗口（W）］：_seiso

正在重生成模型。

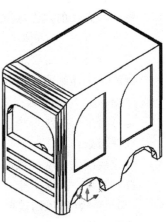

图 12 - 79　开出风槽

（40）体着色（赋予实体色彩，如图 12 - 80 所示）

视图→着色→体着色

命令：_shademode

当前模式：二维线框

输入选项［二维线框（2D）/三维线框（3D）/消隐（H）/平面着色（F）/体着色（G）/带边框平面着色（L）/带边框体着色（O）］＜二维线框＞：_g

（41）保存（存盘）

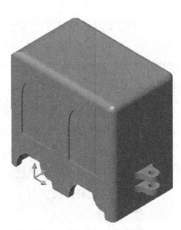

图 12 - 80　拖车车头

文件→保存

命令：_qsave

12.3.7　销轴(打印 1 件)

完成后如图 12 - 82 所示。

(1)创建文件

文件→新建

另存为 trailerpin.dwg

(2)东南等轴测(转换视角)

视图→三维实体→东南等轴测

命令：_ - view

输入选项[？/分类(C)/图层状态(A)/正交(O)/删除(D)/恢复(R)/保存(S)/UCS(U)/窗口(W)]：_seiso

正在重生成模型。

(3)圆柱体(制作销轴体)

绘图→实体→圆柱体

命令：_cylinder

当前线框密度：ISOLINES＝4

指定圆柱体底面的中心点或[椭圆(E)]＜0,0,0＞：

指定圆柱体底面的半径或[直径(D)]：1

指定圆柱体高度或[另一个圆心(C)]：6

(4)圆柱体(制作销轴头部)

绘图→实体→圆柱体

命令：_cylinder

当前线框密度：ISOLINES＝4

指定圆柱体底面的中心点或[椭圆(E)]＜0,0,0＞：0,0,6

指定圆柱体底面的半径或[直径(D)]：2

指定圆柱体高度或[另一个圆心(C)]：1

(5)并集(将销轴体与头部合并,如图 12 - 81 所示)

修改→实体编辑→并集

命令：_union

选择对象：找到 1 个

选择对象：找到 1 个,总计 2 个

(6)圆角(头部顶端做圆角)

修改→圆角

命令：_fillet

当前设置：模式 = 修剪,半径 = 0.0

选择第一个对象或[放弃(U)/多段线(P)/半径(R)/修剪(T)/多个(M)]：

输入圆角半径：0.3

选择边或[链(C)/半径(R)]：

已选定 1 个边用于圆角。

(7)倒角(销轴端做倒角)

图 12-81　销轴体与头部合并

修改→倒角

命令：_chamfer

("修剪"模式)当前倒角距离 1 = 0.0,距离 2 = 0.0

选择第一条直线或[放弃(U)/多段线(P)/距离(D)/角度(A)/修剪(T)/方式(E)/多个(M)]：

基面选择...

输入曲面选择选项[下一个(N)/当前(OK)]<当前>：

指定基面的倒角距离：0.1

指定其他曲面的倒角距离 <0.1>：

选择边或[环(L)]：选择边或[环(L)]：

(8)体着色(赋予实体色彩,如图 12-82 所示)

视图→着色→体着色

命令：_shademode

当前模式：二维线框

输入选项[二维线框(2D)/三维线框(3D)/消隐(H)/平面着色(F)/体着色(G)/带边框平面着色(L)/带边框体着色(O)]<二维线框>：_g

图 12-82　销轴

(9)保存(存盘)

文件→保存

命令：_qsave

第 13 章　房屋与建筑

本章通过制作一组房屋与建筑组件,学习造型的方法和技巧。用 3D 打印后可直接装配。

13.1　独栋房

独栋房组合由房屋主体、房顶、房屋基座、台阶、窗棱与房门组成,如图 13 - 1 所示。

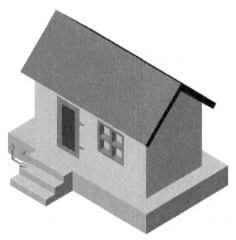

图 13 - 1　独栋房

13.1.1　房屋主体(打印 1 件)

完成后如图 13 - 9 所示。

(1)创建文件

文件→新建

另存为 housebody. dwg

(2)东北等轴测

视图→三维视图→东北等轴测(转换视角)

命令：_- view 输入选项

[? /分类(C)/图层状态(A)/正交(O)/删除(D)/恢复(R)/保存(S)/UCS(U)/窗口(W)]：_neiso

正在重生成模型。

(3)直线(制作拉伸截面图形,如图 13－2 所示)

绘图→直线

命令：_line 指定第一点：0,0,0

指定下一点或[放弃(U)]：25,0,0

指定下一点或[放弃(U)]：25,0,25

指定下一点或[闭合(C)/放弃(U)]：12.5,0,37

指定下一点或[闭合(C)/放弃(U)]：0,0,25

指定下一点或[闭合(C)/放弃(U)]：c

(4)面域(构成面域)

绘图→面域

命令：_region

选择对象：指定对角点：找到 5 个

选择对象：

已提取 1 个环。

已创建 1 个面域。

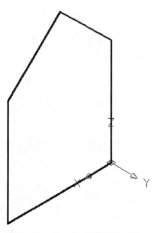

图 13－2　拉伸截面图形

(5)拉伸(拉伸成体,如图 13－3 所示)

绘图→实体→拉伸

命令：_extrude

当前线框密度：ISOLINES＝4

选择对象：找到 1 个

选择对象：

指定拉伸高度或[路径(P)]：50

指定拉伸的倾斜角度 ＜0＞：

(6)长方体(构建空腔区域)

绘图→实体→长方体　命令：_box

指定长方体的角点或[中心点(CE)]＜0,0,0＞：2,2,0

指定角点或[立方体(C)/长度(L)]：23,48,100

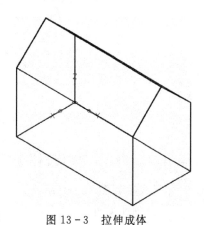

图 13－3　拉伸成体

(7)差集(房体开出空腔。如图 13－4 所示)

修改→实体编辑→差集

命令：_subtract 选择要从中减去的实体或面域...

选择对象：找到 1 个

选择对象：

选择要减去的实体或面域...

选择对象：找到 1 个

(8)长方体(构建门区域)

绘图→实体→长方体

命令：_box

指定长方体的角点或[中心点(CE)]＜0,0,0＞：23,10,0

指定角点或[立方体(C)/长度(L)]：25,20,20

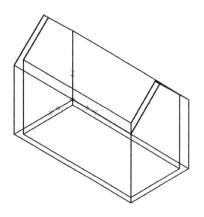

图 13-4　开出空腔

(9)差集(房体开门)

修改→实体编辑→差集

命令：_subtract 选择要从中减去的实体或面域...

选择对象：找到 1 个

选择对象：

选择要减去的实体或面域...

选择对象：找到 1 个

(10)长方体(构建窗户区域)

绘图→实体→长方体

命令：_box

指定长方体的角点或[中心点(CE)]＜0,0,0＞：23,40,20

指定角点或[立方体(C)/长度(L)]：25,28,8

(11)差集(房体开窗,如图 13-5 所示)

修改→实体编辑→差集

命令：_subtract 选择要从中减去的实体或面域...

选择对象：找到 1 个

选择对象：

选择要减去的实体或面域...

选择对象：找到 1 个

(12)右视(转换视角,准备做窗户安装销孔)

视图→三维视图→右视

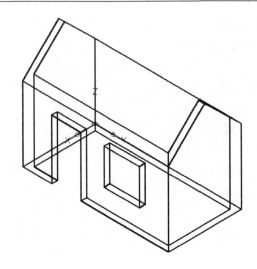

图 13 - 5 　开出房门和窗户

命令：_- view 输入选项

[？/分类(C)/图层状态（A）/正交（O）/删除（D）/恢复（R）/保存（S）/UCS
(U)/窗口（W）]：_right

正在重生成模型。

(13)圆柱体(窗户安装卡销孔形体)

绘图→实体→圆柱体

命令：_cylinder

当前线框密度：ISOLINES＝4

指定圆柱体底面的中心点或[椭圆(E)]＜0,0,0＞：40,14,23

指定圆柱体底面的半径或[直径(D)]：0.5

指定圆柱体高度或[另一个圆心(C)]：1.5

(14)复制(复制至 2 个卡销孔形体)

修改→复制

命令：_copy

选择对象：找到 1 个

选择对象：

指定基点或[位移(D)]＜位移＞：　40,14,23

指定第二个点或 ＜使用第一个点作为位移＞：28,14,23

(15)差集(开卡销孔,如图 13 - 6 所示)

修改→实体编辑→差集

命令：_subtract 选择要从中减去的实体或面域...

选择对象：找到 1 个

选择对象：

选择要减去的实体或面域 …

选择对象：找到 1 个

选择对象：找到 1 个,总计 2 个

(16)长方体(构建门轴槽)

绘图→实体→长方体

命令：_box

指定长方体的角点或[中心点(CE)]＜0,
0,0＞：20,5,23

图 13-6 开卡销孔

指定角点或[立方体(C)/长度(L)]：22,
6,25

(17)复制(复制至 2 个门轴槽)

修改→复制

命令：_copy

选择对象：找到 1 个

选择对象：

指定基点或[位移(D)]＜位移＞： 20,5,23

指定第二个点或 ＜使用第一个点作为位移＞：20,14,23

(18)差集(开槽,如图 13-7 所示)

修改→实体编辑→差集

命令：_subtract 选择要从中减去的实体或面域…

选择对象：找到 1 个

选择对象：

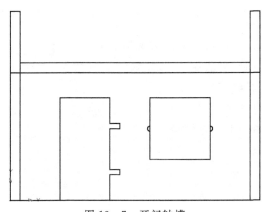

图 13-7 开门轴槽

选择要减去的实体或面域 …

选择对象：找到 1 个

选择对象：找到 1 个,总计 2 个

(19)俯视(转换视角,准备做门轴槽内销轴)

视图→三维视图→俯视

命令：_-view 输入选项

[? /分类(C)/图层状态(A)/正交(O)/删除(D)/恢复(R)/保存(S)/UCS(U)/窗口(W)]：_top

正在重生成模型。

(20)圆柱体(门轴槽内销轴)

绘图→实体→圆柱体

命令：_cylinder

当前线框密度：ISOLINES＝4

指定圆柱体底面的中心点或[椭圆(E)] ＜0,0,0＞：24,21,0

指定圆柱体底面的半径或[直径(D)]：0.5

指定圆柱体高度或[另一个圆心(C)]：20

(21)并集(加门轴,如图 13-8 所示)

修改→实体编辑→并集

命令：_union

选择对象：找到 1 个

选择对象：找到 1 个,总计 2 个

(22)体着色(赋予实体色彩)

视图→着色→体着色

命令：_shademode 当前模式：二维线框

输入选项

[二维线框(2D)/三维线框(3D)/消隐(H)/平面着色(F)/体着色(G)/带边框平面着色(L)/带边框体着色(O)] ＜二维线框＞：_g

(23)东北等轴测(转换视角,如图 13-9 所示)

视图→三维视图→东北等轴测

文件→保存(存盘)

命令：_qsave

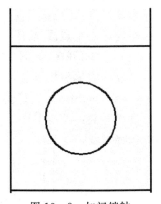

图 13-8 加门销轴

图 13 - 9　房屋主体

13.1.2　房顶(打印 1 件)

完成后如图 13 - 16 所示。

(1)创建文件

文件→新建

另存为 houseroof.dwg

(2)直线(制作拉伸截面图形,如图 13 - 10 所示)

绘图→直线

命令:_line 指定第一点:25,25

指定下一点或[放弃(U)]:12.5,37

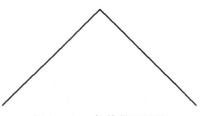

图 13 - 10　拉伸截面图形

指定下一点或[放弃(U)]:0,25

指定下一点或[闭合(C)/放弃(U)]:

(3)拉长(将两直线拉长,如图 13 - 11 所示)

修改→拉长

命令:_lengthen

选择对象或[增量(DE)/百分数(P)/全部(T)/动态(DY)]:de

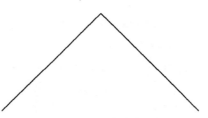

图 13 - 11　两边直线向下拉长

输入长度增量或[角度(A)]<0.0>:3

选择要修改的对象或[放弃(U)]:

选择要修改的对象或［放弃(U)］：

(4)偏移(将两直线向外偏移,如图 13-12 所示)

修改→偏移

命令：_offset

当前设置：删除源＝否　　图层＝源
OFFSETGAPTYPE＝0

指定偏移距离或［通过(T)/删除(E)/
图层(L)］＜通过＞：　2

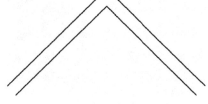

图 13-12　两边直线向外偏移

选择要偏移的对象,或［退出(E)/放弃
(U)］＜退出＞：

指定要偏移的那一侧上的点,或［退出(E)/多个(M)/放弃(U)］＜退出＞：

选择要偏移的对象,或［退出(E)/放弃(U)］＜退出＞：

指定要偏移的那一侧上的点,或［退出(E)/多个(M)/放弃(U)］＜退出＞：

(5)直线(用鼠标点选分别连接图形下面左右边两个角点,如图 13-13 所示)

绘图→直线

命令：_line 指定第一点：

指定下一点或［放弃(U)］：

指定下一点或［放弃(U)］：

命令：

LINE 指定第一点：

指定下一点或［放弃(U)］：

指定下一点或［放弃(U)］：

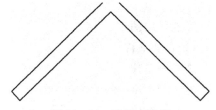

图 13-13　连接直线端

(6)拉长(将上端外部直线拉长)

修改→拉长

命令：_lengthen

选择对象或［增量(DE)/百分数(P)/全部(T)/动态(DY)］：

当前长度：20.3

选择对象或［增量(DE)/百分数(P)/全部(T)/动态(DY)］：dy

选择要修改的对象或［放弃(U)］：

指定新端点：　＜对象捕捉　关＞

选择要修改的对象或［放弃(U)］：

指定新端点：

选择要修改的对象或［放弃(U)］：

(7)修剪(将上端外部拉长直线修剪,如图 13-14 所示)

修改→修剪

命令：_trim

当前设置：投影＝UCS,边＝无

选择剪切边...

选择对象或 ＜全部选择＞： 找到 1 个

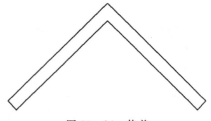

图 13 - 14 修剪

选择对象：找到 1 个,总计 2 个

选择对象：

选择要修剪的对象,或按住 Shift 键选择要延伸的对象,或［栏选（F）/窗交（C）/投影（P）/边（E）/删除（R）/放弃（U）］：

选择要修剪的对象,或按住 Shift 键选择要延伸的对象,或［栏选（F）/窗交（C）/投影（P）/边（E）/删除（R）/放弃（U）］：

选择要修剪的对象,或按住 Shift 键选择要延伸的对象,或［栏选（F）/窗交（C）/投影（P）/边（E）/删除（R）/放弃（U）］：

(8)面域（构成拉伸面域）

绘图→面域

命令：_region

选择对象：指定对角点：找到 6 个

选择对象：

已提取 1 个环。

已创建 1 个面域

(9)拉伸（拉伸成屋顶）

绘图→实体→拉伸

命令：_extrude

当前线框密度：ISOLINES＝4

选择对象：找到 1 个

选择对象：

指定拉伸高度或［路径（P）］：56

指定拉伸的倾斜角度 ＜0＞：

(10)俯视（转换视角）

视图→三维视图→俯视

命令：_‐view 输入选项

［? /分类（C）/图层状态（A）/正交（O）/删除（D）/恢复（R）/保存（S）/UCS（U）/窗口（W）］：_top

正在重生成模型。

(11)圆柱体(制作卡环,如图 13-15 所示)

绘图→实体→圆柱体

命令:_cylinder

当前线框密度:ISOLINES=4

指定圆柱体底面的中心点或[椭圆(E)]<0,0,0>:12.5,37,2

指定圆柱体底面的半径或[直径(D)]:2

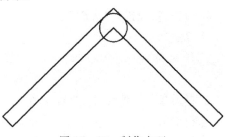

图 13-15　制作卡环

指定圆柱体高度或[另一个圆心(C)]:1

(12)圆柱体(制作另一端卡环)

绘图→实体→圆柱体

命令:_cylinder

当前线框密度:ISOLINES=4

指定圆柱体底面的中心点或[椭圆(E)]<0,0,0>:12.5,37,53

指定圆柱体底面的半径或[直径(D)]:2

指定圆柱体高度或[另一个圆心(C)]:1

(13)东北等轴测(转换视角)

视图→三维视图→东北等轴测

命令:_-view 输入选项

[? /分类(C)/图层状态(A)/正交(O)/删除(D)/恢复(R)/保存(S)/UCS(U)/窗口(W)]:_neiso

正在重生成模型。

(14)并集(将两个卡环与屋顶主体合并)

修改→实体编辑→并集

命令:_union

选择对象:找到 1 个

选择对象:找到 1 个,总计 2 个

选择对象:找到 1 个,总计 3 个

(15)体着色(赋予实体色彩)

视图→着色→体着色

命令:_shademode 当前模式:二维线框

输入选项

［二维线框(2D)/三维线框(3D)/消隐(H)/平面着色(F)/体着色(G)/带边框平面着色(L)/带边框体着色(O)]＜二维线框＞：_g

(16)动态观察(转换视角,如图 13-16 所示)

视图→三维动态观察器

命令：′_3dorbit 按 ESC 或 ENTER 键退出,或者单击鼠标右键显示快捷菜单。

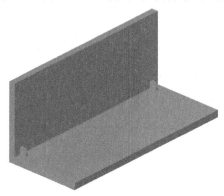

图 13-16 房顶

(17)保存(存盘)

文件→保存

命令：_qsave

13.1.3 房屋基座(打印 1 件)

完成后如图 13-19 所示。

(1)创建文件

文件→新建

另存为 housebase.dwg

(2)长方体(构建基座实体)

绘图→实体→长方体

命令：_box

指定长方体的角点或[中心点(CE)]＜0,0,0＞：

指定角点或[立方体(C)/长度(L)]：62,37,7.5

(3)仰视(转换视角)

视图→三维视图→仰视

命令：_-view 输入选项

［?/分类(C)/图层状态(A)/正交(O)/删除(D)/恢复(R)/保存(S)/UCS

(U)/窗口(W)]：_bottom

正在重生成模型。

(4)抽壳(下面挖空,如图 13 - 17 所示)

修改→实体编辑→抽壳

命令：_solidedit

实体编辑自动检查：　SOLID-CHECK＝1

图 13 - 17　下面挖空

输入实体编辑选项[面(F)/边(E)/体(B)/放弃(U)/退出(X)]＜退出＞：_body

输入体编辑选项

[压印(I)/分割实体(P)/抽壳(S)/清除(L)/检查(C)/放弃(U)/退出(X)]＜退出＞：_shell

选择三维实体：

删除面或[放弃(U)/添加(A)/全部(ALL)]：找到一个面,已删除 1 个。

删除面或[放弃(U)/添加(A)/全部(ALL)]：

输入抽壳偏移距离：2

已开始实体校验。

已完成实体校验。

(5)俯视(转换视角)

视图→三维视图→俯视

命令：_- view 输入选项

[?/分类(C)/图层状态(A)/正交(O)/删除(D)/恢复(R)/保存(S)/UCS(U)/窗口(W)]：_top

正在重生成模型。

(6)东北等轴测(转换视角)

视图→三维视图→东北等轴测

命令：_- view 输入选项

[?/分类(C)/图层状态(A)/正交(O)/删除(D)/恢复(R)/保存(S)/UCS(U)/窗口(W)]：_neiso

正在重生成模型。

(7)长方体(构建房体安装槽)

绘图→实体→长方体

命令：_box

指定长方体的角点或[中心点(CE)]<0,0,0>：6,6,7.5

指定角点或[立方体(C)/长度(L)]：56,31,6.5

(8)差集(开槽,如图13-18所示)

修改→实体编辑→差集

命令：_subtract 选择要从中减去的实体或面域…

选择对象：找到 1 个

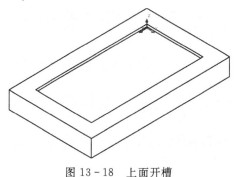

图13-18　上面开槽

选择对象：

选择要减去的实体或面域…

选择对象：找到 1 个

(9)主视(转换视角)

视图→三维视图→主视

命令：_-view 输入选项

[？/分类(C)/图层状态(A)/正交(O)/删除(D)/恢复(R)/保存(S)/UCS(U)/窗口(W)]：_front

正在重生成模型。

(10)圆柱体(制作与台阶连接销孔)

绘图→实体→圆柱体

命令：_cylinder

当前线框密度：ISOLINES=4

指定圆柱体底面的中心点或[椭圆(E)]<0,0,0>：18,4,-2

指定圆柱体底面的半径或[直径(D)]：1

指定圆柱体高度或[另一个圆心(C)]：2

(11)复制(复制另一销孔)

修改→复制

命令：_copy

选择对象：找到 1 个

选择对象：

指定基点或[位移(D)]＜位移＞： d

指定位移 ＜0.0,0.0,0.0＞： @6,0,0

(12)差集(开销孔)

修改→实体编辑→差集

命令：_subtract 选择要从中减去的实体或面域…

选择对象：找到 1 个

选择对象：

选择要减去的实体或面域…

选择对象：找到 1 个

选择对象：找到 1 个,总计 2 个

(13)西南等轴测(转换视角)

视图→三维视图→西南等轴测

命令：_-view 输入选项

[? /分类(C)/图层状态(A)/正交(O)/删除(D)/恢复(R)/保存(S)/UCS(U)/窗口(W)]：_swiso

正在重生成模型。

命令：′_3dorbit 按 ESC 或 ENTER 键退出,或者单击鼠标右键显示快捷菜单。

正在重生成模型。

(14)体着色(赋予实体色彩,如图 13-19 所示)

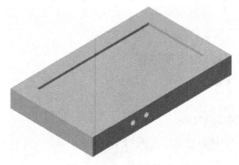

图 13-19　房屋基座

视图→着色→体着色

命令：_shademode 当前模式：二维线框

输入选项

［二维线框(2D)/三维线框(3D)/消隐(H)/平面着色(F)/体着色(G)/带边框平面着色(L)/带边框体着色(O)］＜二维线框＞：_g

(15)保存(存盘)

文件→保存

命令：_qsave

13.1.4　台阶(打印 1 件)

完成后如图 13 - 24 所示。

(1)创建文件

文件→新建

另存为 housesteps. dwg

(2)直线(制作拉伸截面图形,如图 13 - 20 所示)

绘图→直线

命令：_line 指定第一点：0,0

指定下一点或［放弃(U)］：0,2.5

指定下一点或［放弃(U)］：4,2.5

指定下一点或［闭合(C)/放弃(U)］：4,5

指定下一点或［闭合(C)/放弃(U)］：8,5

图 13 - 20　拉伸截面图形

指定下一点或［闭合(C)/放弃(U)］：8,7.5

指定下一点或［闭合(C)/放弃(U)］：12,7.5

指定下一点或［闭合(C)/放弃(U)］：12,0

指定下一点或［闭合(C)/放弃(U)］：c

(3)面域(构成拉伸面域)

绘图→面域

命令：_region

选择对象：指定对角点：找到 8 个

选择对象：

已提取 1 个环。

已创建 1 个面域。

(4)拉伸(拉伸成台阶)

绘图→实体→拉伸

命令：_extrude

当前线框密度：ISOLINES＝4

选择对象：找到 1 个

选择对象：

指定拉伸高度或［路径（P）］：16

指定拉伸的倾斜角度 ＜0＞：

(5)主视（转换视角）

视图→三维视图→主视

命令：_- view 输入选项

［? /分类(C)/图层状态（A）/正交（O）/删除（D）/恢复（R）/保存（S）/UCS (U)/窗口（W）］：_front

正在重生成模型。

(6)抽壳（下面挖空，如图 13 - 21 所示）

修改→实体编辑→抽壳

命令：_solidedit

实体编辑自动检查： SOLIDCHECK＝1

输入实体编辑选项［面（F）/边（E）/体（B）/ 放弃（U）/退出（X）］＜退出＞：_body

输入体编辑选项

［压印（I）/分割实体（P）/抽壳（S）/清除（L）/ 检查（C）/放弃（U）/退出（X）］＜退出＞：_shell

选择三维实体：

删除面或［放弃（U）/添加（A）/全部 (ALL)］：找到一个面,已删除 1 个。

删除面或［放弃（U）/添加（A）/全部 (ALL)］：

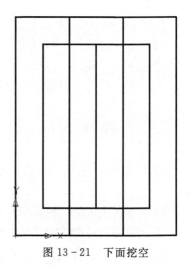

图 13 - 21　下面挖空

输入抽壳偏移距离：2

已开始实体校验。

已完成实体校验。

(7)右视（转换视角）

视图→三维视图→右视

命令：_- view 输入选项

［? /分类(C)/图层状态（A）/正交（O）/删除（D）/恢复（R）/保存（S）/UCS (U)/窗口（W）］：_right

正在重生成模型。

(8)圆柱体(制作连接销)

绘图→实体→圆柱体

命令：_cylinder

当前线框密度：ISOLINES＝4

指定圆柱体底面的中心点或[椭圆(E)]＜0,0,0＞：4,5,12

指定圆柱体底面的半径或[直径(D)]：1

指定圆柱体高度或[另一个圆心(C)]：2

(9)圆柱体(另一端连接销)

绘图→实体→圆柱体

命令：_cylinder

当前线框密度：ISOLINES＝4

指定圆柱体底面的中心点或[椭圆(E)]＜0,0,0＞：4,11,12

指定圆柱体底面的半径或[直径(D)]：1

指定圆柱体高度或[另一个圆心(C)]：2

(10)并集(连接销与台阶合并成一体,如图 13－22 所示)

修改→实体编辑→并集

命令：_union

选择对象：找到 1 个

选择对象：找到 1 个,总计 2 个

选择对象：找到 1 个,总计 3 个

(11)东北等轴测(转换视角)

视图→三维视图→东北等轴测

命令：_－view 输入选项

[？/分类(C)/图层状态(A)/正交(O)/删除(D)/恢复(R)/保存(S)/UCS(U)/窗口(W)]：_neiso

正在重生成模型。

(12)倒角(对连接销作倒角)

修改→倒角

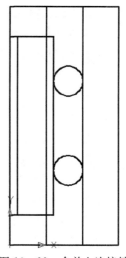

图 13－22 合并上连接销

命令：_chamfer

("修剪"模式) 当前倒角距离 1 ＝ 0.0,距离 2 ＝ 0.0

选择第一条直线或[放弃(U)/多段线(P)/距离(D)/角度(A)/修剪(T)/方式(E)/多个(M)]：

基面选择…

输入曲面选择选项[下一个(N)/当前(OK)]＜当前＞:

指定基面的倒角距离: 0.5

指定其他曲面的倒角距离＜0.5＞:

选择边或[环(L)]:选择边或[环(L)]:

(13)倒角(对另一连接销作倒角,如图 13-23 所示)

修改→倒角

命令:_chamfer

("修剪"模式)当前倒角距离 1 = 0.5,距离 2 = 0.5

选择第一条直线或[放弃(U)/多段线(P)/距离(D)/角度(A)/修剪(T)/方式(E)/多个(M)]:

基面选择...

输入曲面选择选项[下一个(N)/当前(OK)]＜当前＞:

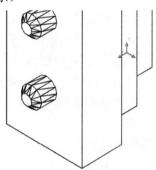

图 13-23　销轴做倒角

指定基面的倒角距离＜0.5＞:

指定其他曲面的倒角距离＜0.5＞:

选择边或[环(L)]:选择边或[环(L)]:

(14)体着色(赋予实体色彩)

视图→着色→体着色

命令:_shademode 当前模式:二维线框

输入选项

[二维线框(2D)/三维线框(3D)/消隐(H)/平面着色(F)/体着色(G)/带边框平面着色(L)/带边框体着色(O)]＜二维线框＞:_g

(15)动态观察(转换视角,如图 13-24 所示)

视图→三维动态观察器

命令:'_3dorbit 按 ESC 或 ENTER 键退出,或者单击鼠标右键显示快捷菜单。

(16)保存(存盘)

文件→保存

命令:_qsave

13.1.5　窗棱(打印 1 件)

完成后如图 13-27 所示。

(1)创建文件

图 13-24　台阶

文件→新建

另存为 housewindow. dwg

（2）长方体（构建窗户外形）

绘图→实体→长方体

命令：_box

指定长方体的角点或[中心点(CE)]<0,0,0>：

指定角点或[立方体(C)/长度(L)]：12,12,2

（3）长方体（构建窗户开孔区域）

绘图→实体→长方体

命令：_box

指定长方体的角点或[中心点(CE)]<0,0,0>：1,1,0

指定角点或[立方体(C)/长度(L)]：5.5,5.5,2

（4）复制（复制至 4 个开孔）

修改→复制

命令：_copy

选择对象：找到 1 个

选择对象：

指定基点或[位移(D)]<位移>： 1,1,0

指定第二个点或 <使用第一个点作为位移>：1,6.5,0

指定第二个点或[退出(E)/放弃(U)]<退出>： 6.5,1,0

指定第二个点或[退出(E)/放弃(U)]<退出>： 6.5,6.5,0

（5）差集（窗户开孔，如图 13 - 25 所示）

修改→实体编辑→差集

命令：_subtract 选择要从中减去的实体或面域...

选择对象：找到 1 个

选择对象：

选择要减去的实体或面域...

选择对象：找到 1 个

选择对象：找到 1 个,总计 2 个

选择对象：找到 1 个,总计 3 个

选择对象：找到 1 个,总计 4 个

（6）圆柱体（构建窗户卡销）

绘图→实体→圆柱体

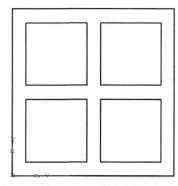

图 13 - 25　窗户开孔

命令：_cylinder

当前线框密度：ISOLINES＝4

指定圆柱体底面的中心点或[椭圆(E)]＜0,0,0＞：0,6,0

指定圆柱体底面的半径或[直径(D)]：0.5

指定圆柱体高度或[另一个圆心(C)]：1.5

(7)复制(复制至 2 个卡销,如图 13-26 所示)

修改→复制

命令：_copy

选择对象：找到 1 个

选择对象：

指定基点或[位移(D)]＜位移＞：　0,6,0

指定第二个点或 ＜使用第一个点作为位移＞：12,6,0

(8)并集(窗户与卡销合并)

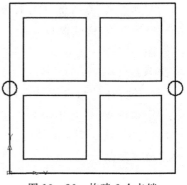

图 13-26　构建 2 个卡销

修改→实体编辑→并集

命令：_union

选择对象：找到 1 个

选择对象：找到 1 个,总计 2 个

选择对象：找到 1 个,总计 3 个

(9)体着色(赋予实体色彩)

视图→着色→体着色

命令：_shademode 当前模式：二维线框

输入选项

[二维线框(2D)/三维线框(3D)/消隐(H)/平面着色(F)/体着色(G)/带边框平面着色(L)/带边框体着色(O)]＜二维线框＞：_g

(10)东北等轴测(转换视角,如图 13-27 所示)

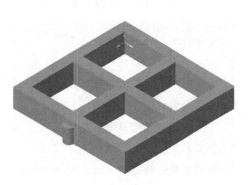

图 13-27　窗棂

视图→三维视图→东北等轴测

命令：_-view 输入选项

[? /分类(C)/图层状态(A)/正交(O)/删除(D)/恢复(R)/保存(S)/UCS

（U）/窗口（W）］：_neiso

正在重生成模型。

（11）保存（存盘）

文件→保存

命令：_qsave

13.1.6　房门(打印 1 件)

完成后如图 13-33 所示。

（1）创建文件

文件→新建

另存为 housedoor. dwg

（2）东北等轴测

视图→三维视图→东北等轴测（转换视角）

命令：_- view 输入选项

［? /分类（C）/图层状态（A）/正交（O）/删除（D）/恢复（R）/保存（S）/UCS（U）/窗口（W）］：_neiso

正在重生成模型。

（3）长方体（构建门外形，如图 13-28 所示）

绘图→实体→长方体

命令：_box

指定长方体的角点或［中心点（CE）］＜0,0,0＞：0, 0,0

指定角点或［立方体（C）/长度（L）］：2,10,20

（4）俯视（转换视角）

视图→三维视图→俯视

命令：_- view 输入选项

［? /分类（C）/图层状态（A）/正交（O）/删除（D）/恢复（R）/保存（S）/UCS（U）/窗口（W）］：_top

正在重生成模型。

（5）圆柱体（构建门环外形）

绘图→实体→圆柱体

命令：_cylinder

当前线框密度：ISOLINES＝4

指定圆柱体底面的中心点或［椭圆（E）］＜0,0,0＞：1,−1,5

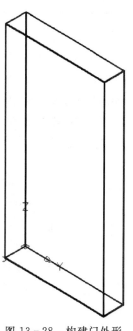

图 13-28　构建门外形

指定圆柱体底面的半径或[直径(D)]：1

指定圆柱体高度或[另一个圆心(C)]：1

(6)截切(切开圆柱)

绘图→实体→截切

命令：_slice

选择对象：找到 1 个

选择对象：

指定切面上的第一个点，依照[对象(O)/Z 轴(Z)/视图

(V)/XY 平面(XY)/YZ 平面(YZ)/ZX

平面(ZX)/三点(3)]＜三点＞：0，−1，0

指定平面上的第二个点：−1，−1，0

指定平面上的第三个点：−1，−1，20

在要保留的一侧指定点或[保留两侧(B)]：b

(7)删除(删除靠门一边半个圆柱，如图 13-29 所示)

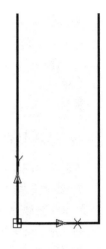

修改→删除

命令：_erase

选择对象：找到 1 个

(8)东北等轴测(转换视角)

图 13-29　构建门环

视图→三维视图→东北等轴测

命令：_-view 输入选项

[? /分类(C)/图层状态(A)/正交(O)/删除

(D)/恢复(R)/保存(S)/UCS(U)/窗口(W)]：

_neiso

正在重生成模型。

(9)拉伸面(将门环半个圆柱截断面延伸至门，如

图 13-30 所示)

修改→实体编辑→拉伸面

命令：_solidedit

实体编辑自动检查：　SOLIDCHECK＝1

输入实体编辑选项[面(F)/边(E)/体(B)/放

弃(U)/退出(X)]＜退出＞：_face

输入面编辑选项

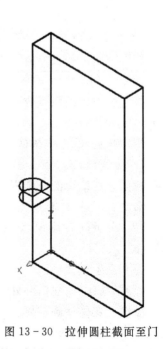

图 13-30　拉伸圆柱截面至门

[拉伸(E)/移动(M)/旋转(R)/偏移(O)/倾斜

(T)/删除(D)/复制(C)/着色(L)/放弃(U)/退出(X)]＜退出＞：_extrude

选择面或[放弃(U)/删除(R)]：找到一个面。

选择面或[放弃(U)/删除(R)/全部(ALL)]：

指定拉伸高度或[路径(P)]：1

指定拉伸的倾斜角度 <0>：

已开始实体校验。

已完成实体校验。

(10)复制(复制至 2 个门环)

修改→复制

命令：_copy

选择对象：找到 1 个

选择对象：

指定基点或[位移(D)] <位移>：　d

指定位移 <0.0000,0.0000,0.0000>：　@0,0,9

(11)并集(门与门环合并)

修改→实体编辑→并集

命令：_union

选择对象：找到 1 个

选择对象：找到 1 个,总计 2 个

选择对象：找到 1 个,总计 3 个

(12)俯视(转换视角)

视图→三维视图→俯视

命令：_ - view 输入选项

[?/分类(C)/图层状态(A)/正交(O)/删除(D)/恢复(R)/保存(S)/UCS(U)/窗口(W)]：_top

正在重生成模型。

(13)圆柱体(构建门环开孔)

绘图→实体→圆柱体

命令：_cylinder

当前线框密度：ISOLINES=4

指定圆柱体底面的中心点或[椭圆(E)] <0,0,0>：1,-1,0

指定圆柱体底面的半径或[直径(D)]：0.5

指定圆柱体高度或[另一个圆心(C)]：20

（14）差集（开孔，如图 13 - 31 所示）

修改→实体编辑→差集

命令：_subtract 选择要从中减去的实体或面域…

选择对象：找到 1 个

选择对象：

选择要减去的实体或面域…

选择对象：找到 1 个

（15）长方体（构建门环开槽）

绘图→实体→长方体

命令：_box

指定长方体的角点或［中心点（CE）］＜0,0,0＞：0.7，
—1,0

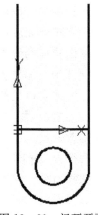

图 13 - 31　门环开孔

指定角点或［立方体（C）/长度（L）］：1.3，—2,20

（16）差集（开槽，如图 13 - 32 所示）

修改→实体编辑→差集

命令：_subtract 选择要从中减去的实体或面域…

选择对象：找到 1 个

选择对象：

选择要减去的实体或面域…

选择对象：找到 1 个

（17）东北等轴测（转换视角）

视图→三维视图→东北等轴测

命令：_ - view 输入选项

［? /分类（C）/图层状态（A）/正交（O）/删除（D）/恢复
（R）/保存（S）/UCS（U）/窗口（W）］：_neiso

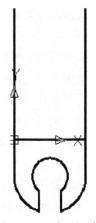

图 13 - 32　门环开槽

正在重生成模型。

（18）长方体（门中部一面减薄区域）

绘图→实体→长方体

命令：_box

指定长方体的角点或［中心点（CE）］＜0,0,0＞：0,2,2

指定角点或［立方体（C）/长度（L）］：0.5,8,18

（19）长方体（门中部另一面减薄区域）

绘图→实体→长方体

命令：_box

指定长方体的角点或[中心点(CE)]＜0,0,0＞：1.5,2,2

指定角点或[立方体(C)/长度(L)]：2,8,18

(20)差集(门中部减薄去除材料)

修改→实体编辑→差集

命令：_subtract 选择要从中减去的实体或面域...

选择对象：找到 1 个

选择对象：

选择要减去的实体或面域...

选择对象：找到 1 个

选择对象：找到 1 个,总计 2 个

(21)体着色(赋予实体色彩)

视图→着色→体着色

命令：_shademode 当前模式：二维线框　　输入选项

[二维线框(2D)/三维线框(3D)/消隐(H)/平面着色(F)/体着色(G)/带边框平面着色(L)/带边框体着色(O)]＜二维线框＞：_g

(22)着色面(门中间减薄部分设置另一种颜色)

修改→实体编辑→着色面

命令：_solidedit

实体编辑自动检查：　SOLIDCHECK＝1

输入实体编辑选项[面(F)/边(E)/体(B)/放弃(U)/退出(X)]＜退出＞：_face

输入面编辑选项

[拉伸(E)/移动(M)/旋转(R)/偏移(O)/倾斜(T)/删除(D)/复制(C)/着色(L)/放弃(U)/退出(X)]＜退出＞：_color

选择面或[放弃(U)/删除(R)]：找到一个面。

(23)西南等轴测(转换视角)

视图→三维视图→西南等轴测

命令：_-view 输入选项

[?/分类(C)/图层状态(A)/正交(O)/删除(D)/恢复(R)/保存(S)/UCS(U)/窗口(W)]：_swiso

正在重生成模型

(24)着色面(门另一面中间减薄部分设置颜色,如图 13-33 所示)

修改→实体编辑→着色面

命令：_solidedit

实体编辑自动检查：　SOLIDCHECK＝1

输入实体编辑选项［面（F）/边（E）/体（B）/放弃（U）/退出（X）］＜退出＞：_face

输入面编辑选项

［拉伸（E）/移动（M）/旋转（R）/偏移（O）/倾斜（T）/删除（D）/复制（C）/着色（L）/放弃（U）/退出（X）］＜退出＞：_color

选择面或［放弃（U）/删除（R）］：找到一个面。

（25）保存（存盘）

文件→保存

命令：_qsave

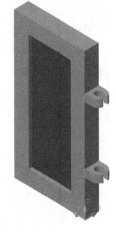

图 13-33　房门

13.2　六角凉亭

六角凉亭组合由凉亭基座、凉亭环凳、凉亭上支柱、凉亭下支柱、凉亭顶棚圈梁、凉亭顶棚、凉亭台阶与凉亭石桌组成，如图 13-34 所示。

13.2.1　凉亭基座（打印 1 件）

完成后如图 13-40 所示。

（1）创建文件

文件→新建

另存为 pavilionbase.dwg

（2）正多边形（绘制拉伸截面图形）

绘图→正多边形

命令：_polygon 输入边的数目 ＜4＞：6

指定正多边形的中心点或［边（E）］：0,0

输入选项［内接于圆（I）/外切于圆（C）］＜I＞：

指定圆的半径：28

（3）面域（构成面域）

绘图→面域

命令：_region

图 13-34　六角凉亭

选择对象：找到 1 个

选择对象：

已提取 1 个环。

已创建 1 个面域。

(4)拉伸(拉伸成六棱柱)

绘图→实体→拉伸

命令：_extrude

当前线框密度：ISOLINES＝4

选择对象：找到 1 个

选择对象：

指定拉伸高度或[路径(P)]：8

指定拉伸的倾斜角度 ＜0＞：

(5)正多边形(设置凉亭支柱中心位置,如图 13－35 所示)

绘图→正多边形

命令：_polygon 输入边的数目 ＜6＞：

指定正多边形的中心点或[边(E)]：0,0

输入选项[内接于圆(I)/外切于圆(C)] ＜I＞：

指定圆的半径：24

(6)圆(绘制石桌及支柱插孔截面图形)

绘图→圆

命令：_circle 指定圆的圆心或[三点(3P)/两点(2P)/相切、相切、半径(T)]：0,0

指定圆的半径或[直径(D)]：1

(7)复制(复制至 7 个,如图 13－36 所示)

修改→复制

命令：_copy

选择对象：找到 1 个

选择对象：

指定基点或[位移(D)] ＜位移＞： 指定第二个点或 ＜使用第一个点作为位移＞：

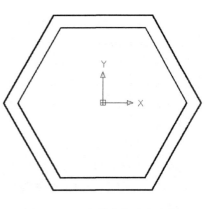

图 13－35 六棱柱与小六边形

指定第二个点或［退出(E)/放弃(U)］＜退出＞：

指定第二个点或［退出(E)/放弃(U)］＜退出＞：

指定第二个点或［退出(E)/放弃(U)］＜退出＞：

指定第二个点或［退出(E)/放弃(U)］＜退出＞：

指定第二个点或［退出(E)/放弃(U)］＜退出＞：

指定第二个点或［退出(E)/放弃(U)］＜退出＞：

(8)删除(删除定位用六边形)

修改→删除

命令：_erase

选择对象：找到 1 个

(9)面域(将 7 个圆构成面域)

绘图→面域

命令：_region

选择对象：找到 1 个

选择对象：找到 1 个,总计 2 个

选择对象：找到 1 个,总计 3 个

选择对象：找到 1 个,总计 4 个

选择对象：找到 1 个,总计 5 个

选择对象：找到 1 个,总计 6 个

选择对象：找到 1 个,总计 7 个

选择对象：

已提取 7 个环。

已创建 7 个面域。

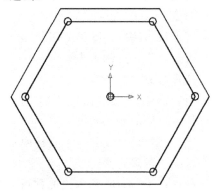

图 13-36　复制之 7 个圆

(10)拉伸(将 7 个圆构成的面域拉伸成 7 个圆柱)

绘图→实体→拉伸

命令：_extrude

当前线框密度：ISOLINES＝4

选择对象：找到 1 个

选择对象：找到 1 个,总计 2 个

选择对象：找到 1 个,总计 3 个

选择对象：找到 1 个,总计 4 个

选择对象：找到 1 个,总计 5 个

选择对象：找到 1 个,总计 6 个

选择对象：找到 1 个,总计 7 个

选择对象：

指定拉伸高度或［路径(P)］：8

指定拉伸的倾斜角度 ＜0＞：

(11)差集

修改→实体编辑→差集（从六棱柱中开出 7 个圆柱孔）

命令：_subtract 选择要从中减去的实体或面域…

选择对象：找到 1 个

选择对象：

选择要减去的实体或面域 …

选择对象：找到 1 个

选择对象：找到 1 个,总计 2 个

选择对象：找到 1 个,总计 3 个

选择对象：找到 1 个,总计 4 个

选择对象：找到 1 个,总计 5 个

选择对象：找到 1 个,总计 6 个

选择对象：找到 1 个,总计 7 个

(12)仰视（转换视角,以便底面抽壳）

视图→三维视图→仰视

命令：_- view 输入选项

［? /分类(C)/图层状态(A)/正交(O)/删除(D)/恢复(R)/保存(S)/UCS(U)/窗口(W)］：_bottom

正在重生成模型。

(13)抽壳（底面挖空,如图 13 - 37 所示）

修改→实体编辑→抽壳

命令：_solidedit

实体编辑自动检查：　SOLIDCHECK＝1

输入实体编辑选项［面(F)/边(E)/体(B)/放弃(U)/退出(X)］＜退出＞：_body

输入体编辑选项

［压印(I)/分割实体(P)/抽壳(S)/清除(L)/检查(C)/放弃(U)/退出(X)］＜退出＞：_shell

选择三维实体：

删除面或［放弃(U)/添加(A)/全部(ALL)］：找到一个面,已删除 1 个。

删除面或［放弃(U)/添加(A)/全部(ALL)］：

输入抽壳偏移距离：2

已开始实体校验。

已完成实体校验。

(14)俯视（转换视角）

视图→三维视图→俯视

命令：_-view 输入选项

［? /分类（C）/图层状态（A）/正交
(O)/删除（D）/恢复（R）/保存（S）/UCS
(U)/窗口（W）]：_top

正在重生成模型。

(15)东北等轴测（转换视角）

视图→三维视图→东北等轴测

命令：_-view 输入选项

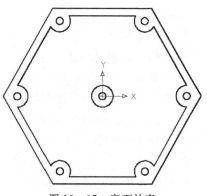

图 13 - 37　底面抽壳

［? /分类(C)/图层状态（A）/正交（O）/删除（D）/恢复（R）/保存（S）/UCS
(U)/窗口（W）]：_neiso

正在重生成模型。

(16)圆角（顶面及侧面每个边倒圆角）

修改→圆角

命令：_fillet

当前设置：模式 ＝ 修剪,半径 ＝ 0.0

选择第一个对象或［放弃(U)/多段线(P)/半径(R)/修剪(T)/多个(M)]：

输入圆角半径：0.3

选择边或［链(C)/半径(R)]：

选择边或［链(C)/半径(R)]：

选择边或［链(C)/半径(R)]：

选择边或［链(C)/半径(R)]：

选择边或［链(C)/半径(R)]：

选择边或［链(C)/半径(R)]：

选择边或［链(C)/半径(R)]：

选择边或［链(C)/半径(R)]：

选择边或［链(C)/半径(R)]：

选择边或［链(C)/半径(R)]：

选择边或［链(C)/半径(R)]：

已选定 12 个边用于圆角。

（17）长方体（设置开槽区域）

绘图→实体→长方体

命令：_box

指定长方体的角点或［中心点(CE)]＜0,0,0＞：−1,10,0

指定角点或［立方体(C)/长度(L)]：1,30,3

（18）长方体（设置开槽区域）

绘图→实体→长方体

命令：_box

指定长方体的角点或［中心点(CE)]＜0,0,0＞：−3,10,3

指定角点或［立方体(C)/长度(L)]：3,30,4

（19）差集（基座侧面开槽，如图 13−38 所示）

修改→实体编辑→差集

命令：_subtract 选择要从中减去的实体或面域…

选择对象：找到 1 个

选择对象：

选择要减去的实体或面域…

选择对象：找到 1 个

选择对象：找到 1 个,总计 2 个

（20）长方体（设置中心孔卡槽区域）

绘图→实体→长方体

命令：_box

指定长方体的角点或［中心点(CE)]＜0,0,0＞：−0.5,0,8

指定角点或［立方体(C)/长度(L)]：0.5,1.5,7

（21）差集（开槽,如图 13−39 所示）

修改→实体编辑→差集

命令：_subtract 选择要从中减去的实体或面域…

选择对象：找到 1 个

选择对象：

选择要减去的实体或面域…

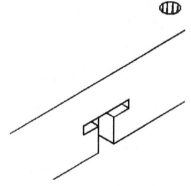

图 13−38　基座侧面开槽

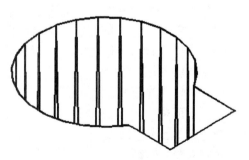

图 13−39　开中心孔卡槽

选择对象：找到 1 个

（22）体着色（赋予实体色彩，如图 13－40 所示）

视图→着色→体着色

命令：_shademode 当前模式：二维线框

输入选项

［二维线框（2D）/三维线框（3D）/消隐（H）/平面着色（F）/体着色（G）/带边框平面着色（L）/带边框体着色（O）］

＜二维线框＞：_g

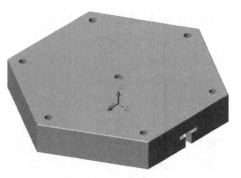

图 13－40　凉亭基座

（23）保存（存盘）

文件→保存

命令：_qsave

13.2.2　凉亭环凳（打印 1 件）

完成后如图 13－45 所示。

（1）创建文件

文件→新建

另存为 pavilionstool. dwg

（2）正多边形（绘制环凳外圈截面轮廓）

绘图→正多边形

命令：_polygon 输入边的数目 ＜4＞：6

指定正多边形的中心点或［边（E）］：0,0

输入选项［内接于圆（I）/外切于圆（C）］＜I＞：

指定圆的半径：26.5

（3）面域（构成面域）

绘图→面域

命令：_region

选择对象：找到 1 个

选择对象：

已提取 1 个环。

已创建 1 个面域。

（4）拉伸（拉伸成体）

绘图→实体→拉伸

命令：_extrude

当前线框密度：ISOLINES＝4

选择对象：找到 1 个

选择对象：

指定拉伸高度或[路径(P)]：2

指定拉伸的倾斜角度 ＜0＞：

(5)正多边形(绘制环凳内圈截面轮廓)

绘图→正多边形

命令：_polygon 输入边的数目 ＜4＞：6

指定正多边形的中心点或[边(E)]：0,0

输入选项[内接于圆(I)/外切于圆(C)] ＜I＞：

指定圆的半径：22

(6)面域(构成面域)

绘图→面域

命令：_region

选择对象：找到 1 个

选择对象：

已提取 1 个环。

已创建 1 个面域。

(7)拉伸(拉伸成体,如图 13－41 所示)

绘图→实体→拉伸

命令：_extrude

当前线框密度：ISOLINES＝4

选择对象：找到 1 个

选择对象：

指定拉伸高度或[路径(P)]：2

指定拉伸的倾斜角度 ＜0＞：

(8)差集(从大六棱柱中去除小六棱柱)

修改→实体编辑→差集

命令：_subtract 选择要从中减去的实体或面域...

选择对象：找到 1 个

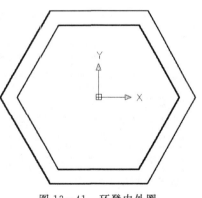

图 13－41　环凳内外圈

选择对象：

选择要减去的实体或面域...

选择对象：找到 1 个

(9)正多边形(设置凉亭支柱孔中心位置)

绘图→正多边形

命令：_polygon 输入边的数目 ＜6＞：

指定正多边形的中心点或[边(E)]：0,0

输入选项[内接于圆(I)/外切于圆(C)] ＜I＞：

指定圆的半径：24

(10)圆

绘图→圆(绘制支柱孔截面图形,以小六边形角点为圆心)

命令：_circle 指定圆的圆心或[三点(3P)/两点(2P)/相切、相切、半径(T)]：

指定圆的半径或[直径(D)]：1

(11)复制(复制至 6 个,中心位置在小六边形的角点,如图 13-42 所示)

修改→复制

命令：_copy

选择对象：找到 1 个

选择对象：

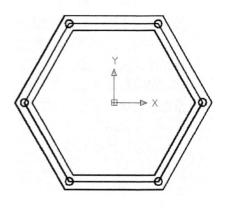

图 13-42　复制之 6 个圆

指定基点或[位移(D)] ＜位移＞：　指定第二个点或 ＜使用第一个点作为位移＞：

指定第二个点或[退出(E)/放弃(U)] ＜退出＞：

指定第二个点或[退出(E)/放弃(U)] ＜退出＞：

指定第二个点或[退出(E)/放弃(U)] ＜退出＞：

指定第二个点或[退出(E)/放弃(U)] ＜退出＞：

指定第二个点或[退出(E)/放弃(U)] ＜退出＞：

(12)面域(将 6 个圆构成面域)

绘图→面域

命令：_region

选择对象：找到 1 个

选择对象：找到 1 个,总计 2 个

选择对象：找到 1 个,总计 3 个

选择对象：找到 1 个,总计 4 个

选择对象：找到 1 个,总计 5 个

选择对象：找到 1 个,总计 6 个

选择对象：

已提取 6 个环。

已创建 6 个面域。

(13)拉伸(将 6 个圆构成的面域拉伸成六个圆柱)

绘图→实体→拉伸

命令：_extrude

当前线框密度：ISOLINES＝4

选择对象：找到 1 个

选择对象：找到 1 个,总计 2 个

选择对象：找到 1 个,总计 3 个

选择对象：找到 1 个,总计 4 个

选择对象：找到 1 个,总计 5 个

选择对象：找到 1 个,总计 6 个

选择对象：

指定拉伸高度或[路径(P)]：2

指定拉伸的倾斜角度 ＜0＞：

(14)差集(从六棱柱中开出 6 个圆柱孔)

修改→实体编辑→差集

命令：_subtract 选择要从中减去的实体或面域...

选择对象：找到 1 个

选择对象：

选择要减去的实体或面域...

选择对象：找到 1 个

选择对象：找到 1 个,总计 2 个

选择对象：找到 1 个,总计 3 个

选择对象：找到 1 个,总计 4 个

选择对象：找到 1 个,总计 5 个

选择对象：找到 1 个,总计 6 个

(15)删除(删除孔中心定位六边形,如图 13-43 所示)

修改→删除

命令：_erase

选择对象：找到 1 个

(16)东北等轴测(转换视角)

视图→三维视图→东北等轴测

命令：_- view 输入选项

［? /分类（C）/图层状态（A）/正交（O）/删除（D）/恢复（R）/保存（S）/UCS（U）/窗口（W）］：_neiso

正在重生成模型。

(17)圆角(侧面每个边倒圆角)

修改→圆角

命令：_fillet

当前设置：模式 ＝ 修剪,半径 ＝ 0.0

选择第一个对象或［放弃(U)/多段线(P)/半径(R)/修剪(T)/多个(M)］：

输入圆角半径：2

选择边或［链(C)/半径(R)］：

选择边或［链(C)/半径(R)］：

选择边或［链(C)/半径(R)］：

选择边或［链(C)/半径(R)］：

选择边或［链(C)/半径(R)］：

选择边或［链(C)/半径(R)］：

已选定 6 个边用于圆角。

(18)长方体(绘制开口区域)

绘图→实体→长方体

命令：_box

指定长方体的角点或［中心点（CE）］＜0,0,0＞：－9.5,0,0

指定角点或［立方体(C)/长度(L)］：9.5,30,2

(19)差集(一面开口,如图 13 - 44 所示)

修改→实体编辑→差集

命令：_subtract 选择要从中减去的实体或面域…

选择对象：找到 1 个

选择对象：

选择要减去的实体或面域…

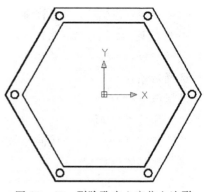

图 13 - 43　删除孔中心定位六边形

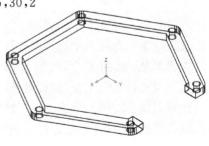

图 13 - 44　一面开口

选择对象：找到 1 个

(20)圆角(开口边沿倒圆角)

修改→圆角

命令：_fillet

当前设置：模式 = 修剪,半径 = 2.0

选择第一个对象或[放弃(U)/多段线(P)/半径(R)/修剪(T)/多个(M)]：

输入圆角半径 <2.0>:1.5

选择边或[链(C)/半径(R)]：

选择边或[链(C)/半径(R)]：

选择边或[链(C)/半径(R)]：

选择边或[链(C)/半径(R)]：

已选定 4 个边用于圆角。

(21)体着色(赋予实体色彩,如图 13-45 所示)

视图→着色→体着色

命令：_shademode 当前模式：二维
线框

输入选项

[二维线框(2D)/三维线框(3D)/消隐
(H)/平面着色(F)/体着色(G)/带边框平
面着色(L)/带边框体着色(O)]<二维线
框>:_g

图 13-45　凉亭环凳

(22)保存(存盘)

文件→保存

命令：_qsave

13.2.3 凉亭下支柱(打印 6 件)

完成后如图 13-47 所示。

(1)创建文件

文件→新建

另存为 pavilionpillard.dwg

(2)东北等轴测(转换视角)

视图→三维视图→东北等轴测

命令：_-view 输入选项

[? /分类(C)/图层状态(A)/正交(O)/删除(D)/恢复(R)/保存(S)/UCS

(U)/窗口(W)]：_neiso

正在重生成模型。

(3)圆柱体(制成 3 段圆柱,如图 13-46 所示)

绘图→实体→圆柱体

命令：_cylinder

当前线框密度：ISOLINES＝4

指定圆柱体底面的中心点或[椭圆(E)]＜0,0,

0＞：

指定圆柱体底面的半径或[直径(D)]：1

指定圆柱体高度或[另一个圆心(C)]：8

命令：

CYLINDER

当前线框密度：ISOLINES＝4

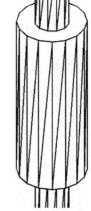

指定圆柱体底面的中心点或[椭圆(E)]＜0,0,

图 13-46　制成 3 段圆柱

0＞：0,0,8

指定圆柱体底面的半径或[直径(D)]：2

指定圆柱体高度或[另一个圆心(C)]：10

命令：

CYLINDER

当前线框密度：ISOLINES＝4

指定圆柱体底面的中心点或[椭圆(E)]＜0,0,0＞：0,0,18

指定圆柱体底面的半径或[直径(D)]：1

指定圆柱体高度或[另一个圆心(C)]：5

(4)并集(合并 3 段圆柱成一体)

修改→实体编辑→并集

命令：_union

选择对象：找到 1 个

选择对象：找到 1 个,总计 2 个

选择对象：找到 1 个,总计 3 个

(5)倒角(分别对顶端与底端作倒角)

修改→倒角

命令：_chamfer

("修剪"模式)当前倒角距离 1 ＝ 0.0,距离 2 ＝ 0.0

选择第一条直线或[放弃(U)/多段线(P)/距离(D)/角度(A)/修剪(T)/方式

（E)/多个(M)]：

　　基面选择...

　　输入曲面选择选项[下一个(N)/当前(OK)]＜当前＞：

　　指定基面的倒角距离：0.2

　　指定其他曲面的倒角距离＜0.2＞：

　　选择边或[环(L)]：选择边或[环(L)]：

　　CHAMFER

　　("修剪"模式)当前倒角距离 1 ＝ 0.2,距离 2 ＝ 0.2

　　选择第一条直线或[放弃(U)/多段线(P)/距离(D)/角度(A)/修剪(T)/方式(E)/多个(M)]：

　　基面选择...

　　输入曲面选择选项[下一个(N)/当前(OK)]＜当前＞：

　　指定基面的倒角距离＜0.2＞：

　　指定其他曲面的倒角距离＜0.2＞：

　　选择边或[环(L)]：选择边或[环(L)]：

　　(6)体着色(赋予实体色彩,如图 13 - 47 所示)

　　视图→着色→体着色

　　命令：_shademode 当前模式：二维线框

　　输入选项

图 13 - 47　凉亭下支柱

　　[二维线框(2D)/三维线框(3D)/消隐(H)/平面着色(F)/体着色(G)/带边框平面着色(L)/带边框体着色(O)]＜二维线框＞：_g

　　(7)保存(存盘)

　　文件→保存

　　命令：_qsave

13.2.4　凉亭上支柱(打印 6 件)

　　完成后如图 13 - 50 所示。

　　(1)创建文件

　　文件→新建

　　另存为 pavilionpillardu.dwg

　　(2)东北等轴测(转换视角)

　　视图→三维视图→东北等轴测

　　命令：_-view 输入选项

[? /分类(C)/图层状态(A)/正交(O)/删除(D)/恢复(R)/保存(S)/UCS(U)/窗口(W)]：_neiso

正在重生成模型。

(3)圆柱体(形成 2 段圆柱,如图 13-48 所示)

绘图→实体→圆柱体

命令：_cylinder

当前线框密度：ISOLINES=4

指定圆柱体底面的中心点或[椭圆(E)]<0,0,0>：

指定圆柱体底面的半径或[直径(D)]：2

指定圆柱体高度或[另一个圆心(C)]：30

命令：

CYLINDER

当前线框密度：ISOLINES=4

指定圆柱体底面的中心点或[椭圆(E)]<0,0,0>：0,0,30

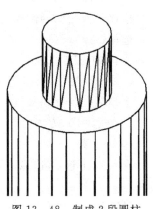

图 13-48　制成 2 段圆柱

指定圆柱体底面的半径或[直径(D)]：1

指定圆柱体高度或[另一个圆心(C)]：2

(4)并集(合并 2 段圆柱成一体)

修改→实体编辑→并集

命令：_union

选择对象：找到 1 个

选择对象：找到 1 个,总计 2 个

(5)倒角(对顶端作倒角)

修改→倒角

命令：_chamfer

("修剪"模式) 当前倒角距离 1 = 0.0,距离 2 = 0.0

选择第一条直线或[放弃(U)/多段线(P)/距离(D)/角度(A)/修剪(T)/方式(E)/多个(M)]：

基面选择...

输入曲面选择选项[下一个(N)/当前(OK)]<当前>：

指定基面的倒角距离：0.2

指定其他曲面的倒角距离 <0.2>：

选择边或[环(L)]：选择边或[环(L)]：

（6）圆柱体（形成开孔区域）

绘图→实体→圆柱体

命令：_cylinder

当前线框密度：ISOLINES＝4

指定圆柱体底面的中心点或［椭圆（E）］＜0,0,0＞：

指定圆柱体底面的半径或［直径（D）］：1

指定圆柱体高度或［另一个圆心（C）］：4

（7）差集（下端开圆柱孔，如图 13－49 所示）

修改→实体编辑→差集

命令：_subtract 选择要从中减去的实体或面域…

选择对象：找到 1 个

选择对象：

选择要减去的实体或面域…

选择对象：找到 1 个

（8）体着色（赋予实体色彩，如图 13－50 所示）

视图→着色→体着色

命令：_shademode 当前模式：二维线框

输入选项

［二维线框（2D）/三维线框（3D）/消隐（H）/平面着色（F）/体着色（G）/带边框平面着色（L）/带边框体着色（O）］＜二维线框＞：_g

（9）保存（存盘）

文件→保存

命令：_qsave

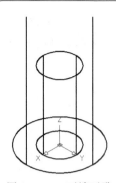

图 13－49　下端开孔

图 13－50　凉亭上支柱

13.2.5　凉亭顶棚圈梁（打印 1 件）

完成后如图 13－54 所示。

（1）创建文件

文件→新建

另存为 pavilionringbeam.dwg

（2）圆（绘制圈梁外截面）

绘图→圆

命令：_circle 指定圆的圆心或［三点（3P）/两点（2P）/相切、相切、半径（T）］：0,0

指定圆的半径或[直径(D)]<2.0>：26

(3)面域(构成面域)

绘图→面域

命令：_region

选择对象：找到 1 个

选择对象：

已提取 1 个环。

已创建 1 个面域。

(4)拉伸(拉伸成体)

绘图→实体→拉伸

命令：_extrude

当前线框密度：ISOLINES=4

选择对象：找到 1 个

选择对象：

指定拉伸高度或[路径(P)]：2

指定拉伸的倾斜角度 <0>：

(5)圆(绘制圈梁内截面)

绘图→圆

命令：_circle 指定圆的圆心或[三点(3P)/两点(2P)/相切、相切、半径(T)]：0,0

指定圆的半径或[直径(D)]<2.0>：22

(6)面域(构成面域)

绘图→面域

命令：_region

选择对象：找到 1 个

选择对象：

已提取 1 个环。

已创建 1 个面域。

(7)拉伸(拉伸成体)

绘图→实体→拉伸

命令：_extrude

当前线框密度：ISOLINES=4

选择对象：找到 1 个

选择对象：

指定拉伸高度或[路径(P)]：2

(8)差集(形成环状,如图 13－51 所示)

修改→实体编辑→差集

命令：_subtract 选择要从中减去的实体或面域...

选择对象：找到 1 个

选择对象：

选择要减去的实体或面域...

选择对象：找到 1 个

(9)正多边形(设置凉亭支柱孔中心位置)

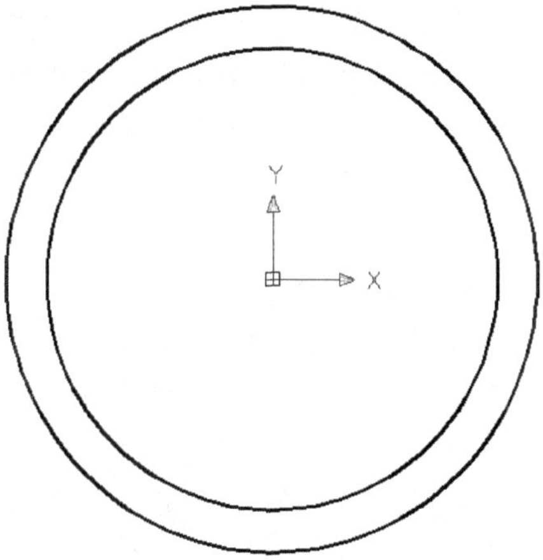

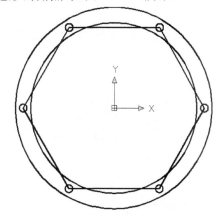

图 13－51　环状圈梁

绘图→正多边形

命令：_polygon 输入边的数目 <6>：

指定正多边形的中心点或[边(E)]：0,0

输入选项[内接于圆(I)/外切于圆(C)] <I>：

指定圆的半径：24

(10)圆(绘制支柱孔截面图形,以小六边形角点为圆心)

绘图→圆

命令：_circle 指定圆的圆心或[三点(3P)/两点(2P)/相切、相切、半径(T)]：

指定圆的半径或[直径(D)]：1

(11)复制(复制至 6 个,中心位置在小六边形的角点,如图 13－52 所示)

修改→复制

命令：_copy

选择对象：找到 1 个

选择对象：

指定基点或[位移(D)] <位移>：　指定第二个点或 <使用第一个点作为位移>：

指定第二个点或[退出(E)/放弃(U)] <退出>：

指定第二个点或[退出(E)/放弃(U)] <退出>：

指定第二个点或[退出(E)/放弃(U)] <退出>：

图 13－52　复制之 6 个圆

指定第二个点或[退出(E)/放弃(U)]＜退出＞：

指定第二个点或[退出(E)/放弃(U)]＜退出＞：

(12)面域(将6个圆构成面域)

绘图→面域

命令：_region

选择对象：找到1个

选择对象：找到1个,总计2个

选择对象：找到1个,总计3个

选择对象：找到1个,总计4个

选择对象：找到1个,总计5个

选择对象：找到1个,总计6个

选择对象：

已提取6个环。

已创建6个面域。

(13)拉伸(将6个圆构成的面域拉伸成六个圆柱)

绘图→实体→拉伸

命令：_extrude

当前线框密度：ISOLINES＝4

选择对象：找到1个

选择对象：找到1个,总计2个

选择对象：找到1个,总计3个

选择对象：找到1个,总计4个

选择对象：找到1个,总计5个

选择对象：找到1个,总计6个

选择对象：

指定拉伸高度或[路径(P)]：2

指定拉伸的倾斜角度＜0＞：

(14)差集(开出6个圆柱孔)

修改→实体编辑→差集

命令：_subtract 选择要从中减去的实体或面域...

选择对象：找到1个

选择对象：

选择要减去的实体或面域...

选择对象：找到1个

选择对象：找到 1 个,总计 2 个

选择对象：找到 1 个,总计 3 个

选择对象：找到 1 个,总计 4 个

选择对象：找到 1 个,总计 5 个

选择对象：找到 1 个,总计 6 个

(15)删除(删除孔中心定位六边形,如图 13-53 所示)

修改→删除

命令：_erase

选择对象：找到 1 个

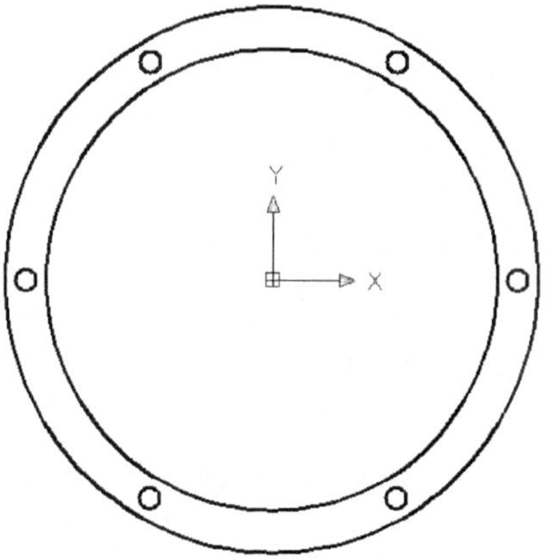

(16)东北等轴测(转换视角)

视图→三维视图→东北等轴测

命令：_- view 输入选项

[?/分类(C)/图层状态(A)/正交(O)/删除(D)/恢复(R)/保存(S)/UCS(U)/窗口(W)]：_neiso

正在重生成模型。

(17)倒角(顶面外边沿作倒角)

图 13-53 删除定位六边形

修改→倒角

命令：_chamfer

("修剪"模式)当前倒角距离 1 = 0.0,距离 2 = 0.0

选择第一条直线或[放弃(U)/多段线(P)/距离(D)/角度(A)/修剪(T)/方式(E)/多个(M)]：

基面选择...

输入曲面选择选项[下一个(N)/当前(OK)]<当前>：

指定基面的倒角距离：0.2

指定其他曲面的倒角距离 <0.2>：

选择边或[环(L)]：选择边或[环(L)]：

(18)体着色(赋予实体色彩,如图 13-54 所示)

视图→着色→体着色

命令：_shademode 当前模式：二维线框

输入选项

图 13-54 凉亭顶棚圈梁

　［二维线框（2D）/三维线框（3D）/消隐（H）/平面着色（F）/体着色（G）/带边框平面着色（L）/带边框体着色（O）］＜二维线框＞：_g

（19）保存（存盘）

文件→保存

命令：_qsave

13.2.6　凉亭台阶（打印 1 件）

完成后如图 13－58 所示。

（1）创建文件

文件→新建

另存为 pavilionsteps. dwg

（2）直线（绘制台阶拉伸截面，如图 13－55 所示）

绘图→直线

命令：_line 指定第一点：0,0

指定下一点或［放弃（U）］：12,0

指定下一点或［放弃（U）］：12,2

指定下一点或［闭合（C）/放弃（U）］：8,2

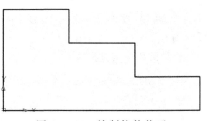

图 13－55　绘制拉伸截面

指定下一点或［闭合（C）/放弃（U）］：8,4

指定下一点或［闭合（C）/放弃（U）］：4,4

指定下一点或［闭合（C）/放弃（U）］：4,6

指定下一点或［闭合（C）/放弃（U）］：0,6

指定下一点或［闭合（C）/放弃（U）］：c

（3）面域（构成面域）

绘图→面域

命令：_region

选择对象：指定对角点：找到 8 个

选择对象：

已提取 1 个环。

已创建 1 个面域。

（4）拉伸（拉伸成体）

绘图→实体→拉伸

命令：_extrude

当前线框密度：ISOLINES＝4

选择对象：找到 1 个

选择对象：

指定拉伸高度或［路径(P)］：20

指定拉伸的倾斜角度 ＜0＞：

(5)西南等轴测(转换视角)

视图→三维视图→西南等轴测

命令：_－view 输入选项

［? /分类(C)/图层状态(A)/正交(O)/删除(D)/恢复(R)/保存(S)/UCS (U)/窗口(W)］：_swiso

正在重生成模型。

(6)抽壳(底面挖空,如图 13－56 所示)

修改→实体编辑→抽壳

命令：_solidedit

实体编辑自动检查：　SOLIDCHECK＝1

输入实体编辑选项［面(F)/边(E)/体 (B)/放弃(U)/退出(X)］＜退出＞：_body

输入体编辑选项

［压印(I)/分割实体(P)/抽壳(S)/清除 (L)/检查(C)/放弃(U)/退出(X)］＜退出＞： _shell

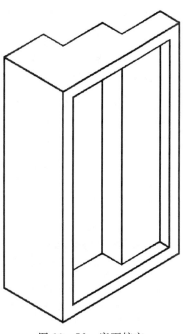

选择三维实体：

删除面或［放弃(U)/添加(A)/全部 (ALL)］：找到一个面,已删除 1 个。

删除面或［放弃(U)/添加(A)/全部 (ALL)］：

输入抽壳偏移距离：1

已开始实体校验。

已完成实体校验。

图 13－56　底面挖空

(7)长方体(制作卡块)

绘图→实体→长方体

命令：_box

指定长方体的角点或［中心点(CE)］＜0,0,0＞：0,0,9

指定角点或［立方体(C)/长度(L)］：－2,3,11

(8)长方体(制作卡块)

绘图→实体→长方体

命令：_box

指定长方体的角点或[中心点(CE)]＜0,0,0＞：0,3,7

指定角点或[立方体(C)/长度(L)]：−2,4,13

(9)并集(将卡块与主体合并,如图 13−57 所示)

修改→实体编辑→并集

命令：_union

选择对象：找到 1 个

选择对象：找到 1 个,总计 2 个

选择对象：找到 1 个,总计 3 个

(10)圆角(对卡块侧面边角倒圆角)

修改→圆角

命令：_fillet

当前设置：模式 ＝ 修剪,半径 ＝ 0.0

选择第一个对象或[放弃(U)/多段线(P)/
半径(R)/修剪(T)/多个(M)]：

输入圆角半径：0.1

选择边或[链(C)/半径(R)]：

选择边或[链(C)/半径(R)]：

选择边或[链(C)/半径(R)]：

选择边或[链(C)/半径(R)]：

已选定 4 个边用于圆角。

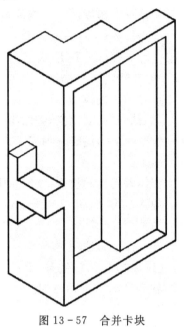

图 13−57　合并卡块

(11)左视(转换视角)

视图→三维视图→左视

命令：_- view 输入选项

[? /分类(C)/图层状态(A)/正交(O)/删除(D)/恢复(R)/保存(S)/UCS
(U)/窗口(W)]：_left

正在重生成模型。

(12)倒角(对卡块正面边角作倒角)

修改→倒角

命令：_chamfer

("修剪"模式) 当前倒角距离 1 ＝ 0.0,距离 2 ＝ 0.0

选择第一条直线或[放弃(U)/多段线(P)/距离(D)/角度(A)/修剪(T)/方式(E)/多个(M)]:

基面选择...

输入曲面选择选项[下一个(N)/当前(OK)]＜当前＞:

指定基面的倒角距离:0.2

指定其他曲面的倒角距离 ＜0.2＞:

选择边或[环(L)]:选择边或[环(L)]:选择边或[环(L)]:选择边或[环(L)]:

选择边或[环(L)]:选择边或[环(L)]:选择边或[环(L)]:选择边或[环(L)]:

(13)俯视(转换视角)

视图→三维视图→俯视

命令:_-view 输入选项

[?/分类(C)/图层状态(A)/正交(O)/删除(D)/恢复(R)/保存(S)/UCS(U)/窗口(W)]:_top

正在重生成模型。

(14)西南等轴测(转换视角)

视图→三维视图→西南等轴测

命令:_-view 输入选项

[?/分类(C)/图层状态(A)/正交(O)/删除(D)/恢复(R)/保存(S)/UCS(U)/窗口(W)]:_swiso

正在重生成模型。

(15)体着色(赋予实体色彩,如图 13-58 所示)

视图→着色→体着色

命令:_shademode 当前模式:二维线框

输入选项

[二维线框(2D)/三维线框(3D)/消隐(H)/平面着色(F)/体着色(G)/带边框平面着色(L)/带边框体着色(O)]＜二维线框＞:_g

(16)保存(存盘)

文件→保存

命令:_qsave

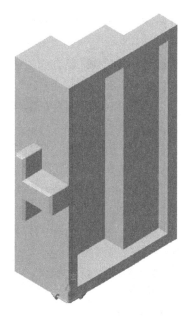

图 13-58　凉亭台阶

13.2.7　凉亭石桌(打印 1 件)

完成后如图 13 - 63 所示。

(1)创建文件

文件➔新建

另存为 paviliontable.dwg

(2)直线(绘制旋转截面图形)

绘图➔直线

命令：_line 指定第一点：−2,0

指定下一点或[放弃(U)]：−1,0

指定下一点或[放弃(U)]：−1,−8

指定下一点或[闭合(C)/放弃(U)]：0,−8

指定下一点或[闭合(C)/放弃(U)]：0,12

指定下一点或[闭合(C)/放弃(U)]：−8,12

指定下一点或[闭合(C)/放弃(U)]：−8,11

(3)样条曲线(绘制旋转截面图形,如图 13 - 59 所示)

绘图➔样条曲线

命令：_spline

指定第一个点或[对象(O)]：−8,11

指定下一点：−3,8

指定下一点或[闭合(C)/拟合公差(F)]＜起点切向＞：−2,4

指定下一点或[闭合(C)/拟合公差(F)]＜起点切向＞：−2,3

指定下一点或[闭合(C)/拟合公差(F)]＜起点切向＞：−2,2

指定下一点或[闭合(C)/拟合公差(F)]＜起点切向＞：−2,1

指定下一点或[闭合(C)/拟合公差(F)]＜起点切向＞：−2,0

指定下一点或[闭合(C)/拟合公差(F)]＜起点切向＞：

指定起点切向：

指定端点切向：

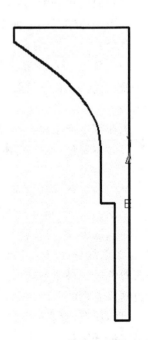

图 13 - 59　绘制旋转截面图形

（4）面域（构成面域）

绘图→面域

命令：_region

选择对象：指定对角点：找到 7 个

选择对象：

已提取 1 个环。

已创建 1 个面域。

（5）旋转（旋转成体，如图 13-60 所示）

绘图→实体→旋转

命令：_revolve

当前线框密度：ISOLINES＝4

选择对象：找到 1 个

选择对象：

指定旋转轴的起点或

定义轴依照[对象(O)/X 轴(X)/Y 轴(Y)]：y

指定旋转角度 ＜360＞：

（6）倒角（下端倒角）

修改→倒角

命令：_chamfer

（"修剪"模式）当前倒角距离 1 ＝ 0.0,距离 2 ＝ 0.0

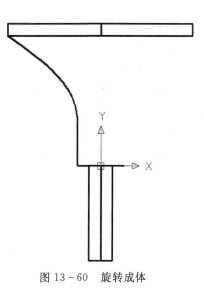

图 13-60　旋转成体

选择第一条直线或[放弃(U)/多段线(P)/距离(D)/角度(A)/修剪(T)/方式(E)/多个(M)]：

基面选择...

输入曲面选择选项[下一个(N)/当前(OK)] ＜当前＞：

指定基面的倒角距离：0.2

指定其他曲面的倒角距离 ＜0.2＞：

选择边或[环(L)]：选择边或[环(L)]：

（7）圆角（桌面上下边沿倒圆角）

修改→圆角

命令：_fillet

当前设置：模式 ＝ 修剪,半径 ＝ 0.0

选择第一个对象或[放弃(U)/多段线(P)/半径(R)/修剪(T)/多个(M)]：

输入圆角半径：0.2

选择边或[链(C)/半径(R)]：

选择边或[链(C)/半径(R)]：

已选定 2 个边用于圆角。

(8)后视(转换视角)

视图→三维视图→后视

命令：_-view 输入选项

[? /分类(C)/图层状态(A)/正交(O)/删除(D)/恢复(R)/保存(S)/UCS(U)/窗口(W)]：_back

正在重生成模型。

(9)插入字体

(在这之前先打开一个 Word 文档，插入艺术字"雅"。字体格式为华文行楷，字号 96。复制至剪切板)

编辑—选择性粘贴—AutoCAD 图元

命令：_pastespec 指定插入点：(移动鼠标确定放置在中心位置)

(10)缩放(缩放到适当大小。以下放大比例根据具体情况确定)

修改→缩放

命令：_scale

选择对象：指定对角点：找到 8 个

选择对象：

指定基点：0,0

指定比例因子或[复制(C)/参照(R)]<1.0>：5

(11)删除(删去多余重复图形。一般粘贴过来图线有两层，删去一层)

修改→删除

命令：_erase

选择对象：找到 1 个

选择对象：找到 1 个,总计 2 个

选择对象：找到 1 个,总计 3 个

选择对象：

(12)分解(分解字体)

修改→分解

命令：_explode

选择对象：找到 1 个

选择对象：找到 1 个,总计 2 个

选择对象：找到 1 个,总计 3 个

(13)面域(将字体图形构成面域。如在创建面域过程中出现问题,可局部修改文字笔画,以确保形成一个或多个独立的封闭图形。如图 13-61 所示)

绘图→面域

命令：_region

选择对象：找到 1 个

选择对象：找到 1 个,总计 2 个

选择对象：找到 1 个,总计 3 个

选择对象：

已提取 3 个环。

已创建 3 个面域。

(14)拉伸(将字体拉伸出厚度)

绘图→三维实体→拉伸

命令：_extrude

当前线框密度：ISOLINES＝4

选择对象：找到 1 个

选择对象：找到 1 个,总计 2 个

选择对象：找到 1 个,总计 3 个

选择对象：

指定拉伸高度或[路径(P)]：0.5

指定拉伸的倾斜角度 ＜0＞：

(15)并集(将字体合并成一个整体)

修改→实体编辑→并集

命令：_union

选择对象：找到 1 个

选择对象：找到 1 个,总计 2 个

选择对象：找到 1 个,总计 3 个

(16)移动(将文字造型体移动位置)

修改→移动

命令：_move

选择对象：找到 1 个

选择对象：

指定基点或[位移(D)] ＜位移＞： 0,0,0

指定第二个点或 ＜使用第一个点作为位移＞：0,0,11.5

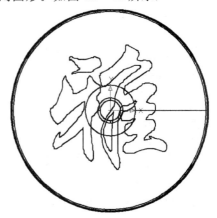

图 13-61 构成字体图形面域

（17）差集（石桌体刻出字体实体）

修改→实体编辑→差集

命令：_subtract 选择要从中减去的实体或面域…

选择对象：找到 1 个

选择对象：

选择要减去的实体或面域 ..

选择对象：找到 1 个

（18）长方体（形成卡块）

绘图→实体→长方体

命令：_box

指定长方体的角点或[中心点（CE）]＜0，0,0＞：−0.5,0,0

指定角点或[立方体（C）/长度（L）]：0.5，−1.5,−1

（19）并集（合并卡块到石桌，如图 13 - 62 所示）

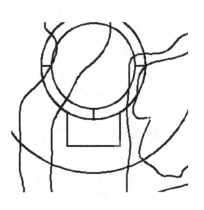

图 13 - 62　合并卡块

修改→实体编辑→并集

命令：_union

选择对象：找到 1 个

选择对象：找到 1 个,总计 2 个

（20）体着色（赋予实体色彩）

视图→着色→体着色

命令：_shademode 当前模式：二维线框

输入选项

[二维线框（2D）/三维线框（3D）/消隐（H）/平面着色（F）/体着色（G）/带边框平面着色（L）/带边框体着色（O）]＜二维线框＞：_g

（21）着色面（将字体凹面赋予其他颜色）

修改→实体编辑→着色面

命令：_solidedit

实体编辑自动检查：　SOLIDCHECK＝1

输入实体编辑选项[面（F）/边（E）/体（B）/放弃（U）/退出（X）]＜退出＞：_face

输入面编辑选项

[拉伸（E）/移动（M）/旋转（R）/偏移（O）/倾斜（T）/删除（D）/复制（C）/着色

(L)/放弃(U)/退出(X)]＜退出＞：_color

选择面或[放弃(U)/删除(R)]：找到一个面。

选择面或[放弃(U)/删除(R)/全部(ALL)]：找到一个面。

选择面或[放弃(U)/删除(R)/全部(ALL)]：找到一个面。

选择面或[放弃(U)/删除(R)/全部(ALL)]：

(22)动态观察(转换视角以露出卡块朝外面)

视图→三维动态观察器

命令：′_3dorbit 按 ESC 或 ENTER 键退出，或者单击鼠标右键显示快捷菜单。

(23)倒角(对卡块朝外面边沿做倒角)

修改→倒角

命令：_chamfer

("修剪"模式) 当前倒角距离 1 = 0.2,距离 2 = 0.2

选择第一条直线或[放弃(U)/多段线(P)/距离(D)/角度(A)/修剪(T)/方式(E)/多个(M)]：

基面选择...

输入曲面选择选项[下一个(N)/当前(OK)]＜当前＞：

指定基面的倒角距离 ＜0.2＞：0.1

指定其他曲面的倒角距离 ＜0.2＞：0.1

选择边或[环(L)]：选择边或[环(L)]：选择边或[环(L)]：选择边或[环(L)]：

(24)俯视(转换视角)

视图→三维视图→俯视

命令：_- view 输入选项

[? /分类(C)/图层状态(A)/正交(O)/删除(D)/恢复(R)/保存(S)/UCS(U)/窗口(W)]：_top

正在重生成模型。

(25)西南等轴测(转换视角)

视图→三维视图→西南等轴测

命令：_- view 输入选项

[? /分类(C)/图层状态(A)/正交(O)/删除(D)/恢复(R)/保存(S)/UCS(U)/窗口(W)]：_nwiso

正在重生成模型。

(26)三维旋转(变换位置)

修改→三维操作—三维旋转

命令：_rotate3d

当前正向角度： ANGDIR＝逆时针 ANGBASE＝0

选择对象：找到 1 个

选择对象：

指定轴上的第一个点或定义轴依据

[对象(O)/最近的(L)/视图(V)/X 轴(X)/Y 轴(Y)/Z 轴(Z)/两点(2)]：x

指定 X 轴上的点 ＜0,0,0＞：

指定旋转角度或[参照(R)]：90

(27)俯视(转换视角)

视图→三维视图→俯视

命令：_－view 输入选项

[? /分类(C)/图层状态(A)/正交(O)/删除(D)/恢复(R)/保存(S)/UCS(U)/窗口(W)]：_top

正在重生成模型。

(28)东北等轴测(转换视角。如图 13-63 所示)

视图→三维视图→东北等轴测

命令：_－view 输入选项

[? /分类(C)/图层状态(A)/正交(O)/删除(D)/恢复(R)/保存(S)/UCS(U)/窗口(W)]：_neiso

正在重生成模型。

(29)保存(存盘)

文件→保存

命令：_qsave

13.2.8 凉亭顶棚(打印 1 件)

完成后如图 13-69 所示。

(1)创建文件

文件→新建

另存为 pavilionceiling. dwg

(2)直线(绘制旋转截面图形)

绘图→直线

命令：_line 指定第一点：0,35

图 13-63 凉亭石桌

指定下一点或[放弃(U)]：0,0

指定下一点或[放弃(U)]：-33,0

指定下一点或[闭合(C)/放弃(U)]：-33,1

指定下一点或[闭合(C)/放弃(U)]：

(3)样条曲线(绘制旋转截面图形,如图 13-64 所示)

绘图→样条曲线

命令：_spline

指定第一个点或[对象(O)]：-33,1

指定下一点：　＜对象捕捉 关＞-
27,3.8

指定下一点或[闭合(C)/拟合公差
(F)]＜起点切向＞：-20,7.7

指定下一点或[闭合(C)/拟合公差
(F)]＜起点切向＞：-15,11.5

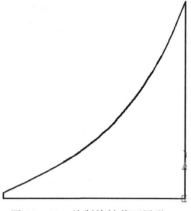

指定下一点或[闭合(C)/拟合公差
(F)]＜起点切向＞：-10.5,16.3

图 13-64　绘制旋转截面图形

指定下一点或[闭合(C)/拟合公差
(F)]＜起点切向＞：-6,22.5

指定下一点或[闭合(C)/拟合公差(F)]＜起点切向＞：-2.5,29

指定下一点或[闭合(C)/拟合公差(F)]＜起点切向＞：0,35

指定下一点或[闭合(C)/拟合公差(F)]＜起点切向＞：

指定起点切向：

指定端点切向：

(4)面域(构成面域)

绘图→面域

命令：_region

选择对象：指定对角点：找到 4 个

选择对象：

已提取 1 个环。

已创建 1 个面域。

(5)旋转(旋转成体)

绘图→实体→旋转

命令：_revolve

当前线框密度：ISOLINES=4

选择对象：找到 1 个

选择对象：

指定旋转轴的起点或

定义轴依照[对象(O)/X 轴(X)/Y 轴(Y)]：y

指定旋转角度 <360>：

(6)东北等轴测(转换视角)

视图→三维视图→东北等轴测

命令：_- view 输入选项

[? /分类(C)/图层状态(A)/正交(O)/删除(D)/恢复(R)/保存(S)/UCS(U)/窗口(W)]：_neiso

正在重生成模型。

(7)三维旋转(变换位置,如图 13 - 65 所示)

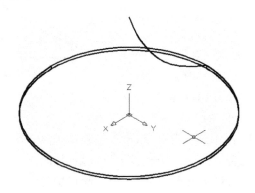

图 13 - 65　三维旋转

修改→三维操作—三维旋转

命令：_rotate3d

当前正向角度： ANGDIR＝逆时针 ANGBASE＝0

选择对象：找到 1 个

选择对象：

指定轴上的第一个点或定义轴依据

[对象(O)/最近的(L)/视图(V)/X 轴(X)/Y 轴(Y)/Z 轴(Z)/两点(2)]：x

指定 X 轴上的点 <0,0,0>：

指定旋转角度或[参照(R)]：90

(8)圆柱体(设置顶棚圈梁卡槽区域)

绘图→实体→圆柱体

命令：_cylinder

当前线框密度：ISOLINES＝4

指定圆柱体底面的中心点或[椭圆(E)]＜0,0,0＞：

指定圆柱体底面的半径或[直径(D)]：26

指定圆柱体高度或[另一个圆心(C)]：2

(9)圆柱体(设置顶棚圈梁卡槽档环区域)

绘图→实体→圆柱体

命令：_cylinder

当前线框密度：ISOLINES＝4

指定圆柱体底面的中心点或[椭圆(E)]＜0,0,0＞：0,0,2

指定圆柱体底面的半径或[直径(D)]：25

指定圆柱体高度或[另一个圆心(C)]：1

(10)差集(切出卡槽及档环,如图 13－66 所示)

修改→实体编辑→差集

命令：_subtract 选择要从中减去的

实体或面域...

选择对象：找到 1 个

选择对象：

选择要减去的实体或面域...

选择对象：找到 1 个

选择对象：找到 1 个,总计 2 个

(11)球体(设置顶棚尖端球体造型)

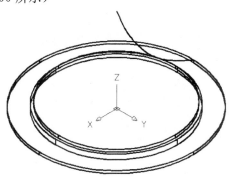

图 13－66　切出卡槽及档环

绘图→实体→球体

命令：_sphere

当前线框密度：ISOLINES＝4

指定球体球心 ＜0,0,0＞：0,0,35

指定球体半径或[直径(D)]：3

(12)并集(球体与主体合并,如图 13－67 所示)

修改→实体编辑→并集

命令：_union

选择对象：找到 1 个

选择对象：找到 1 个,总计 2 个

(13)截切(上下分成两段,以便做抽壳处理)

绘图→实体→截切

命令：_slice

选择对象：找到 1 个

选择对象：

指定切面上的第一个点，依照［对象(O)/Z 轴(Z)/视图(V)/XY 平面(XY)/YZ 平面(YZ)/ZX 平面(ZX)/三点(3)］＜三点＞：0,0,30

指定平面上的第二个点：－10,0,30

指定平面上的第三个点：0,10,30

在要保留的一侧指定点或［保留两侧(B)］：b

图 13-67　合并上球体

(14)仰视(转换视角)

视图→三维视图→仰视

命令：_-view 输入选项

［? /分类(C)/图层状态(A)/正交(O)/删除(D)/恢复(R)/保存(S)/UCS(U)/窗口(W)］：_bottom

正在重生成模型。

(15)抽壳(底面挖空,如图 13-68 所示)

修改→实体编辑→抽壳

命令：_solidedit

实体编辑自动检查：　SOLID-CHECK=1

输入实体编辑选项［面(F)/边(E)/体(B)/放弃(U)/退出(X)］＜退出＞：_body

输入体编辑选项

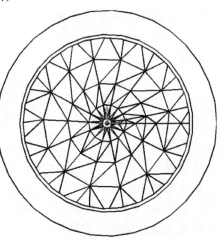

［压印(I)/分割实体(P)/抽壳(S)/清除(L)/检查(C)/放弃(U)/退出(X)］＜退出＞：_shell

选择三维实体：

删除面或［放弃(U)/添加(A)/全部(ALL)］：找到一个面,已删除 1 个。

图 13-68　底面挖空

删除面或［放弃(U)/添加(A)/全部(ALL)］：

输入抽壳偏移距离：1

已开始实体校验。

已完成实体校验。

(16)俯视(转换视角)

视图→三维视图→俯视

命令：_- view 输入选项

［? /分类(C)/图层状态(A)/正交(O)/删除(D)/恢复(R)/保存(S)/UCS(U)/窗口(W)]：_top

正在重生成模型。

(17)东北等轴测(转换视角)

视图→三维视图→东北等轴测

命令：_- view 输入选项

［? /分类(C)/图层状态(A)/正交(O)/删除(D)/恢复(R)/保存(S)/UCS(U)/窗口(W)]：_neiso

正在重生成模型。

(18)并集(将分开的上下两段合并)

修改→实体编辑→并集

命令：_union

选择对象：找到 1 个

选择对象：找到 1 个,总计 2 个

(19)圆角(对顶棚下边沿倒圆角)

修改→圆角

命令：_fillet

当前设置：模式 = 修剪,半径 = 0.0

选择第一个对象或[放弃(U)/多段线(P)/半径(R)/修剪(T)/多个(M)]：

输入圆角半径：0.5

选择边或[链(C)/半径(R)]：

选择边或[链(C)/半径(R)]：

已选定 2 个边用于圆角。

(20)体着色(赋予实体色彩,如图 13-69 所示)

视图→着色→体着色

命令：_shademode 当前模式：二维线框

输入选项

［二维线框(2D)/三维线框(3D)/消隐(H)/平面着色(F)/体着色(G)/带边框平面着色(L)/带边框体着色(O)] <二维线框>：_g

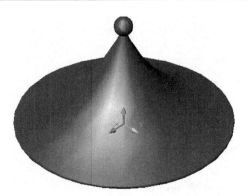

图 13-69 凉亭顶棚

(21)保存(存盘)

文件→保存

命令：_qsave

第四部分　附录

附录1　3D漫像系统(3DCAP 3.0)

1.1　概　述

3D漫像系统(3DCAP 3.0)是针对现有3D照相价格过高和用户体验差的缺陷,经过潜心研发推出全球首创的实用化3D照相解决方案。3D漫像技术通过全新设计的软硬件一体化设计与研发,从根本上解决了现有3D扫描技术操作复杂、数据后处理难度大的使用瓶颈,是中小学生学习3D照相与3D动漫,激发3D创造力的最佳工具。

作为全新的3D扫描系统,3D漫像系统具有以下特点。

1.瞬间获取3D数据

优化的系统设计,3D数据获取设备高度可轻松调节。只需在扫描拍照设备前稍作站立,3D数据即可完成采集。3D漫像系统数据采集速度堪比普通拍照,是目前唯一适合采集中小学生数据的设备。而传统的3D扫描仪采集数据则需要5～10分钟,中小学生很难有效操作。

2.全自动快速肖像合成

传统的扫描仪采集的数据在数据采集完成后,3D漫像数据合成软件3DCAP3.0能在2～4分钟内全自动合成高质量的3D模型,无需繁琐的数据修复等后处理,直接输出可3D打印的数据格式。而传统的3D扫描仪数据处理时间至少4～8小时,且需要专业的软件技能,中小学生很难驾驭。

3.百变互动体验

3D漫像软件能实时互动调节角色、发型、脸型、表情、年龄、纹理等,操作非常简单,具有很好的趣味性,寓教于乐,在体验学习3D的同时,能有效地激发中小学生学习 3D 的兴趣和创造力。

4.多样的应用领域

基于 3D 肖像的个性创意设计扩展性很强,学生可在 3D 人像基础上定制设计诸如钥匙挂钩、纪念印章、个性 U 盘、时尚吊坠等等,充分发挥想象力与创造力。

针对中小学生创造力培养,3D 漫像具有广阔的应用空间。简单便捷的操作,可以让各个年龄段的学生无需复杂的学习,便能立刻上手使用。在使用过程中,学生们不仅能感受先进的 3D 打印技术的魅力,亦能深入了解 3D 的概念,寓教于乐。而基于合成 3D 人像的应用探索(例如人头印章,人头 U 盘等)也培养了青少年对于 3D 的兴趣和创造力,为其将来的道路打下坚实的基础。

1.2　系统构成

整套 3D 漫像系统由硬件和软件 2 部分组成。

硬件部分由照片采集设备和三脚架构成,照片采集设备能够在 1 秒之内采集照片数据,并且自带补光,能在绝大多数场景下直接使用。且体积小巧,方便携带,配上折叠式三脚架可在学校、商场、广场等地方使用,十分方便。如附图 1－1所示。

附图 1－1　三脚架支撑设备

软件部分由专业团队研发而成,拥有良好的用户界面,能够和硬件完美接合,亦可单独使用。其操作简单,运行速度快,占用资源少,实现了从数据采集、合成、修改到输出的一键式傻瓜操作。

软件支持 Win XP,Win7,Win8 等大多数主流操作系统,且不同于主流 3D 建模软件需要昂贵的高性能计算机的支持,大多数普通家用电脑即可带动,且运行流畅。

1.3　软件使用

1. 数据采集

数据采集可以使用配套的 3D 漫像数据采集设备进行采集,如附图 1-2 所示。也可以通过相机或者手机直接拍摄正面 1 张侧面 2 张共 3 张照片,如附图 1-3 所示,导入软件来操作。

1)使用配套硬件采集数据

将 3D 漫像数据采集设备与软件通过 USB 线联接,3D 漫像软件即可控制设备,用户仅需在设备指定位置稍作停留即可完成数据采集,非常方便。

附图 1-2　数据采集设备

2)使用相机来采集数据

用户也可使用相机来拍摄如附图 1-3 所示的 3 个角度的照片数据,导入软件即可进行后续的数据合成和 3D 设计。

3)拍摄需注意一些小问题

头部:保证头部竖直,嘴唇正常闭合,脸部表情自然放松。

眼睛:眼睛张开并直视前方,尽量避免眨眼、闭眼睛。

脸部:取景时整个脸部要完整,且尽量处于照片中央位置。

亮度:必要时开启闪光灯,但尽量避免照片过度曝光,面部光线比较均匀。

正面 左侧 右侧

附图 1-3 拍照采集

彩照:必须使用彩色照片。

修饰:适当的化妆可以,但避免脸部有鲜艳的色彩。

拍摄完成后,将照片分别改名为"Photo-Front","PhotoLeft"以及"PhotoRight"并将其移动到软件"WorkSpace"文件夹中的"Photo"文件夹中即可使用。

2. 数据合成

照片拍摄完成后点击"下一步",系统会弹出"初始信息设置选框",进行"性别"和"照片设置",如附图 1-4 所示。根据拍照用户性别选择"性别","照片设置"中选择侧脸用来与正脸协同生成3D 头像。单张正面照也可生成 3D 头像,但为了提高结果模型的质量,推荐用户选择使用两侧照片。

附图 1-4 设置信息

初始化信息设置好之后,点击"下一步"后系统进入照片处理过程。弹出"正面照片调整"界面,如附图 1-5 所示。左键可以移动照片,鼠标滚轮可以缩放,左右拖动旋转栏可旋转照片。

点击右下角的编辑按钮进入编辑界面,如附图 1-6 所示。编辑界面可对照片进行亮度、对比度、滤色等一些简单的调整。点击重置可以还原照片。

返回"正面照片调整"界面将人脸置于选区内,点击下一步进入"正面照片标记窗口",如附图 1-7 所示。窗口中有根据面部特征生成的 11 个面部特征点。右键可移动全部点,左键可调整单一的点。将鼠标点在特征点上,鼠标指示将由箭头变为十字标识,此时界面照片下方会出现特征点位置提示,然后根据照片将各个特征点放在最佳位置。(注:正面特征点对后期合成精度影响比较大,请务必找准特征点的位置)

右眼:应放置在右眼珠中心。

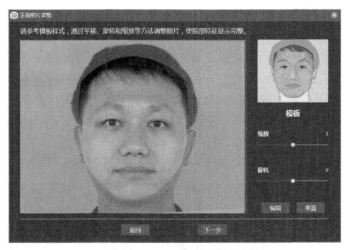

附图 1-5　正面照片调整

附图 1-6　编辑处理

左眼:应放置在左眼珠中心。

左颧骨:应放置在左鬓角内部,并且置于鼻子点上方。(在照片中鬓角下方最往外突出的点就是颧骨特征点)

右颧骨:应放置在右鬓角内部,并且置于鼻子点上方。

左鼻瓣:应该放置在鼻子皮瓣的最外层边缘。(差不多是鼻子两边最宽的地方)

右鼻瓣:应该放置在鼻子皮瓣的最外层边缘。

右嘴角:应该放置在右嘴角尖处。

左嘴角：应该放置在左嘴角尖处。

右颚：下颚骨点基本和嘴角上的点在同一水平位置；但不用将其放置在鼻子轮廓和脸部轮廓的交线位置。（高度上尽量靠近嘴角的点，但不要完全与其平行，接近即可）

左颚：下颚骨点基本和嘴角上的点在同一水平位置；但不用将其放置在鼻子轮廓和脸部轮廓的交线位置。（高度上尽量靠近嘴角的点，但不要完全与其平行，接近即可）

下巴：应该放置在下巴底部中间位置。（可以以人中为参考）

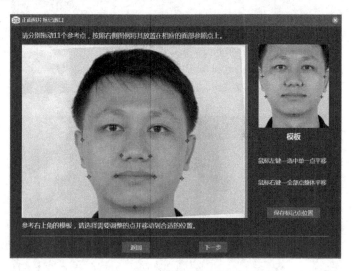

附图 1-7　正面照片特征标记

正面照片标记好之后，点击"下一步"，进入"左侧面部照片调整"界面，如附图 1-8 所示。

同正面一样调整好照片位置之后点击下一步进入"左侧面照片标记窗口"，如附图 1-9 所示。窗口中有根据面部特征生成的 9 个面部特征点。右键可移动全部点，左键可调整单一的点。

外眼角：应该放置在眼睑外侧连合处。（尽量放在眼角处）

鼻根：应该放置在两眼之间眉毛下面鼻子开始处。

鼻梁：应该放置在鼻子上鼻骨开始突起的地方。（一般是鼻子中间再往鼻跟部偏一点的位置）

鼻尖：应该放置在鼻子上最远的边缘点。

鼻底：应该放置在嘴唇和鼻子结合的部分。（即人中最上端与鼻子结合的部位）

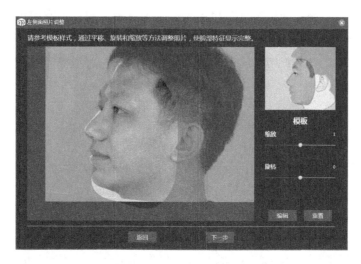

附图 1-8　左侧面部照片调整

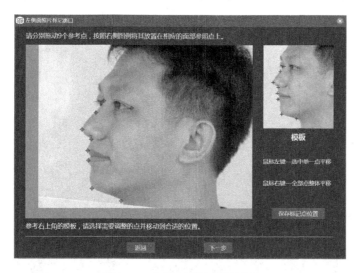

图 1-9　左侧面照片特征标记

下嘴唇:应该放置在下嘴唇边缘处。(即嘴唇最外侧)

上嘴唇:应该放置在上嘴唇边缘处。(即嘴唇最外侧)

下巴:应该放置在下巴上最外层点。

喉咙顶部:应该放置在脖子和喉咙结合的部分。

随后点击下一步进入"右侧面照片调整窗口",如附图 1-10 所示。调整好照片后点击下一步。

进入"右侧面照片标记窗口",如附图 1-11 所示。窗口中有根据面部特征生成的 9 个面部特征点。同左侧一样的方法调整好特征点即可。

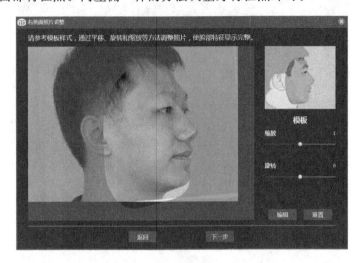

附图 1-10　右侧面部照片调整

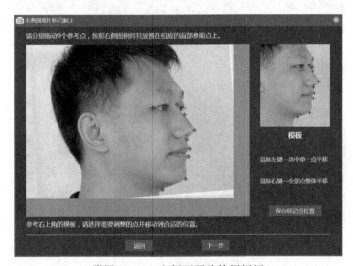

附图 1-11　右侧面照片特征标记

点击下一步,选择"yes",等待数据合成,如附图 1-12 所示。

合成时间一般为 1~3 分钟左右,视电脑配置情况。合成结束后如附图 1-13 所示。

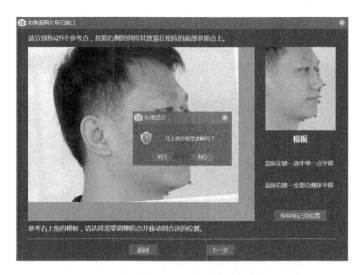

附图 1-12　数据合成

附图 1-13　合成结果

3. 个性设计

在右侧界面分别有"角色定制"、"发型选择"、"通用设置"、"五官容貌"、"表情调整"、"配饰选择"6 个功能来进行个性定制。

角色定制中第一个为不带角色,即只有头部的选项,其他为各种可供选配的角色,可自行选择,如附图 1 - 14 所示。

附图 1 - 14　角色定制

发型选择分为男性和女性发型,第一个为不带头发即光头选项,其他为各种可供选配的发型,可自行选择,如附图 1 - 15 所示。

通用设置中有性别特征、年龄大小和美肤效果三个调整选项,如附图 1 - 16 所示。(注:请尽量以较小的数值来调整,否则容易导致变化异常)。点击下面的全部重置,可重置所有的调整选项。调整性别特征可以使脸型更男性或者女性化。调整年龄大小可以使脸部更年轻或者呈现老年状态。调整美肤数值越小,皮肤会越白嫩,数值越大会越粗糙。

五官容貌功能可以对人物的脸型进行 DIY 式的调整,其中包括脸庞、脸颊、下颌、下巴、前额、嘴巴、鼻子、眼睛、眉毛、耳朵十个参数可供自由的调整,如附图1-17所示。

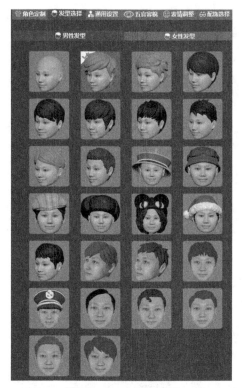

附图 1-15　发型选择

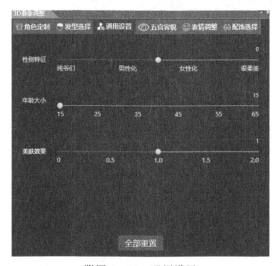

附图 1-16　通用设置

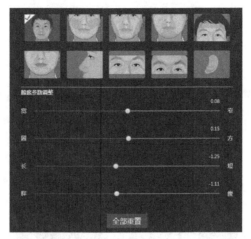

附图 1-17　五官容貌

表情调整中有愤怒、厌恶、恐惧、难过、微笑、大笑、惊讶七个常用表情可自由调整，如附图 1-18 所示。

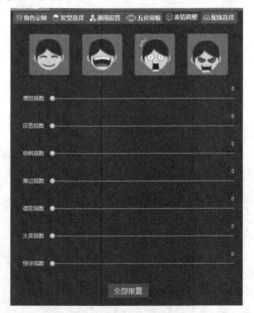

附图 1-18　表情调整

配饰选择中有眼睛以及背景可提供选择，如附图 1-19 所示。

4. 模型保存

模型调整完成后，可以点击左上角菜单中的保存来保存文件。保存选项中共

附图 1-19　配饰选择

有四种格式,其中 jpg/png 格式为图片,obj 格式为模型,3dc 为软件自带格式,zip 格式可将所有数据打包保存。3dc 文件可用软件左上角的打开功能选项,重新在软件中打开,再编辑。

5. 应用场景

由 3D 漫像输出的模型数据,基本无需处理,可直接用于全彩 3D 打印制作。成品色彩靓丽,造型时尚,还原一个逼真的自我,是结婚纪念,走亲访友,孝敬父母的不二选择。合成模型亦可用于家庭式 FDM3D 打印机,打印出单色 Q 版的小玩偶,可以让孩子手绘上色,锻炼孩子的动手能力和艺术细胞,寓教于乐。也可以自己的人头为基础制作一些个性化的实用物件,例如人偶 U 盘,人偶印章等,创意十足。

1.4　3D 漫像案例

附图 1-20　篮球兄弟(全彩)

附图 1-21　女博士(全彩)

附图 1-22　捧花少女（全彩）

附图 1-23　肖像印章（单色）

附图 1-24　人像优盘（单色）

附图 1-25　迷你人偶（单色）

附录 2　AD 建模练习图例

1. 平面立体

2. 复杂的组合体

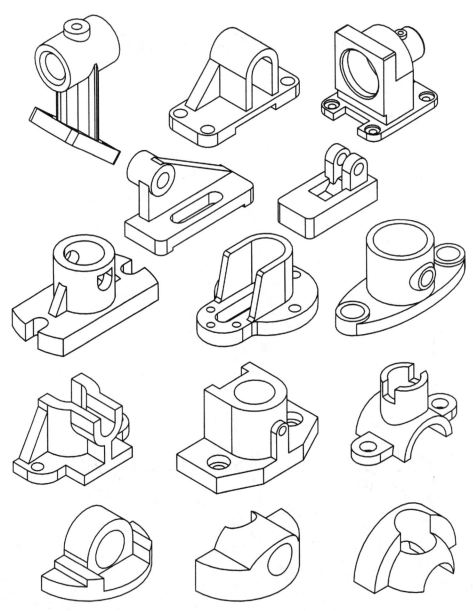

3. 简单组合体

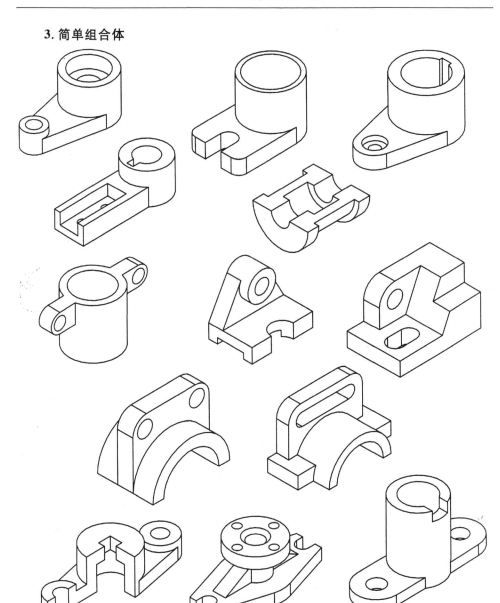

4. 有截交相贯线的组合体

5. 复杂的组合体

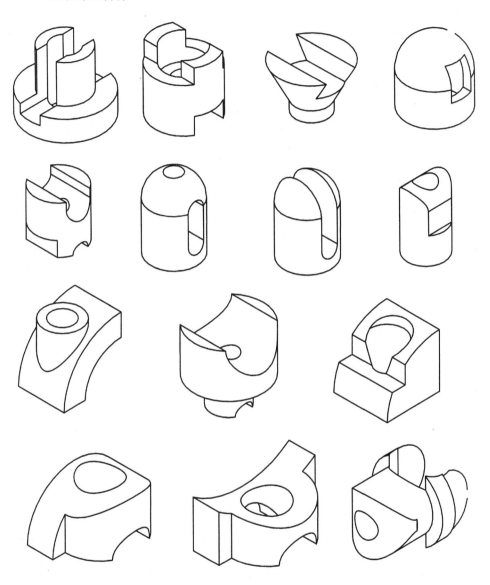

6. 复杂的组合体

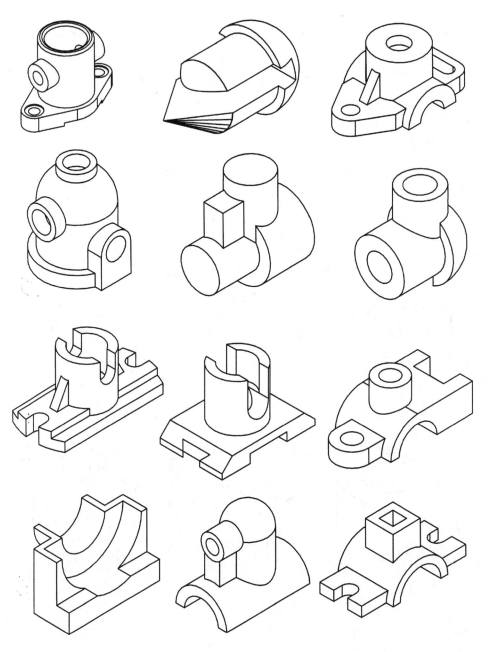

7. 平面立体

8. 简单组合体

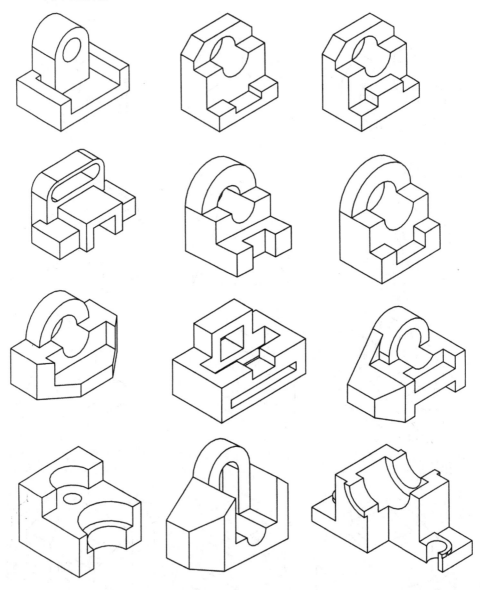

9. 其它的组合体

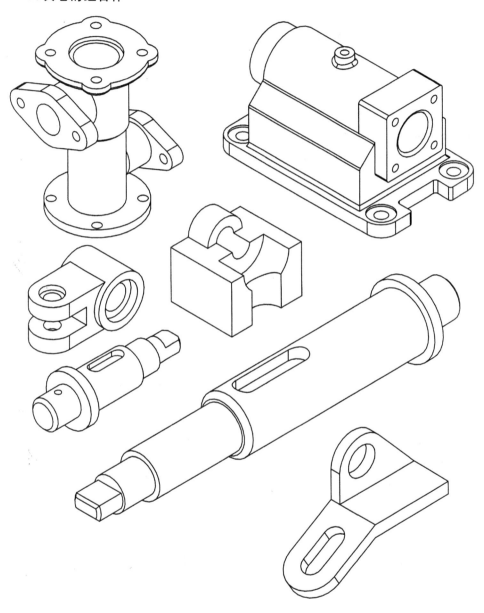

附录 3　3D 打印模型 50 例

　　本章是介绍一些已好模型数据,可按照自己的喜欢进行打印。由于 3D 打印机只能识别英文字母,所以所有模型数据均为字母。

　　本章所有模型均为 STL 格式,模型数据名字与图片名字相同,需要用 3D 打印软件进行数据转换才可以打印。

3.1 人体模型

　　(1)aishe,如附图 3-1 所示。

　　(2)AKL,如附图 3-2 所示。

附图 3-1　aishe　　　　　　　　附图 3-2　AKL

（3）ali1，如附图 3 - 3 所示。

（4）azimiao，如附图 3 - 4 所示。

附图 3 - 3　ali1　　　　　　　　　附图 3 - 4　azimiao

（5）bianxingjinggang，如附图 3 - 5 所示。

（6）buzhihuowu，如附图 3 - 6 所示。

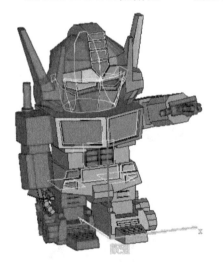

附图 3 - 5　bianxingjinggang　　　　附图 3 - 6　buzhihuowu

(7)chongwu,如附图 3 - 7 所示。

(8)chongwu 2,如附图 3 - 8 所示。

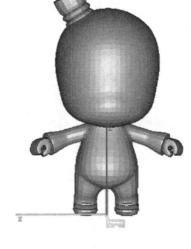

附图 3 - 7　chongwu　　　　　　附图 3 - 8　chongwu 2

(9)chuying,如附图 3 - 9 所示。

(10)laohu,如附图 3 - 10 所示。

附图 3 - 9　chuying　　　　　　附图 3 - 10　laohu

(11)laoshu,如附图 3 - 11 所示。

(12)qizha,如附图 3 - 12 所示。

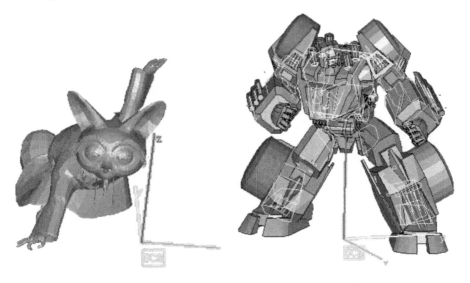

附图 3 - 11　laoshu　　　　　　附图 3 - 12　qizha

(13)CS1,如附图 3 - 13 所示。

(14)CS2,如附图 3 - 14 所示。

附图 3 - 13　CS1　　　　　　附图 3 - 14　CS2

(15)daocaoren,如附图3-15所示。

(16)daqiao,如附图3-16所示。

附图3-15 daocaoren   附图3-16 daqiao

(17)datianshi,如附图3-17所示。

(18)E,如附图3-18所示。

附图3-17 datianshi   附图3-18 E

(19)EVA,如附图 3 - 19 所示。

(20)EVA 初号,如附图 3 - 20 所示。

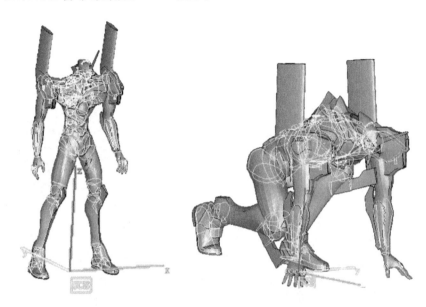

附图 3 - 19　EVA　　　　　　附图 3 - 20　EVA 初号

(21)EZ,如附图 3 - 21 所示。

附图 3 - 21　EZ

3.2 建 筑

(1)changjing,如附图 3 - 22 所示。

(2)dakucha,如附图 3 - 23 所示。

附图 3 - 22   changjing

附图 3 - 23   dakucha

(3)dalou,如附图 3 - 24 所示。

(4)damen,如附图 3 - 25 所示。

附图 3 - 24   dalou

附图 3 - 25   damen

(5)dayanta,如附图 3 – 26 所示。

(6)dishini,如附图 3 – 27 所示。

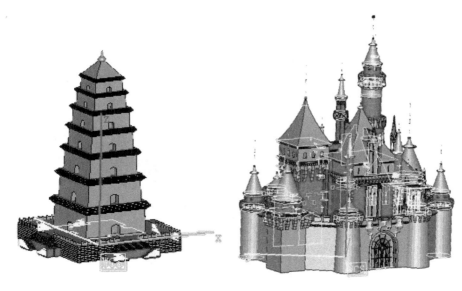

附图 3 – 26　dayanta　　　　　　　　附图 3 – 27　dishini

(7)fanchuan,如附图 3 – 28 所示。

附图 3 – 28　fanchuan

3.3　交通工具

(1)apaqi,如附图 3 - 29 所示。

(2)dongche,如附图 3 - 30 所示。

附图 3 - 29　apaqi

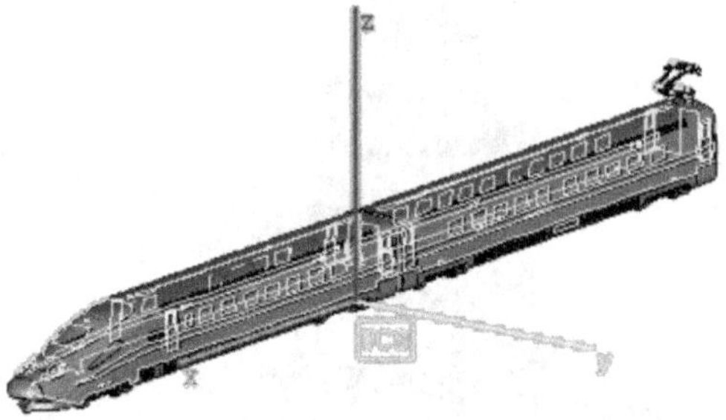

附图 3 - 30　dongchei

(3)feiji,如附图 3 - 31 所示。

(4)feiji2,如附图 3 - 32 所示。

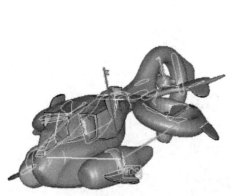

附图 3 - 31　feiji

附图 3 - 32　feiji2

（5）zhanche，如附图 3 - 33 所示。

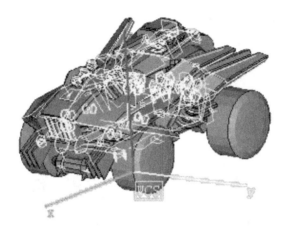

附图 3 - 33　zhanche

3.4 工艺品

（1）aixin，如附图 3 - 34 所示。

（2）angrybird，如附图 3 - 35 所示。

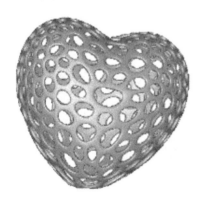

附图 3 - 34　aixin

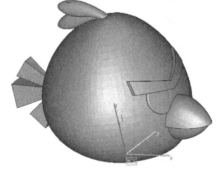

附图 3 - 35　angrybird

（3）banma，如附图 3 - 36 所示。

（4）beizi，如附图 3 - 37 所示。

附图 3 - 36　banma

附图 3 - 37　beizi

（5）bitong1，如附图 3 - 38 所示。

（6）bitong2，如附图 3 - 39 所示。

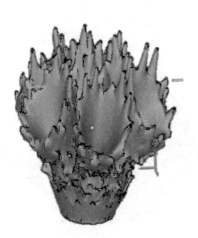

附图 3 - 38　bitong1

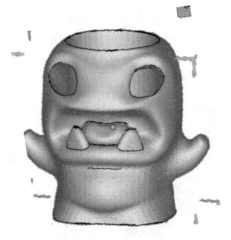

附图 3 - 39　bitong2

(7)bitong3,如附图 3 - 40 所示。

(8)dayingji,如附图 3 - 41 所示。

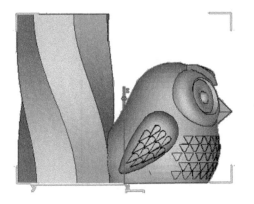

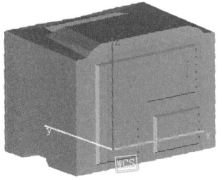

附图 3 - 40　bitong3

附图 3 - 41　dayingji

(9)guojixiangqi,如附图 3 - 42 所示。

(10)lianhua,如附图 3 - 43 所示。

附图 3 - 42　guojixiangqi

附图 3 - 43　lianhua

(11)long,如附图 3 - 44 所示。

(12)maotouying,如附图 3 - 45 所示。

附图 3 - 44 long

附图 3 - 45 maotouying

(13)shaozi,如附图 3 - 46 所示。

(14)shuye,如附图 3 - 47 所示。

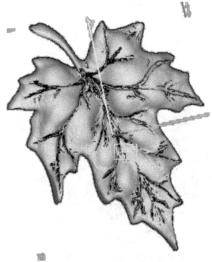

附图 3 - 46 shaozi

附图 3 - 47 shuye

（15）tingzi，如附图 3 - 48 所示。

（16）wangge，如附图 3 - 49 所示。

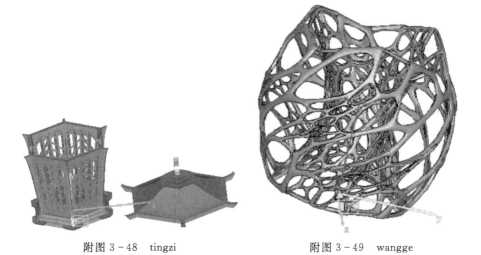

附图 3 - 48　tingzi　　　　　　　　附图 3 - 49　wangge

（17）yujingxiang，如附图 3 - 50 所示。

附图 3 - 50　yujingxiang

3.5   STL 模型打印名称整理

1. 人体模型

(1) aishe

(2) AKL

(3) ali1

(4) azimiao

(5) bianxingjinggang

(6) buzhihuowu

(7) chongwu

(8) chongwu2

(9) chuying

(10) laohu

(11) laoshu

(12) qizha

(13) CS1

(14) CS2

(15) daocaoren

(16) daqiao

(17) datianshi

(18) E

(19) EVA

(20) EVA 初号

(21) EZ

2. 建筑

(1) changjing

(2) dakucha

(3) dalou

(4) damen

(5) dayanta

(6) dishini

(7) fanchuan

3. 交通工具

(1) apaqi

(2) dongche

(3) feiji

(4) feiji2

(5) zhanche

4. 工艺品

(1) aixin

(2) angrybird

(3) banma

(4) beizi

(5) bitong1

(6) bitong2

(7) bitong3

(8) dayingji

(9) guojixiangqi

(10) lianhua

(11) long

(12) maotouying

(13) shaozi

(14) shuye

(15) tingzi

(16) wangge

(17) yujingxiang

附录 4　3DP 系列 3D 打印机使用说明

4.1　简　介

此款 3DP-240 桌面 3D 打印机为 2014 年机型，与老型号相比，在制作效率与制作精度上有较大幅度提升。外观如附图 4-1 所示。

图 4-1　3DP-240 桌面 3D 打印机外观视图

4.2　注　意

1.注意事项

(1)请用户按照操作指南及提示来操作该机器。

(2)在使用本机时，请注意标记的警告和安全信息。

(3)严禁在开机状态下对本机进行强制关机。

(4)请用户严格按照本说明来安装驱动程序，以获得最佳效果。

2.安全防范

(1)为避免被烫伤，当打印机正在打印或打印刚完成时，禁止用手触摸模型、喷嘴、打印平台或机身其他部分。

（2）不要将打印机安装在有热源、多灰尘、有易燃和腐蚀性气体的环境中，以免起火或出现故障。

（3）不要让金属或液体接触到打印机内部部件，否则会出现火灾、触电等其他伤害。

（4）为避免触电，请勿触摸设备底部的电气元件。

4.3　概　述

1.外观

3DP-240桌面3D打印机等轴测图如附图4-2所示，后视图如附图4-3所示，内部视图如附图4-4所示。

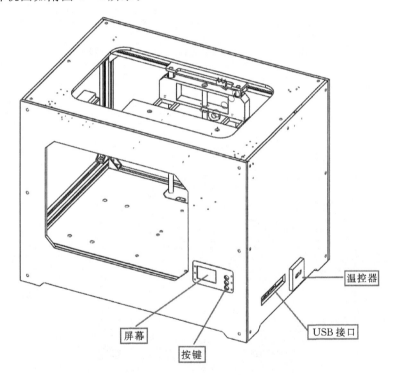

附图4-2　3DP-240桌面3D打印机等轴测图

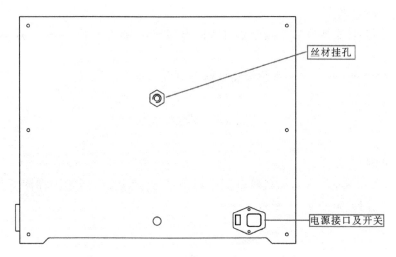

附图 4-3   3DP-240 桌面 3D 打印机后视图

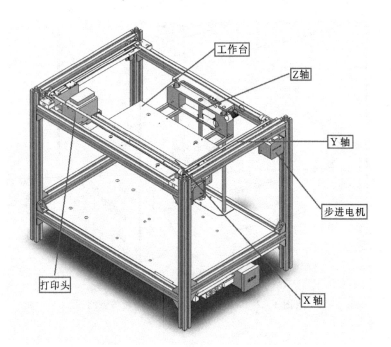

附图 4-4   内部视图

2. 技术参数

成形技术	FDM
成形尺寸	220 mm×150 mm×160 mm
打印精度	0.2～0.4 mm
打印速度	最大 41 mm/s
电压	VAC50/60 Hz 110～220 V
功率	350 W
机器重量	约为 16 kg
外形尺寸	(L)506 mm×(W)352 mm×(H)406 mm
喷嘴工作温度	170～200 ℃

3. 工作原理

通过计算机三维软件建模,然后通过 ReplicatorG 软件将模型数据分层处理并生成相应的运动指令,从而指导打印机将丝状的热熔性材料加热融化,同时打印喷头在计算机的控制下,根据截面轮廓信息,将材料选择性地涂敷在工作台上,快速冷却后形成一层截面。一层成形完成后,机器工作台下降一个高度(即分层厚度)再成形下一层,直至形成整个实体造型。

4. 环境要求

(1)3DP-240 须放置在平稳的平台上。

(2)环境温度:应保持在 15～32 ℃,且恒定。

4.4 安 装

G 代码(即运动指令)的生成软件 Click 为免安装软件,只需将安装包复制到电脑里,然后将软件图标创建为桌面快捷方式即可。

4.5 数据处理

1. 模型加载

点击 Click! 图标如附图 4 - 5。打开之后点击 3DPrinter,然后选择设备型号。以新型 3DP-240 为例,选

附图 4 - 5 click! 图标

择 XJ3DP G2,再选择 XJ3DP 240 T1(见附图 4 - 6)。其中 G1 和 G2 分别代表的是一代和二代控制程序,T1 和 T2 分别代表的是单喷头和双喷头。

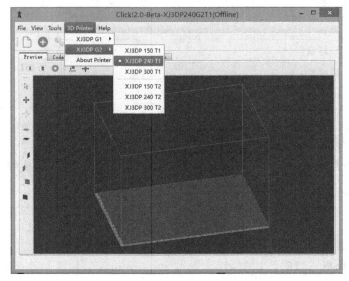

附图 4 - 6　选择 XJ3DP 240 T1

点击左上角的 File,选择并打开您所要编译的 STL 文件(见附图 4 - 7),或直接点击绿色的十字图标。

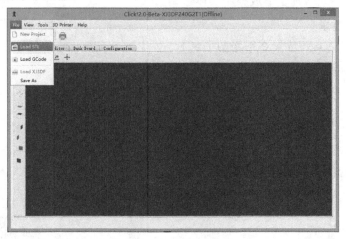

附图 4 - 7　选择 stl 文档

若用户想将 GCode 文件转换为 XJ3DP 文件,可直接导入 GCode。如附图 4 - 8 所示。

附图 4-8　导入文件

2. 模型的可视化操作

附图 4-9 中的颜色 1 和 2 主要用于双色打印时,对 G 代码进行颜色分层的选择。

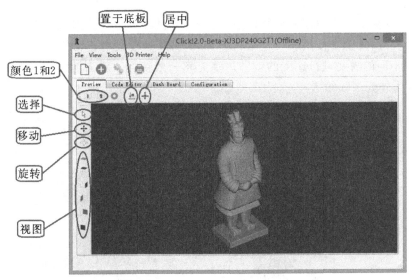

附图 4-9　模型的可视化操作

注意:若无需要,有些选项不用重新设置,一般情况下只需点击居中即可。

3. 生成制作文件

点击模型生成制作文件图标（双齿轮）图标，即可生成 XJ3DP 文件，如附图 4-10 所示。

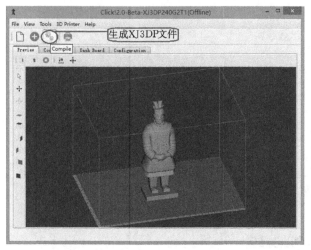

附图 4-10　生成 XJ3DP 文件

之后会弹出参数选择对话框（见附图 4-11），首先选择 Home axis firstly 选项，然后支撑选项是根据模型的特征进行三个选项的选择，分别是无支撑，外部支撑和全支撑，外部支撑层厚设置为 0.27 mm，打印速度设为正常值 41 mm/s，用户可根据不同的需要进行速度的调节。填充率一般情况下设置为 5%～10% 即可。Shells 为外壳层数的选择，选为 1 即可。

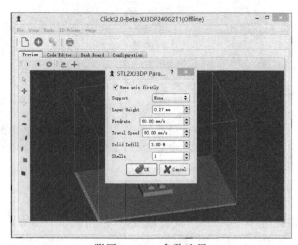

附图 4-11　参数选择

最后点击 OK 即可,生成后的文件会自动保存于该软件源文件夹中的 Temp-data 文件夹里。

建议用户将生成后的 XJ3DP 文件名称改为英文,以便设备的有效识别。

4.6   调   试

1. 调平工作台

在您正确校准喷嘴高度之后,需要检查喷嘴和工作台四个角的距离(如附图 4-12 中①所示)是否一致。如不一致,可将一张 A4 纸放于喷嘴与工作台之间,调整平台底部的四个滚花螺母(如附图 4-12 中②所示)并缩短喷嘴和平台之间的距离到最小,可以抽动 A4 纸即可。最后须保证喷嘴和打印平台四个角的距离一致。

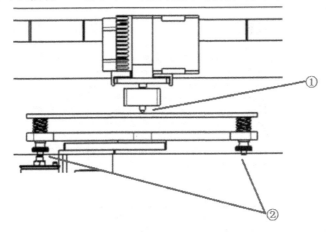

附图 4-12   调试示意图

2. 其他调试

检查各部位螺丝有没有松动或没上紧。

4.7   打印机操作

1. 按键功能

屏幕右方有三个按键(见附图 4-13),其功能如下:

(1)确认:长按功能键;

(2)返回:短按功能键;

(3)上翻:短按上翻键;

(4)下翻:短按下翻键。

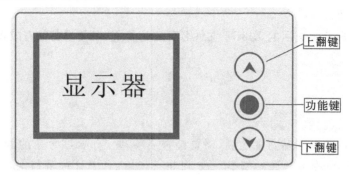

附图 4-13 按键功能

2. 操作流程

操作流程按如下步骤进行。

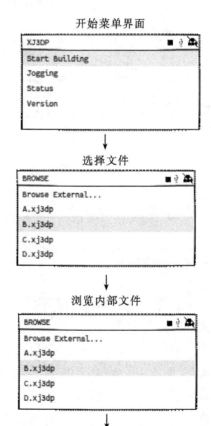

浏览外部文件（通过 U 盘读取）

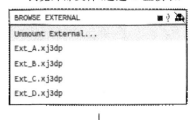

↓

选择文件,按确认进入打印界面
开始打印

↓

打印完成

注意:进入打印界面正在打印时,如果想要停止,可直接按确认键打开制作菜单选择停止。

4.8　维护与保养

1. 清理喷嘴

多次打印后喷嘴会覆盖一层氧化的 PLA,当打印机打印时,氧化的 PLA 可能会熔化,会造成模型表面半点型变色,降低模型制作精度,所以需要定期清理喷嘴。首先,预热喷嘴,熔化被氧化的 PLA。然后降低平台至底部。最后,使用一些耐热材料,例如纯棉布或软纸等耐热材料,再用镊子夹住耐热材料进行清理(见附图4-14)。

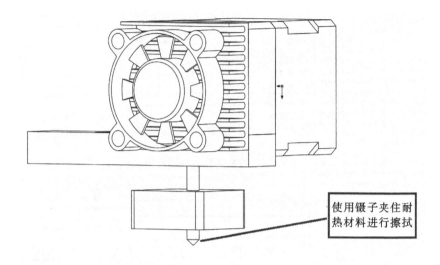

使用镊子夹住耐
热材料进行擦拭

附图 4-14　清理喷嘴

2. 清理打印头内部

多次打印后打印头内部会积累材料的碎屑，会影响打印头工作的稳定性，所以需要将散热风扇上的两根螺丝拧下，用毛刷清理干净其内部杂物。

3. 定期调节工作台水平

由于长期使用的缘故，工作台底部的滚花螺母会出现松动，以致工作台水平度降低，所以要定期对其进行调平。

4. 减少周围空气流动

机器周围空气的快速流动会影响做件的效果，因此尽量不要将打印机置于气流较大的环境下。

4.9　故障排除

（1）出现噪音时，先寻找噪音声源。若是 Z 轴在打印前产生的噪音，属于正常情况。

（2）如电机产生的噪音，可能是送丝卡死的情况，可尝试将丝材剪断再重新送丝。

（3）若是 X、Y 轴产生的噪音，可涂抹润滑油解决。

（4）如遇到堵丝问题，先把打印头移至工作台之外，再把打印头温度调至230℃，放置十几分钟后打印丝可自动流出。

4.10　温馨提示

（1）第一次打印时，强烈建议您选取正方体模型来进行打印，这样可以确认机器运行是否正常。

（2）如校准高度时，喷嘴和平台相撞，请在进行任何其他操作之前重新初始化打印机。

（3）在您移动过打印机后，或如果您发现模型不在平台的正确位置上打印以及翘曲，请重新校准喷嘴高度。

（4）如果您对作品精度要求较高，则可以对粘合好的作品进行打磨、抛光和上色。